식품의 감각평가와
기호적 품질관리

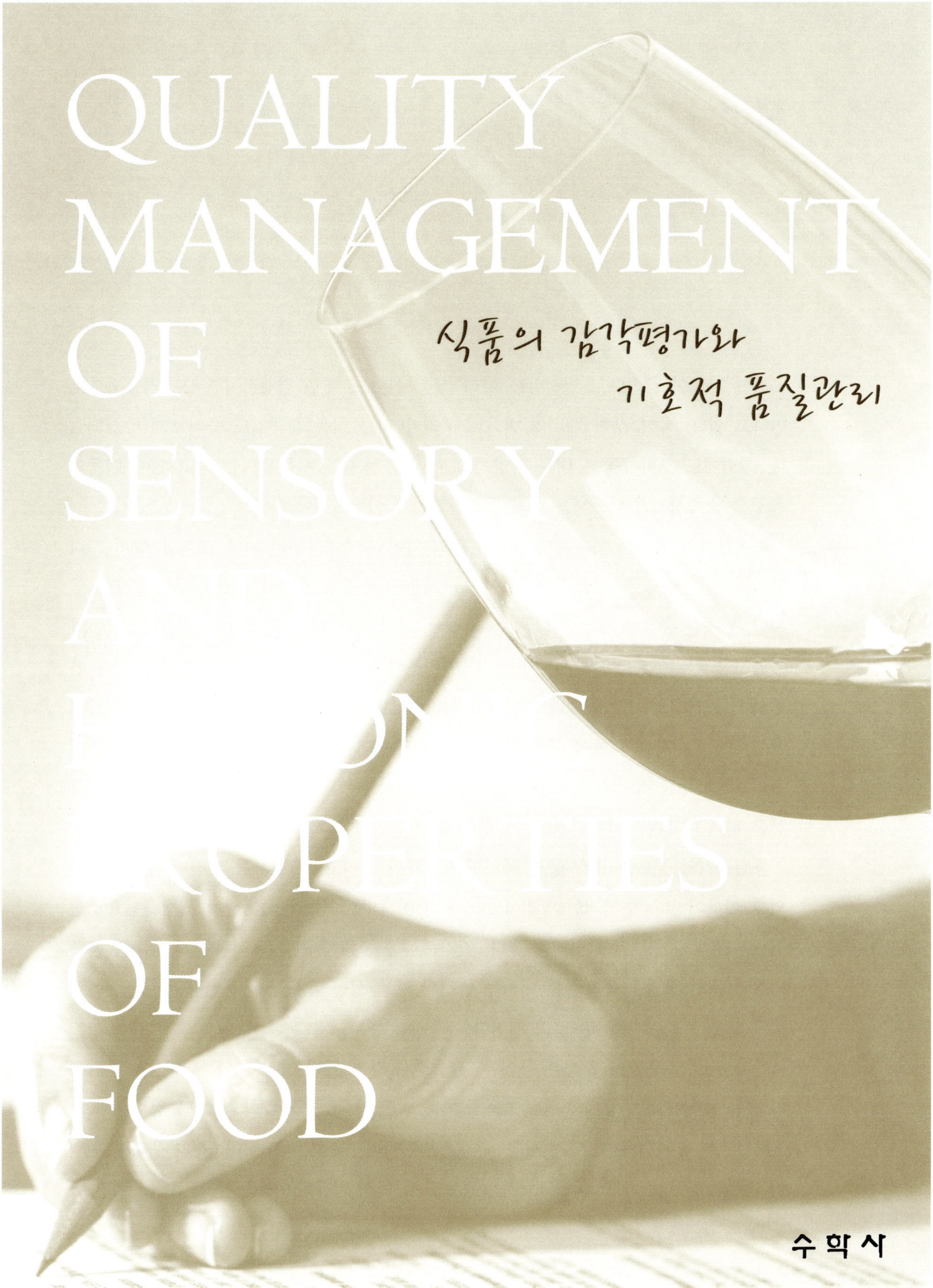

QUALITY MANAGEMENT OF SENSORY AND HEDONIC PROPERTIES OF FOOD

식품의 감각평가와 기호적 품질관리

수학사

책머리에

최신 기술이 급속도로 발전함에 따라 식품 산업도 매우 경쟁적이면서도 역동적으로 변하고 있다. 특히, 생활 패턴의 변화로 우리가 먹는 식품의 품질도 몰라보게 향상되었다. 그럼에도 소비자들은 더욱 다양하고 향상된 품질의 제품을 선호하고 있어 이들의 욕구를 충족시키기 위해서는 철저한 품질관리가 이루어져야 한다.

품질관리의 범주는 이화학적 성질의 관리 외에도 맛에서부터 외관, 조직감, 향미 그리고 영양 성분과 같은 것을 모두 포함한다. 제품의 품질과 가격이 함께 병행될 필요는 없지만, 우수한 품질의 제품은 더 높은 가격에, 그리고 더 많이 판매될 수 있음을 식품 가공업자는 알고 있다. 따라서 '가치value'는 비용과 품질의 조합체로 간주되어 품질이 아주 우수하면 가격이 비싸더라도 가치가 있다고 보기 때문에 소비자들은 기꺼이 그 가격을 지불하고서라도 제품을 구입하고 있다. 이러한 이유로 식품 산업의 종사자들은 품질관리 또는 품질 경영의 중요성을 인식하고 소비자들이 만족할 수 있는 식품의 품질 향상을 위해 더 많은 노력을 지속적으로 기울이고 있다.

품질관리의 중요한 요소 중의 하나인 맛, 향미 그리고 조직감 등은 감각 평가자들에 의해 이루어진다. 주관적인 방법이지만 오랜 기간의 연구 과정을 걸쳐 체계화됨으로써 객관적인 방법 못지않게 발전해 왔다. 기기분석을 통해 품질을 관리하는 방법들은 물론 기호적 분석 방법을 통해 이루어지는 품질의 각 특성을 다루는 학문은 사실 산업체 경험이 있는 분들이 더욱 잘 알고 계신다는 생각을 한다.

아마도 많은 분들이 친숙한 용어인 '관능검사'라는 표현 대신에 이 책에서는 '감각평가'라는 용어를 선택하여 사용하였는데 이는 최근 한국식품과학회 내 '관능검사분과'가 '감각·소비자 과학 분과'로 변경되었을 뿐만 아니라, 'sensory profiling'의 우리말 번역이 '감각 프로필', 'chemosensory'의 경우도 '화학적 감각의'이라는 식의 표현으로 바뀌어 가고 있는 점을 고려하였다. 식품과학의 발전과 더불어 그 영역이 다양해지고 더 깊어지는 시대에 용어의 선택도 새롭게 변모해야 하는 것이 아닌가 싶은데 아무쪼록 이러한 새로운 용어의 표현이 식품 관련 종사자나 식품과학자들에게 점차 익숙해지기를 기대해 본다.

이 책을 집필하기 위해 어떤 집필진을 모셔야 할지 많은 고민을 하면서 대학에서 기호적 분석과 품질관리를 가르치는 교수님들 중에서 식품 산업체의 경험을 가진 분들을 가능한 한 많이 모시고자 노력하였다. 이번에 참여하신 집필진은 농심(주), CJ 제일제당, 동서식품(주), Unilever, Kraft, Nabisco & Campbell Soup, Pepperidge Farm, 해태제과, (주)서울향료, (주)시아스, (주)편한식품정보 등에서 실무 경험이 풍부한 분들이기에 현장에서 필요로 하는 부분을 누구보다도 잘 이해하고 계셔 잘 정리해 주셨다. 이 책을 집필하는 내내 독자의 눈높이를 어디에 둘 것인가 하는 문제에 다소 어려움은 있었지만, 그럼에도 좋은 정보를 제공해 줄 수 있으리라 생각한다. 다만, '단원정리', '연습문제', '팁', '용어 설명' 등을 추가하지 못한 아쉬움이 남는데 이는 향후 수정본을 통하여 보완하도록 할 것이다. 다시 한 번 집필진 여러분께 감사를 드리며, 그럼에도 부족한 부분이 많이 있다고 여겨지므로 향후 여러 선후배 그리고 식품 관련 종사자들의 날카로운 비판을 겸허히 받아 수정, 보완할 예정임을 약속드린다.

아무쪼록 기호적 식품 분석과 품질관리를 배우고 또 실무에서 활용하는 식품 산업체에 계신 모든 분들에게 많은 도움이 되기를 기원하며, 바쁜 일정 속에서도 열심히 교정 작업과 편집을 도와주신 수학사 편집부 직원들과 이영호 사장님께 집필진을 대신하여 감사의 뜻을 전한다.

저자 일동

차례

06 기기분석

07 기기분석의 최신 동향 및 제품 적용 사례

QUALITY
MANAGEMENT
OF
SENSORY
AND
HEDONIC
PROPERTIES
OF
FOOD

01
식품의 기호적 특성

1. 후각, 맛의 다양성은 향 | 2. 맛이 있어야 하는 향, 미각
3. 촉각, 물성이 어우러진 맛의 리듬 | 4. 구분하기 힘든 맛과 향
5. 맛은 먹을지 말지를 결정하기 위한 것 | 6. 맛은 입과 코로 듣는 음악, 리듬이 핵심
7. 맛은 종합과학 | 8. 맛의 평가는 어려운 작업 | 9. 발견하는 맛

1. 후각, 맛의 다양성은 향

사람들은 사과에는 사과 맛 성분, 딸기에는 딸기 맛 성분이 따로 있다고 생각하는데, 실제로 사과에는 단맛과 신맛이 있을 뿐 사과 맛 성분은 없다. 사과를 먹을 때 입 뒤로 코와 연결된 작은 통로를 통해 휘발된 향이 사과 맛의 실체이다. 사과뿐만이 아니라 모든 과일과 음식의 다양한 맛은 모두 향에 의한 것이다. 그래서 코에 문제가 생기면 다양한 맛은 사라진다. 실험 삼아 코를 막고 음식을 먹어 보면 맛이 희미해진다. 향이 다양한 음식의 실체라는 것은 사과를 먹지 않고 냄새를 맡았을 때의 향이 사과를 먹었을 때의 맛과 같다는 것에서 쉽게 알 수 있다. 즉, 0.1%도 안 되는 향이 해당 식품의 맛을 지배한다.

향기 물질은 분자량이 300 이하인 저분자의 휘발성 물질이다. 세상에는 약 40만 종의 향기 물질이 있다고 알려져 있는데 그중에서 음식에서 발견되는 것은 약 1만 종이다. 양이 적다고 해서 그 수도 적은 것은 아니다. 사과를 먹거나 냄새를 맡을 때 사과 향이 0.0001 g만 콧속으로 전달되었다고 해도 그 숫자는 엄청나다. 사과 향의 평균 분자량이 200이라고 하면 200 g이 6×10^{23}개이며 0.0001 g은 30경 개에 해당한다.

후각은 최초의 감각이자 동물에게는 지배적인 감각이다. 나비가 짝짓기를 할 때 수컷은 암컷이 체외로 방출한 극미량의 페로몬을 감지해 10 km나 떨어진 곳에서도 정확히 암컷에게로 날아온다. 또한, 모천을 찾아 수천 km를 이동해 폭포를 거슬러 오르는 연어를 생각해 보면 후각이 동물에게 얼마나 지배적인 영향을 주는지 이해하기 쉽다.

인간의 뇌에서 후각이 차지하는 영역이 작은 것은 후각이 퇴화된 때문이 아니라 인간의 뇌가 특이하게 커지면서 다른 부분이 상대적으로 증가한 때문이다. 인간의 종합적인 후각 능력은 다른 동물에 비해 부족하지 않으며, 내면에 작용하는 후각의 영향은 흔히 알려진 것보다 훨씬 중요한 역할을 한다. 인간의 유전자는 22,000개 정도인데, 무려 400개 정도가 다양한 냄새를 구분하는 역할을 위해 쓰인다. 시각에 4종, 미각에 30종이 쓰이는 것에 비하면 압도적인 숫자이다

이러한 후각의 비밀을 푼 공로로 2004년 미국의 액설Richard Axel 교수와 벅Linda B. Buck 박사가 노벨 의학상을 받기도 했다. 모든 감각은 감각 수용체로부터 시작하는데, 감각 수용체는 워낙 작은 단백질이라 전자현미경으로도 보기 힘들어 그 비밀을 푸는 것이 쉬운 일은 아니었다. 후각 수용체는 GPCRsG-protein coupled receptors(G단백 결합 수용체)의 일종인데,

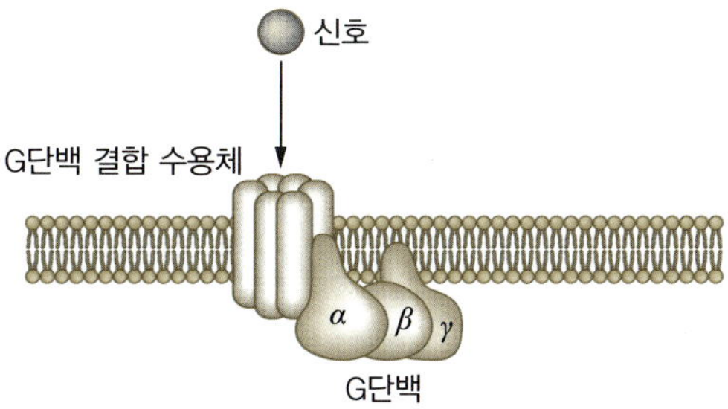

그림 1-1 G-단백질과 GPCRs

지금까지 G단백과 관련된 연구에서 무려 3번의 노벨상이 나왔다. 첫 번째는 미국의 길만Alfred G. Gilman과 로드벨Martin Rodbell 박사로 1994년 G단백질 체계를 발견한 공로로 노벨 생리의학상을 수상하였으며, G단백질에 연결된 수용체 연구로 2012년 레프코위츠Robert J. Lefkowitz 교수와 코빌카Brian K. Kobilka 교수가 노벨 화학상을 받았다. G단백 수용체는 인체에 존재하는 것만 800개 이상이 알려져 있으며, 우리 몸이 면역, 호르몬, 혈압, 심장 박동, 소화 조절 기능을 수행하고 포만감을 느끼는 것도 모두 이 수용체 덕분이다. 그런데 그 중에 절반인 400개 정도가 후각에 관련하여 쓰인다. 후각에서 냄새를 구분하는 능력이 G단백 수용체 덕분이라는 사실을 밝힌 공로로 액셀 교수와 벅 박사가 노벨상을 받기에 충분한 이유가 있는 것이다.

인간은 400가지 후각 수용체로 1조~10조 가지의 냄새를 구분할 수 있다. 하지만 향은 좋고 나쁨에 특별한 기준이 없으며, 많은 부분이 학습과 훈련에 의존한다. 뷰티르산은 토사물에 있으면 악취이나, 치즈에 있으면 치즈 특유의 향취가 된다. 다이아세틸도 적당량은 우유취와 팝콘의 향이지만 양이 지나치면 악취이다. 소량의 인돌은 꽃의 향기가 되지만 진해지면 불쾌한 냄새일 뿐이다. 지오스민도 흙에 있으면 심신을 안정시키는 향이지만, 물이나 생선에 있으면 흙냄새를 내는 이취 물질이 된다. 상황에 따라, 농도에 따라 향의 좋고 나쁨이 바뀌는 것이다. 동일한 물질이 농도에 따라 전혀 다른 향처럼 느껴진다.

2. 맛이 있어야 하는 향, 미각

혀에는 유두라는 부위에 맛봉오리가 있고, 맛봉오리에는 백여 개의 미각세포가 있으며, 미각세포의 끝부분에 맛 수용체가 있다. 혀에는 약 1,000만 개의 미각세포가 있지만 그 종류는 불과 5가지뿐이다. 단맛, 신맛, 짠맛, 감칠맛, 쓴맛이 전부이다. 물론 우리 몸이 느끼는 맛은 그보다 훨씬 많지만 5개뿐이라고 생각하는 것이, 사과에 사과 고유의 맛 성분이 있을 것이라는 생각보다는 훨씬 정확한 사실이며 맛의 실체를 아는 데 도움이 된다. 서양에서는 그리스·로마 시대부터 맛은 단맛, 신맛, 짠맛, 쓴맛으로 네 가지라고 했으니 나름 상당히 정확하였다. 그리고 다섯 번째 맛의 실체가 밝혀진 것은 아주 최근의 일이다. 1907년 일본의 화학자 이케다 키쿠나에Ikeda Kikunae가 다시마의 추출물을 통해 감칠맛 성분이 글루탐산임을 밝혔고, 핵산계 조미료인 이노신산이 1913년 가쓰오부시에서, 구아닐산이 1957년 표고버섯에서 발견되었다. 이처럼 감칠맛의 연구에는 일본의 공로가 절대적이어서 감칠맛의 공식 학술용어도 우마미umami가 되었다.

사람들은 향의 화려함에 현혹되어 5가지 기본 맛의 강력한 위력을 망각하기 쉽다. 단맛은 설탕으로, 짠맛은 0.9%의 소금으로, 신맛은 0.1%의 구연산(또는 식초), 감칠맛은 0.5%의 MSG로 너무나 쉽게 해결할 수 있어서 그런 것 같다. 그런데 단맛이 없는 과일은 맛있기 힘들다. 향도 빛을 잃는다. 그런 과일에 단맛을 증가시키면 향을 포함한 모든 맛이 좋아진다. 껌으로 향의 지속성 실험을 하면 껌을 씹기 시작해서 2분이 지나면서 설탕의 농도가 떨어지기 시작한다. 이때 실제 향기 성분은 그대로 있어도 소비자는 향이 급격히 약해진다고 느낀다. 맛이 사라지자 향이 사라졌다고 느끼는 것이다. 껌에서 향이 오래 지속되게 하려면 향보다 감미가 오래 지속되도록 해야 한다.

맛에서 향이 90%의 역할을 한다면 우리는 맹물에 향만 넣은 제품을 마시면서도 어느 정도의 만족감을 느껴야 한다. 그러나 그런 제품은 출시되자마자 시장에서 외면당하고 퇴출될 것이다. 구체적인 맛 성분(칼로리)이 없기 때문이다. 고양이과 동물들은 고기만 먹고 산다. 단맛 수용체가 망가졌기 때문이다. 판다는 대나무만 먹고 산다. 역시 감칠맛 수용체가 망가졌기 때문이다. 이처럼 소금, 설탕 같은 맛 중독은 있어도 향 중독은 없다.

감기 등으로 코가 막히면 맛은 희미해지고 먹는 즐거움이 크게 떨어진다. 하지만 미각에 심각한 문제가 생기면 불편한 정도가 아니라 견디기 힘든 고통이 따르기도 한다. 여러 가지 원인으로 미각세포가 망가져 맛을 느끼지 못하게 되면, 단순히 맛을 못 느끼는 것이 아니라 심한 불쾌감마저 든다고 한다. 음식은 마치 고무를 씹는 것 같고 마분지처럼 느껴져서 삼키기조차 어렵다고 한다. 살기 위해서는 뭐라도 먹어야 한다고 아무리 다짐해도 음식을 넘기기가 쉽지 않다. 향을 잘 느끼지 못하면 불편한 정도이지만 미각에 문제가 생기면 생존과 연결되고 만다.

향의 의미는 결국 맛에 의해 만들어지는 것이며, 모든 맛의 바탕에는 짠맛이나 단맛이 있다. 이 짠맛이나 단맛이 맛의 기본 바탕이 되기 때문에 소금이나 설탕의 양을 줄이기가 그렇게 힘든 것이다. 인간의 욕심은 끝이 없다. 달거나 짠 음식을 원하면서도 단순한 설탕물이나 소금 맛만 나는 음식은 거들떠보지도 않는다. 대신 절묘한 향을 바란다. 향이 온갖 음식의 다양성을 만들지만, 향은 맛이 있어야 빛을 발하므로 미각과 후각의 역할은 반반이고 서로가 서로를 돕는 역할을 한다고 보는 것이 맞다.

3. 촉각, 물성이 어우러진 맛의 리듬

식품의 맛을 평가할 때에 주로 맛(미각)과 향을 이야기하고 촉감texture(조직감)은 무시하는 경우가 많다. 만약 일류 요리사가 정성껏 조리한 맛있는 음식을 모두 믹서에 넣고 갈면 어떻게 될까? 맛 성분과 향기 성분은 그대로 있지만 흔쾌히 그것을 먹으려는 사람은 별로 없을 것이다. 단지 물성만 달라진 것인데 말이다.

물성은 음식에 리듬과 정체성을 부여하는 역할을 한다. 과일, 채소, 고기 등 어떤 식재료든 믹서에 갈면 제품의 정체성이 사라져 버린다. 누구나 사과를 보면 사과인 줄 알지만 믹서로 갈아 버리면 마셔 보기 전에는 사과 주스라는 것을 알아채기 힘들다. 아무런 정보가 없는, 즉 내용물이 무엇인지를 모르면 불안해지고, 불안한 제품은 맛있게 먹기 힘들다.

사실 식품 중에서 풍미를 좌우하는 맛과 향기 성분의 양은 극히 적은 양이다. 단맛을 제외한 성분은 보통 1% 이하, 향기 성분은 0.1% 이하, 그리고 색소 성분은 0.01% 이하인 경우가 대부분이다. 결국 식품의 대부분은 탄수화물, 단백질, 지질, 물과 같이 맛도, 향도, 색도 없는 것이나 먹을 때 식감을 주는 성분이다. 이처럼 물성 성분은 식품의 특성에서 상당한 부분을 차지하고, 맛을 느끼는 데 중요한 요소임에도 그 역할에 대해서는 잘 모르는 경우가 많다.

고슬고슬하게 밥알이 살아 있는 것을 좋아하는 사람도 생쌀을 먹지는 않는다. 같은 밥이라 해도 밥물의 양과 가열 시간에 따라 죽이 되기도 하고 밥이 되기도 하며, 누룽지도 만들어진다. 물성에 따라 그 품질과 용도가 완전히 달라지는 것이다. 촉각, 즉 식감은 다양한 맛의 효과가 있다. 스낵은 가볍게 바삭하고 부서지는 매력이 있고, 젤리는 탄력과 더불어 쫀득한 바디감이 입안에서 씹히면서 살짝 녹는 매력이 있다. 아이스크림의 달콤하고 풍부한 맛은 조직이 입안에서 부드럽게 녹지 않는다면 그 매력은 반감된다. 초콜릿도 입안에서 사르르 녹아 주어야 제 맛이다. 밀가루 자체는 특별한 매력이 없는 식재료이지만 반죽하면 단백질이 풀리면서 탄력 있는 조직이 만들어지고, 이 쫀쫀함은 발효와 굽기 과정을 거치면 이산화탄소가 부풀어 올라 가볍고 부드러운 조직이 된다. 빵의 매력에는 이 탄력성과 부드러움이 큰 몫을 한다.

물성은 식감뿐 아니라 다양한 맛의 증강 효과가 있다. 목 넘김과 입안을 가득 채우는 느낌 또한 물성의 효과이다. 맛봉오리는 혀에만 있는 것이 아니다. 목 천장에도 있고 목젖에도 있기 때문에 입안에 가득 음식을 채워서 먹는 것은 또 다른 쾌감을 느끼게 한다. 면류는 입술에 닿을 때의 감촉과 삼킬 때의 감촉이 큰 쾌감을 불러일으킨다.

하지만 이런 모든 물성의 역할을 합해도 물성이 맛에 미치는 영향의 일부일 뿐 가장 핵심적인 기능을 설명하지는 못한다. 바로 다양한 리듬과 대비를 제공하는 것이다. 한 가지 맛이 계속 이어지는 것보다 단맛-짠맛-단맛-짠맛의 반복과 대비가 훨씬 유혹적이듯 물성도 단단함 이후 부드러움이 매력적이다. 단단한 것 같지만 입안에서는 쉽게 바스

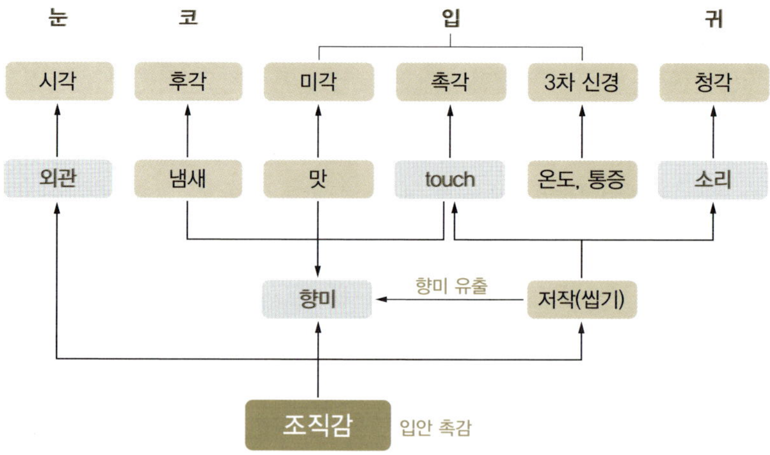

그림 1-2 물성이 오감에 미치는 영향

출처 : 최낙언. 물성의 원리. 예문당 (2018)

러지면서 부드러워지는 것이나, 딱딱한 것이 입안에서 사르르 녹으면 강한 대비 효과로 쾌감은 극대화된다. 그런데 음료처럼 물성이 없으면 한 제품에 다양한 리듬감을 구현하기 힘들어진다. 한 번에 쭉 마시는 것이라 그나마 괜찮은 편으로, 모든 음식이 음료와 같다면 그 매력은 크게 떨어질 것이다.

4. 구분하기 힘든 맛과 향

맛은 결국 그 음식을 먹을 것인지 말 것인지의 여부를 판단하는 기준이 된다. 이를 위해서는 여러 정보를 통합해야 한다. 감각세포에서 감지한 신호는 각각의 감각 연합에 전달된다. 여기까지는 독립된 감각이었는데 이 후각, 미각, 청각, 시각, 촉각의 정보가 모두 한 곳에 모이게 된다. 바로 전두엽 중에서 눈 위쪽에 있는 안와전두피질OFC로, 이곳에서 맛에 대한 최종 판단이 이루어진다. 이곳에서 모든 감각이 연합하기 때문에 사람들은 맛과 향, 그리고 물성을 구분하기가 힘들다. 여기서 더 중요한 사실은 맛은 수용체에서 최종 감각의 연합으로 인해 한 방향으로만 흐르지 않고 고리를 형성해 돌고 돈다는 것이다. 즉, 최종적인 맛의 판단이 다시 감각의 입력 단계에 영향을 미쳐 그 감각을 더욱 강화시키기도 하고 둔화시키기도 한다.

결국, 맛은 연합되며 고리를 돌고 돌기에 아무리 애써 노력해도 그것이 정확히 어떤 성분에서 기인한 것인지 구분하기 힘들다. 그래서 적당량의 소금을 넣으면 짜지지 않고 맛과 향이 깊어지고 좋아진다. 보통 사람은 과일의 맛이 좋다고 해도 그 맛이 단맛이 강해서인지, 신맛이 적절해서인지, 아니면 향이 충분해서인지 구분하기가 어렵다. 흔히 MSG를 '마법의 가루'라고 하는데, 자체에는 아무런 마법이 없다. 맹물에 MSG를 넣으면 맛이 나지 않고, 짠맛이 없는 음식에 아무리 MSG를 넣어도 맛이 나지 않는다. 그런데 음식이 짠맛과 다른 맛은 나는데 감칠맛이 약간 부족할 때 MSG를 살짝 넣으면 전체적인 맛이 확 살아난다. 이렇듯 순서를 바꾸어 마지막에 넣는 것이 소금이면 소금의 마법이 되고, 설탕이면 설탕의 마법이 된다. 맛은 따로따로 구분해 느껴지는 것이 아니기 때문이다. 과일의 단맛이 강하면 향은 진하게 느껴지고 신맛은 오히려 약하게 느껴진다. 신맛이 강하면 향도 강하게 느껴진다. 한편, 떡볶이가 맛있다고 느꼈을 때 떡볶이의 단맛이 강해서인지, 감칠맛이 강해서인지, 아니면 짠맛이 적당해서인지 정확한 구분이 쉽지 않다. 이는 뇌의 안와전두피질에서 미각, 후각, 촉각, 온도 감각, 감정, 분위기, 쾌감과 문화까지 합쳐 맛을 만들기 때문이다. 심지어는 쓴맛이나 고통까지도 맛을 결정하는 데 기여하기도 한다.

사람의 감각기관은 서로 연결되어 있어서 그 경계가 모호하다. 생각보다 고통과 쾌감의 구분조차 모호하다. 그래서 매운맛의 고통, 쓴맛의 고통, 악취의 괴로움이 때로는 즐거움으로 뒤바뀌기도 한다. 커피의 적당한 쓴맛(쌉쌀함)은 바디감, 즉 좋은 맛의 특징으로 받아들여진다. 신맛에 둔감한 사람은 신맛을 시다고 하지 않고 맛이 있다(향이 풍부함)고 표현하기도 한다. 예를 들어 평균적인 서양인의 신맛 역치는 동양인의 10배 수준이므로 미국인은 우리가 시다고 느끼는 커피를 맛(향)이 풍부한 커피로 느끼고, 신맛이 없으면 밋밋하다고 느낄 수 있다. 모든 자극은 일단 좋다는 판단만 되면 자극이 풍부할수록 더 맛있다고 기억하는 경우가 많다.

5. 맛은 먹을지 말지를 결정하기 위한 것

음식의 맛을 감각하는 목적은 결국 먹을 것이냐(쾌감), 아니면 먹지 않을 것이냐(불쾌감)를 판단하기 위한 것이지, 단맛이 나는지 또는 짠맛이 나는지 등을 판단하기 위한 것은 아니다. 몸에 유용한 성분인지 아닌지를 판단하여 몸에 유용하다는 최종 판단을 뇌의 안와전두피질에서 내리면 뇌는 쾌감의 호르몬인 도파민을 분비시키고 도파민은 맛을 느끼는 감각 신호들을 증폭시킨다. 즉, 더 맛있어지는 것이다. 이때 '이 음식은 이상한 것 같아!' 또는 '몸에 나쁜 것은 아닐까?' 하는 정보를 받으면 그 음식의 맛이 뚝 떨어지는 메커니즘도 제공한다. 결국, 맛은 한 가지 과목의 점수가 높아도 나머지가 낮으면 모두 낮게 평가하고, 한 과목의 점수가 낮아도 전체 점수가 높으면 모두가 좋은 것으로 평가하는 시스템이다. 특히 종합점수가 기준선을 넘으면 엄청난 가산점(쾌감)을 받아 점수는 더 높아지는 시스템이다. 이것이 우리의 맛 시스템이다. 먹을 것이 항상 부족했던 과거에는 힘든 환경에서도 먹을 것을 찾고 지금의 입장에서 보면 변변찮은 먹거리라도 기뻐하며 생존해 나갈 힘을 얻었던 쾌감 시스템이었던 것이다. 이때의 쾌감은 당연히 감정과 기억에 직접적인 영향을 준다. 그래서 몸에 유익한 것을 더 잘 기억하게 하고, 더 찾고, 더 먹게 하는 작용을 하였다.

맛은 5가지뿐이며, 요리의 맛은 짠맛(소금 0.9%)과 감칠맛(MSG 0.5%)이 주역이다. 이 2가지는 나머지 주역 중 하나인 향과 조합하여 맛을 놀라울 정도로 좋아지게 한다. 이것은 앞서 언급했던 MSG가 놀라운 효과를 보인다는 전제는, 실은 맛의 실체가 무엇인지 전혀 모른다는 말과 같다. 아무리 품질 차이가 적어도 사람이 맛에 민감하고자 한다면, 우리의 감각과 뇌는 미세한 차이라도 절묘하게 증폭시키고 결합하여 큰 쾌감의 차이를 만들어 낸다.

맛은 재료의 품질이나 과정에 따라 달라지지만 아주 미세한 차이의 황금 비율에서 폭발적으로 작용한다. 맛에 대한 감각이 뛰어난 사람은 본능적으로 이 황금 비율을 찾아낸다. 그래서 비슷한 재료와 과정을 거치더라도 미묘하게 다른 최고의 맛을 이끌어낸다. 약간의 소금, 약간의 MSG, 가열 시간과 방법의 미묘한 차이로 확연히 다른 맛을 내기도 한다. 눈에 띄지 않는 미세한 차이를 달리 표현하기 어려워 흔히 '손맛이 다르다'고 표현하기도 한다. 결국 황금 비율을 감각적으로 잘 맞출 수 있는 사람을 손맛이 좋은 사람이라고 하는 셈이다.

6. 맛은 입과 코로 듣는 음악, 리듬이 핵심

2014년 60 g짜리 과자 하나로 온 나라가 들썩였다. 제품은 매장의 진열대에 깔리기가 무섭게 동이 났고, SNS에는 그 과자 이야기로 넘쳐났다. 과자의 맛을 한 번 보기 위해 편의점과 마트를 수도 없이 돌아다녔다는 이야기도 많았고, 워낙 구하기가 힘들어 "생산이 중단됐다"라는 루머까지 돌았다. 그 과자의 인기의 비결은 무엇이었을까? 다들 맛있다고 했는데 기존에 제품에 비해 도대체 무슨 맛이 얼마나 다르기에 그리 난리가 났었던 것인지 그 비밀을 속 시원히 말해 주는 사람은 없었다.

맛은 항상 그래왔다. 음식을 선택할 때 누구나 맛을 가장 중요시한다. 식품회사(신제품)와 식당(요리)의 운명이 '맛'에 달렸지만, 맛이 무엇인지 정확하게 말해 주는 사람은 없다. 만약 신제품이나 새로운 메뉴를 개발하는 과정에서 맛을 정확하게 측정할 수 있다면 경쟁력은 엄청나게 좋아질 것이다. 매년 수많은 신제품이 출시되지만 대부분 그런 제품이 나온지도 모르게 쓸쓸히 사라진다. 제품이 시장에 출시된 이후라도 제품의 맛(경쟁력)을 정확히 측정할 수 있다면, 제품력은 좋은데 자신 있게 홍보를 하지 못해 사라지는 경우와 제품력이 부족한데 과도한 홍보비를 투입하여 손실이 커지는 경우를 줄일 수 있을 것이다.

사람들은 음식을 먹자마자 자신이 먹은 음식이 '맛이 있다' 또는 '맛이 없다'고 즉각적으로 판단하는데, 왜 그러한 평가를 내렸는지는 정확하게 설명하기가 힘들다. 그나마 분자요리의 등장 이후에 분자미식학 등이 맛에 대한 과학적이고 종합적인 설명을 하려는 시도를 많이 하고 있다

세상에서 가장 이상적인 식사법을 소개하는 자리에서 최고의 재료와 요리법으로 음식을 정성껏 준비하고 요리가 완성되면 그것을 모두 믹서에 정성껏 넣고 정성껏 분쇄한 다음, 각자의 식사량에 맞추어 그릇에 따라 준다고 가상해 보자. 그 음식에는 최고의 재료와 정성이 그대로 남아 있고, 맛 성분과 향기 성분도 그대로 남아 있다. 영양 성분도 그대로 있고, 가장 균형 있게 고르게 섞여 있으니 편식이나 영양 불균형을 걱정할 필요도 없다. 마시기만 하면 되니 매우 편리하며, 남은 음식을 냉장고에 보관하기도 쉽고 음식물 쓰레기도 생기지 않는다. 금상첨화라 할까 다이어트에도 매우 효과적이다. 음식을 갈아 먹으면 먹기에도 간편하고 위도 부담을 느끼지 않을 것이다. 가장 이상적인 식사법일 것 같은데 과연 이런 방법을 주부들이 선택할까? 아마도 이 방법을 선택하는 사람은 아무도 없을 것 같다. 씹는 맛이 없다면 겔화제를 사용해 원하는 물성으로 만들어 준다고 해도 마찬가지이다. 콩 단백질로 가짜 고기도 만드는데 음식을 물성을 부여하는 것은 쉽다. 어떤 물성이든 원하는 대로 만들어도 대부분의 사람은 그런 음식을 절대로 선호하지 않을 것이다. 그런데 왜 싫은지 명쾌하게 설명하기는 어렵다. 실제로 물어보면 "음식은 각각 고유의 맛이 있는데, 그것을 따로따로 즐기지 못하고 한꺼번에 갈아서 먹으니 각각의 재료가 주는 고유의 맛을 느낄 수 없다. 그래서 싫다" 정도의 답변이 나온다.

훌륭한 뷔페에 가면 일류 요리사가 정성껏 만든 300가지가 넘는 메뉴가 있다. 수많은 메뉴에서 자신의 취향에 맞춰 먹고 싶은 대로 마음껏 골라먹을 수가 있다. 그렇다고 냉면이나 찌개와 같은 단품 음식을 먹을 때보다 음식으로 인해 느끼는 쾌감이 300배로 늘었나 하면 그렇지는 않다. 또한, 각각의 재료가 주는 기쁨을 이야기했는데, 그렇다면 여러 가지 재료가 혼합된 김밥이나 비빔밥을 좋아하는 사람이 많은 것은 어떻게 설명할 수 있을까? 이는 맛에 대해 많은 이야기를 하지만, 정작 맛의 실체가 맛 성분, 향기 성분, 정성 등이 아니라 감각의 리듬이라는 것을 잘 알지 못한 때문이다.

음식을 한꺼번에 믹서에 넣고 갈아도 평소에 맛이라고 생각하던 요소는 전혀 변하지 않는다. 고작 식감 정도가 달라진 것인데, 맛이 완전히 사라진 이유는 사람들이 즐기는 것이 맛 성분이나 향기 성분에 대한 감각 자체가 아니라 감각의 리듬이기 때문이다. 맛에서 리듬이라니 무슨 말인가 하겠지만, 음악과 비교해 보면 너무나 명확해진다. 믹서로 가는 것은 리듬을 완벽하게 균질화시키는 것이다. 노래 한 곡을 분석해 '도'는 30번 나오고 '레'는 15번 나오며 '미'는 25번 나오니 간편하게 '도'를 연달아 30번, '레'를 연달아 15번 치는 식으로 연주하면 어떻게 될까? 음식을 믹서로 완전히 갈아 버리는 것은 어떤 노래의 전체 음을 평균하니 '파'가 된다고 하여 '파'를 연달아 200번 치는 것과 다를 바 없는 행위이다. 음악에서 리듬이 사라지면 즐거움이 사라지듯, 요리에서도 리듬이 사라지면 즐거움이 사라진다. 음식에서 맛 성분, 향기 성분 등은 음악의 음계와 같은 재료일 뿐이다. 음악의 진정한 감동은 리듬에서 느낄 수 있듯이 음식의 즐거움도 맛의 리듬이 어떻게 전개되는가에 따라 달라진다.

그렇게 많은 음식을 먹고, 맛에 대해 이야기했지만, 맛의 실체는 성분보다 리듬에 있다는 사실을 전혀 눈치채지 못한 것이다. 맛이나 향기 성분 자체에서 맛의 즐거움을 찾는 것은, 그림의 즐거움이 물감 때문이고 음악의 즐거움이 악기에서 비롯된다고 말하는 것과 같다. 물감이나 악기는 단지 재료일 뿐, 감동은 그 재료를 이용해 음악가나 화가가 어떻게 표현하는가에 달려 있다.

음악을 '청각의 치즈케이크'라고도 한다. 맛과 음악의 즐거움은 실로 비슷하다. 그래서 '맛은 입과 코로 즐기는 음악이다'이라고 말할 수 있다. 음악이나 예술은 내 몸(입)에 직접 닿지 않고 느끼는 감각인 데 비해, 음식은 혀에 닿고 몸에 흡수되는 것이라 음악의 즐거움과는 전혀 다르다고 생각하기 쉽다. 그러나 뇌의 측면에서 감각 수용체 이후의 단계가 정확히 같고, 즐거움의 메커니즘도 같다. 음악에 긴장과 이완, 기대와 반전, 각성과 해소, 강함과 약함 등이 적절히 배열되어야 즐겁듯이, 음식에도 그러한 리듬이 적절히 배열되어야 즐거움과 감동을 줄 수 있다. 똑같은 악보와 악기라도 연주 수준에 따라, 음색에 따라, 분위기에 따라 감동이 다르듯이 음식 역시 조건에 따라 달라진다. 같은 재료와 레시피로 음식을 만들어도 요리사의 조리 수준에 따라, 분위기 등에 따라 같은 음식으로 받는 감동은 완전히 달라진다.

맛도 음악처럼 감상자의 능력과 태도에 따라서도 전혀 다르게 느껴진다. 그냥 듣기만

해도 좋은 음악이 있는가 하면, 알면 알수록 감동이 깊어지는 음악이 있듯이 음식도 그냥 먹는 것만으로도 맛있고 즐거운 음식이 있는 반면에 경험이 충분히 쌓여야 맛을 제대로 느끼고 감동할 수 있는 음식도 있다. '맛은 입과 코로 즐기는 음악이다'라는 말을 되새기면서 맛의 즐거움과 음악의 즐거움을 계속 비교해 보면 생각보다 많은 공통점을 발견하게 된다. 더불어 맛에 대한 이해도 깊어질 것이다.

7. 맛은 종합과학

맛을 객관적으로 평가하기 힘든 이유는 무의식으로 느끼는 감각도 큰 역할을 하기 때문이다. 사실 입을 속이는 것보다 몸을 속이는 것이 훨씬 힘들다. 혀의 미각세포는 고작 음식의 극히 일부분인 유리당, 유리아미노산 같은 저분자 물질만을 느끼지만, 몸 안의 내장기관은 음식물을 소화 과정을 거쳐 완전히 분해하여 당분의 총량, 아미노산의 종류별 총량, 지방산의 종류별 총량까지 정확하게 측정한다. 이것을 속일 수 없기 때문에 항상 다이어트 제품은 실패하는 것이다. 사람들은 이러한 내장 감각의 정보가 인지 영역으로 가지 않고 무의식 영역으로 전달되기에 그런 줄도 모르고 혀만 속이면 그만이라는 착각으로 칼로리 없는 다이어트 식품을 개발하느라 많은 비용을 낭비하는 것이다.

즉, 인체는 영양분의 양을 정교하게 느끼고 인지하며, 맛은 칼로리(영양분)에 비례한다고 한다. 혀로는 지방을 잘 느끼지 못하지만 내장기관은 정확히 감각한다. 그러므로 지방이 들어가야 어울리는 제품에 지방을 빼면 내장기관이 알아채고 지방을 요구하므로 성공하기 힘들다. 미국의 대형 식품회사에서 기가 막힌 맛의 스낵 제품을 개발했다. 과일을 진공 튀김기를 이용하여 기름을 쏙 빼고 소금 함량도 낮추었으며 과일이 갖는 이미지 때문에 건강 콘셉트에도 잘 맞았다. 더 놀라운 것은 맛까지 기가 막히게 좋았다고 한다. 시식한 사람들의 평도 좋아서 새로운 공장 라인도 건설하고 상품을 생산하여 대대적인 판매에 돌입하려는 순간, 돌연 제품 판매가 전면 취소되었다. 어떤 지역에서 테스트 마케팅을 했는데 소비자들이 한두 번은 구매하지만 세 번까지 구입하는 사람이 없었기 때문이다. 경험이 풍부한 초대형 식품회사도 속은 것이다. 완벽한 콘셉트에 맛마저 뛰어난 스낵을 개발했지만 스낵을 찾는 사람의 내면화된 욕망까지 간파하지 못한 것이다. 머리로만 건강을 챙길 뿐 실제로 몸이 원하는 것은 칼로리가 있고 짭짤한 스낵이

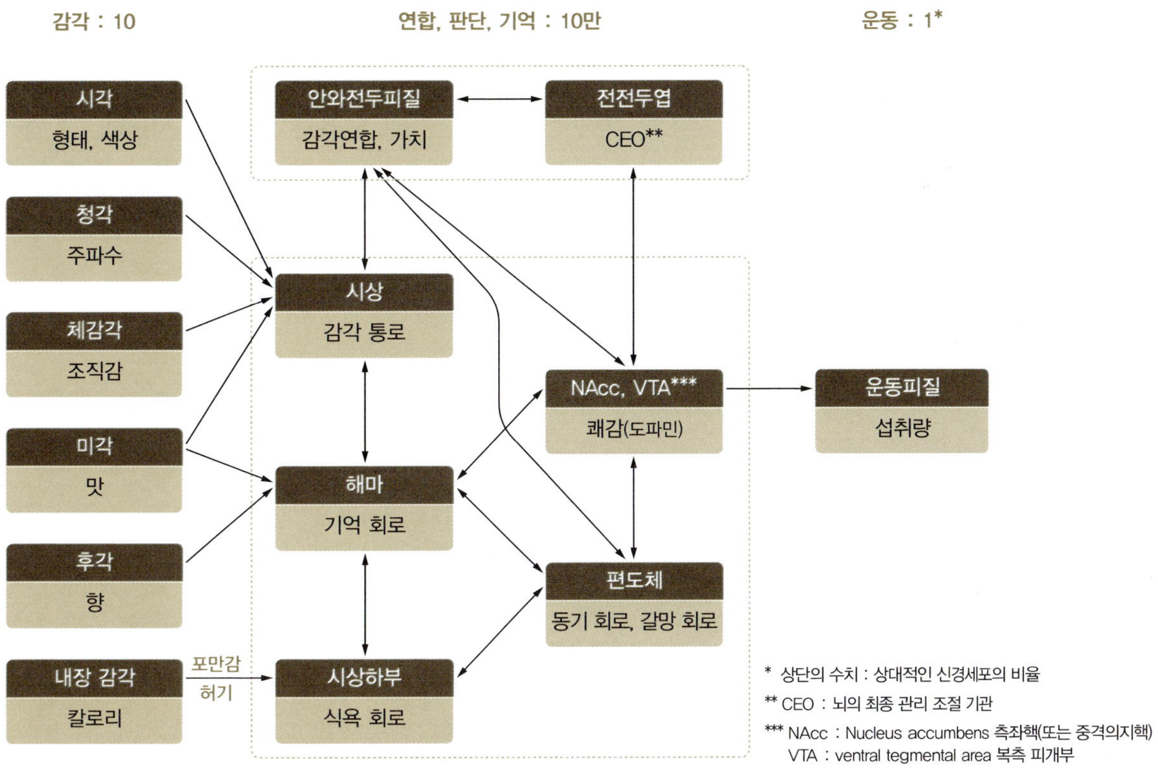

그림 1-3 감각과 뇌의 상호 관계

자료 : 최낙언. 맛이란 무엇인가. 예문당 (2012)

었다. 감각평가만으로 이런 면까지 파악하기는 쉽지 않다.

8. 맛의 평가는 어려운 작업

최근에는 식품 관련 제품 간의 특성 차이가 크게 줄어들었다. 만약 100년 전이었다면 제품 간의 품질 차이가 컸기 때문에 차별화된 맛을 개발하기가 쉬웠겠지만, 지금은 이미 개발할 만큼 개발된 상태라서 제품 간의 품질 차별화가 쉽지 않다. 2016년 영국에서 있었던 1만 6,000가지 와인을 대상으로 한 '블라인드 테스트'에서 7,000원짜리 와인이 최고의 와인으로 뽑혀 화제가 되었다. 그만큼 와인의 품질이 전반적으로 좋아져 가격에 따른 품질 차이가 줄어든 것이다. 100년 전만 해도 서민의 음식과 왕이나 귀족이 먹는 음식은 완전히 달랐을 텐데, 지금은 초등학생이 먹는 떡볶이와 대통령이 먹는 떡볶이가 크게 다르지 않다.

문제는 품질이 비슷해졌으면 평가도 비슷해야 할 텐데 소비자의 평가는 2014년 60 g짜리 과자 발매 때처럼 사소한 차이에도 극과 극으로 달라진다. 이와 같이 세밀한 간극으로 평가가 바뀌므로 자체 평가는 물론 개발도 매우 어렵다. '황금비율'이 자주 등장하는 이유이기도 하다. 한 자밤(꼬집)의 MSG, 한 자밤(꼬집)의 소금과 같이 아주 미묘한 양의 차이로 확연히 다른 맛으로 평가된다. 맛의 절반은 뇌의 작용으로 판정되기 때문이다.

사람들은 향이나 맛 성분이 거의 없는 물맛을 따질 만큼 민감하기도 하고 때로는 둔감하기도 하다. 사람의 뇌는 객관적 품질의 차이를 평가하기 위해 존재하는 기관이 아니라 ON/OFF적 행동을 위한 기관이다. 즉, 등산을 하다 곰을 만났을 때에 순간적으로 도망갈지 숨을지를 결정하는 것이다. 음식의 경우도 먹을지 말지를 결정하는 것이 목표이지 맛의 섬세한 차이를 따지기 위한 것이 아니다. 또한 절대적 평가를 통해 기준을 넘으면 만족하는 장치가 아니라 항상 상대적 비교를 통해 더 나은 것을 추구하는 기관이다. 그러므로 맛은 사소한 차이에 의해 완전히 다른 평가를 받기도 하고, 똑같은 제품임에도 상황에 따라 전혀 다른 대접을 받기도 한다. 즉, 소비자가 구입하는 제품은 그 식품을 통한 종합적인 체험이지 단순히 내용물에 한정된 것이 아니다. 포장까지 완성되어 상품 진열대에 올라 소비자의 평가를 받기 전까지는 그 제품의 가치를 제대로 평가하기 힘들다. 특히 내용물만 가지고 상품의 가치를 판단하는 것은 위험하다. 브랜드와 포장까지 다 갖춘 최종 결과물로 평가해도 달라질 수 있기 때문이다.

잡스Steve Jobs의 성공 이유 중 하나는 소비자가 스스로 무엇을 원하는지 잘 알지 못한다는 사실까지 간파하는 등 인간 자체를 이해하기 위해 노력한 것이다. 맛은 인간을 엿볼 수 있는 가장 좋은 창문 중 하나이다. 맛은 인간의 모든 욕망을 반영한 것이어서 이를 과학적으로 제대로 이해한다면 인간 현상을 이해하는 데 가장 좋은 수단이 될 수 있다. 모든 것이 통합된 맛의 평가 방법이 있었으면 좋겠지만, 이는 결코 쉽지 않은 과제이다. 그렇다고 맛의 객관적 평가를 포기할 수는 없다. 맛에 대한 큰 그림을 그리고, 객관적이며 과학적으로 평가할 수 있는 범위를 넓히는 것이 과제 해결의 첫걸음일 것이다.

9. 발견하는 맛

세상에 맛과 향은 없다. 단지 3,000만 종이 넘는 화학 물질(분자)이 있을 뿐이다. 이들 분자 역시 맛도, 향도, 색도 없다. 분자는 모양과 일치하는 사람 몸속의 수용체와 결합할 수 있을 뿐이며, 그 결합이 전기적 신호를 만들어 뇌의 특정 부위에 컴퓨터의 0, 1과 마찬가지로 펄스 형태로 전달될 뿐이다. 자연의 수많은 분자 중에서 사람 몸이 수용체를 만들어 감지할 수 있는 것은 생존에 필요한 극히 일부에 한정되는데, 그중에 맛과 향으로 감각하는 것이 포함된다. 따라서 '왜 설탕은 달고, 소금이 짠가?' 하는 질문은 틀린 것이고, '우리 몸은 왜 수크로스라는 분자는 달게, 염화나트륨의 분자는 짜게 느끼도록 진화했을까?'라고 하는 것이 올바른 질문이다. 세상에 인간을 위해서 만들어진 것은 없다. 사람이 스스로 찾아서 느끼고 쓸 뿐이다. 그리고 색맹과 미맹뿐 아니라 후맹의 종류만 70가지에 이를 정도로 각자의 몸이 다르기 때문에 맛에 정답 역시 있을 수 없다.

맛은 인간의 생존에 가장 근간이 되는 즐거움이다. 사람은 먹어야 산다. 음식을 먹을 때에 느끼는 맛의 즐거움만큼 평생 유지되는 쾌락은 없다. 어떤 쾌락보다 공부하고 훈련할 이유이다. 맛의 즐거움은 우리 몸의 감각기관의 신호를 참고로 하여 뇌가 만든 것이지 식품 자체가 가지고 있는 것이 아니다. 따라서 뇌를 아는 것이 맛을 아는 것이다. 뇌를 이해해야 맛을 알 수 있고, 맛의 이해를 통해 뇌를 알 수도 있다. 이를 제대로 알면 그만큼 자신이 느끼는 맛도 풍부해지고 세상도 풍성해질 수 있다.

오늘날 수많은 사람이 하루 종일 음악을 들으며 생활한다. 음악이 적절한 자극을 통해 사람의 감정을 조절하면서 즐거움을 주기 때문이다. 사람의 뇌는 과도한 자극도, 부족한 자극도 좋아하지 않는다. 복잡할 때는 조용하고 편안한 음악에서 위안을 찾고, 지루할 때면 자극적인 리듬에서 활력을 찾는다. 음악은 에너지를 주기도 하고, 스트레스를 풀어 주며 기분을 좋게 전환시켜 주기도 한다. 음악을 통해 다른 사람과 유대감을 쌓기도 하고, 아련한 추억에 잠기기도 한다. 다채로운 리듬으로 음악이 우리의 삶에 다채로운 감정을 제공하듯이 맛도 인간의 삶을 보다 더 풍요롭게 만들어 준다. 그러한 맛을 발견해 나가는 노력은 우리의 삶에서 가장 의미 있는 활동의 하나이다.

참고문헌

마이클 D, 거숀. **제2의 뇌**. 김홍표 역. 지식을 만드는 지식 (2013)

마이클 모스. **배신의 식탁**. 최가영 역, 명진출판 (2013)

브루스 골드스테인. **감각과 지각**, 민윤기, 김보성 공동번역. 박학사 (2010)

최낙언. **물성의 원리**. 예문당 (2018)

최낙언. **맛의 원리**. 예문당 (2015)

최낙언. **맛이란 무엇인가**. 예문당 (2012)

페이스 히크먼 브라인니, **브레인 센스**. 김지선 역. 뿌리와 이파리 (2013)

Godon M. Shepherd, ***Neurogastronomy : How the Brain Creates Flavor and Why It Matters***. Columbia University Press, New York. USA (2012)

02 감각평가의 역할 및 중요성

1. 감각평가의 중요성과 이용 | 2. 감각평가 시설 | 3. 감각평가 요원
4. 검사물의 고려 사항들 | 5. 척도

1. 감각평가의 중요성과 이용

치열한 경쟁이 심화되고 빠르게 변하는 시장에서 기업이 신제품을 개발하여 시장에 성공적으로 정착시키는 일은 상당히 어려운 일이다. 이러한 시장 여건 속에서 '성공하는 제품과 실패하는 제품의 차이는 무엇일까?' 또한, '많은 사람들이 만족하는 음식은 어떻게 만들어지는 것일까?' '기업이 만족하는 수준의 제품은 과연 소비자도 동일하게 만족할 수 있는가?'

시장에서 성공하려는 제품은 시장과 소비자에 대한 철저한 분석이 뒷받침되어야 한다. 소비자의 다양한 요구needs가 제품에 반영됨은 물론이고 외관, 향미, 텍스처 등 감각적 특성들이 최적의 균형을 이루어 소비자의 기대 수준을 충족시키는 제품이 시장에서 성공할 가능성이 높다고 할 수 있다.

최근 수년 동안 감각평가에 대한 기업의 관심과 활용도가 크게 고조되었다. 지속적으로 변하는 소비자의 욕구를 충족시키고 경쟁이 심한 시장에서 살아남기 위해 기업은, 소비자의 요구를 정확히 파악해야 하며, 이를 충족시켜 줄 수 있는 방법을 모색해야 한다. 기업은 제품에 대한 소비자의 반응이나 기호도를 측정하는 데 감각평가를 적극적으로 활용하고 있다. 감각평가는 제품의 감각적 특성에 대한 정보와, 소비자의 품질에 대

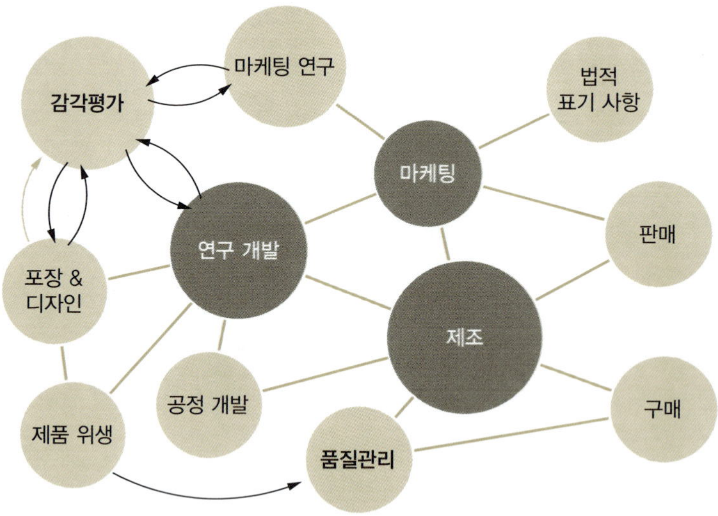

그림 2-1 감각평가의 역할

자료 : Lawless HT, Heymann H. *Sensory evaluation of food: Principles and Practices.* 2nd edition. Springer Publishing. New York, USA. (2010)

한 기호도나 재구매에 관한 정보를 기업에 제공함으로써 소비자가 원하는 제품을 개발하는 데 중요한 역할을 담당한다.

일부 기업에서는 신제품 출시 전 소비자 기호도에 대한 정량적 하한선을 설정하여 기호도 점수가 하한선을 상회할 경우에만 제품을 출시하기도 한다. 기업체에서 감각평가는 신제품 개발, 시장 조사, 품질관리, 공정 관리, 규격 설정, 원가 절감, 유통기한 설정, 포장, 판매 등에서 다양하게 활용되고 있다(그림 2-1).

감각평가를 성공적으로 수행하기 위해서는 실험 목적에 적합한 감각평가법을 선택하여 발생 가능한 편견bias과 오류error를 최소화하고 올바른 통계 분석을 통해 신뢰성 있는 결과를 얻어야 한다. 또한, 감각평가에 대한 정확한 이해와 감각평가 업무를 수행할 수 있는 환경이 조성되어야 하며, 체계적인 감각평가 프로세스에 의해서 신뢰할 수 있는 감각평가 요원을 선정, 훈련 및 관리하는 등의 제반 여건이 갖추어져야 한다. 감각평가에 대한 높은 이해도를 갖춘 전문 인력 양성도 함께 이루어져야 한다.

1) 감각평가의 정의

감각평가는 제품에 대한 소비자의 반응이나 감각을 정확히 측정하기 위한 일련의 방법들로 구성되어 있으며, 제품의 감각적 특성을 측정하고 소비자의 기호도와 관련된 특성을 규명하는 데 있다. 미국의 식품기술박람회Institute of Food Technologists, IFT와 미국재료시험협회American society for Testing, ASTM에 의하면 감각평가란 식품이나 물질이 인간의 시각, 미각, 후각, 청각, 또는 촉각을 통해 감지되는 반응을 자극, 측정, 분석 및 해석하는 감성과학의 한 분야로 정의할 수 있다.

감각평가의 올바른 수행은 다음의 4가지 활동에 의해서 영향을 받는다. 첫 번째 '자극evoke'은 감각평가 수행 시 적절하게 조성된 환경에서 수행되어야 편견이나 오류를 최소화할 수 있다. 감각평가 요원들이 개별 부스에서 검사물을 평가하고 검사물의 양이나 온도를 동일하게 조절해야 한다. '측정measure'은 감각평가를 통해 얻어지는 정량적 및 정성적 결과를 위한 수단으로, 제품의 감각적 특성과 제품에 대한 소비자 반응 간의 관련성에 의해 얻어진다. 감각 요원들이 제품 간의 작은 차이를 찾아내는 비율이나 제품의 맛이나 향에 대한 강도의 정도를 정량화하는 것이다. 감각평가에서 결과에 대한 정확한 '분석analyze'은 매우 중요하다. 감각평가의 측정 도구로 사용되는 사람에게서 얻는 결과는 일반적으로 편차가 크게 나타난다. 편차에 영향을 주는 요인 또한 다양하기 때문에 이에 대한 완벽한 제어는 사실상 불가능한 경우가 많다. 참여자들의 감정이나 동기부여 정도, 제품에 대한 본질적인 생리적 차이, 평가하는 제품에 대한 정보 등이 모두 편차에 영향을 줄 수 있다. 따라서 제품의 감각 특성이나 소비자 기호도에 대한 결과가 실제 실험에 의한 것인지 아니면 단순 오류나 편차에 의한 것인지 규명하는 것이 중요하다. 적절한 통계적 기법을 사용하여 실험을 설계하고, 도출되는 결과를 통계적으로 분석하여 실험의 오차를 최소화해야 한다. 이화학실험과 마찬가지로 감각평가는 실험 설계 및 측정에 의해서 결과를 얻기 때문에 결과의 '해석interpret'은 연구의 가설, 조건, 실험의 제한 여부 등을 고려하여 해석되어야 정확한 분석이 가능해진다.

인간의 감성 체계는 식품의 외관, 향미 및 텍스처 같은 감각적 특성을 평가하는 데 가장 효과적인 도구로 알려져 있다. 그러나 사람이 직접 측정 도구가 되기 때문에 여러 가지 다양한 편견과 오류가 발생할 가능성이 높아 이를 적절히 제어하지 않으면 잘못된 결과나 결론을 얻을 수 있다. 올바른 실험 설계와 감각평가법을 통해 실험 단계별 발생 가능한 편견과 오류를 과학적 수단으로 관리해야 신뢰성 있는 결과를 얻을 수 있다.

감각평가 결과와 이화학적 또는 기기분석 결과와의 상관관계를 통해 제품의 품질 평가, 품질관리 및 최적화에 사용할 수 있다. 향미와 텍스처는 본질적으로 감각적 특성이기 때문에 오직 인간에 의해서만 정확하게 평가될 수 있으나 상황에 따라서 기기분석을 선호하는 경우가 있다. 기기분석은 초기 기기 구입비용이 부담될 수 있으나 장기적으로는 저렴하며 감각평가보다 결과를 신속히 얻을 수 있다. 실험을 통해 얻어지는 데이터는 일반 통계 분석에 적용하기 용이하며, 감각평가보다 재현성 높은 결과를 제공하기도 한다. 감각평가는 단순 반복이 요구되는 품질 평가 시 검사 요원들의 감각 피로도가 발생할 수도 있다.

2) 감각평가의 적용 및 활용 분야

(1) 신제품 개발 업무

기업은 지속적이고 성공적인 사업을 영위하기 위하여 혁신적인 신제품 개발에 부단한 노력을 기울인다. 개발된 신제품의 최종 사용자는 소비자이므로 제품을 개발하는 기업의 입장보다는 소비자의 기호도를 충족시키는 제품이 시장에서 성공할 수 있다. 식품 산업에서는 기존 제품과 완전히 다른 혁신적인 제품의 개발은 드물지만, 감각평가로 개발된 신제품에 대한 시장에서의 제품 경쟁력은 분석할 필요가 있다. 이미 시장에 유통되고 있는 유사한 경쟁 제품과의 품질 비교를 통해 개발된 제품에 대한 소비자의 기호도를 파악하는 것은 제품의 성공적인 정착을 위해 반드시 필요하다. 유사 제품과의 감각적 특성을 비교하고 소비자의 기호도를 분석함은 물론, 개발된 제품의 강점과 약점을 파악함으로써 시장에서 신제품의 성공 가능성을 극대화해야 한다.

(2) 품질 개선

신제품이 시장에 소개되고 일정 시간이 경과하면 유사 제품과의 경쟁력 약화, 기업의 이윤 감소, 제품에 대한 소비자의 의견 등을 재차 반영하기 위해 제품의 품질 개선이 필요하다. 품질 개선은 반드시 기존 제품의 판매가 감소하기 때문만은 아니며, 제품의 이윤을 극대화하기 위한 원가 절감, 원료 변경 및 공정 개선 등을 포함한다.

기존 제품의 품질 개선을 위해서는 명확한 전략과 수단이 고려되어야 한다. 기존 제품에 소비자의 요구 사항을 반영하는 경우 개선된 제품과 기존 제품의 품질을 비교하여 유의성 있는 비교 우위가 나타나지 않으면 품질 개선에 성공했다고 할 수 없다. 그러나 제품의 매출이 지속적으로 유지되고 있는 상황에서 원가 개선을 목적으로 품질을 개선하는 경우에는 제품의 품질은 유지하거나 소비자가 감지할 수 없는 수준이어야 한다.

개선된 제품과 기존 제품의 품질을 비교하는 방법으로는 차이식별검사, 묘사 분석 및 기호도 조사 등이 있으며, 목적과 상황에 맞는 검사 방법을 선택하게 된다. 일반적으로 개선된 제품과 기존 제품 간에 품질 차이가 발견되면 개선된 제품의 선호도를 조사하여 품질 개선의 효과를 종합적으로 확인할 수 있다.

(3) 품질관리

일단 제품이 개발되어 시장에 출시되면 초기의 제품 품질 수준이 지속적으로 유지되고 관리되어야 한다. 이는 소비자에게 제품의 품질을 보증한다는 의미에서 중요한 요소이며 제품을 생산하는 기업의 브랜드 가치와도 밀접한 관련성이 있다. 제품의 품질관리는 외형, 성상은 기본이고 이화학검사, 미생물검사 등 다양한 검사에 의해서 수행되어야 하며, 감각평가에 의한 제품의 감각적 특성에 대한 지속적인 모니터링도 필요하다.

제조 공정 단계별로 품질관리가 이루어져야 하며, 최종 제품이 시장에서 유통되는 과정에서도 균일한 품질 유지가 필요하다. 출시 초기의 품질을 갖는 대조 시료를 확보하여 이후 생산된 제품과 주기적으로 품질을 비교해야 한다. 만약 유의적 차이가 발생한 경우에는 어떤 감각적 특성에서 차이가 발생했는지 규명하고 조사하여야 한다.

(4) 원가 절감 및 공정 개선

제품의 원가 절감은 비교적 단순하게 기업의 이윤을 증대시킬 수 있는 방법이다. 가격 경쟁력이 높은 원료나 소재로 대체하거나 공정을 단순화 또는 좀 더 효율적으로 개선함으로써 최종 제품의 원가를 절감할 수 있다. 제품 생산지를 변경하거나 인건비를 절감하는 방법도 포함될 수 있다. 원가 절감을 위한 모든 조치는 원가 개선 제품의 품질이 기존의 품질과 동등하다는 전제하에 가능하다. 원가 개선 제품과 기존 제품 간의 품질 차이를 조사하기 위해 차이식별검사가 유용하게 사용될 수 있다. 만일 두 제품 간에 유의적 차이가 발견되면 그 차이를 규명하고 경우에 따라서는 소비자 기호도조사를 통해 원가 개선 제품의 기호도 수준을 동등 이상으로 유지해야 한다.

제조 공정은 원가 절감뿐만 아니라 제품의 전반적인 품질 향상을 위해서 개선될 수 있다. 이때 개선된 제조 공정으로 생산된 제품이 기존 제품의 품질과 비교하여 비교 우위를 보이는지 확인해야 한다. 목적에 따라 차이식별검사 또는 기호도조사가 사용될 수 있다.

(5) 품질 수명 측정

제품의 품질 수명 또는 유통기한 설정은 소비자에게 안전한 품질 보증 기간에 대한 정보를 제공한다는 측면에서 매우 중요하다. 신제품이 출시되거나 기존 제품의 원료 비율이나 제조 공정의 변경, 또는 포장 재질이나 포장 방법이 변경될 경우, 과학적 실험에 의해 유통기한이 설정되어야 한다. 유통기한 설정을 위한 주요 지표로는 이화학, 미생물 및 감각적 특성들이 있다. 이러한 특성들은 측정 및 분석이 용이하고, 위생과 영양적 특성을 고려하여 반응 차수($n=0, 1$)가 낮은 것일수록 관리가 쉽다.

제품의 위생 및 영양적 지표가 유통기한 내 정해진 기준에 부합하면 제품에 대한 소비자의 기대는 이화학적 변화를 포함한 전반적인 감각적 지표(외관, 향미, 조직감)로 옮겨간다. 이때 식품의 유통기한은 최종적으로 식품 고유의 감각적 지표에 의해 결정된다. 멸균 소시지 제품의 경우 설정된 유통기한 내에 위생적, 영양적으로는 문제가 없으나 표면 건조 현상 등 감각적 지표에 문제가 발생하면 설정된 유통기한을 줄여야 한다. 이렇게 식품의 유통기한은 식품 자체의 위생적, 영양적 지표보다는 식품 고유의 감각적 지표에 의해 결정되는 경우가 많다. 예를 들어 분말주스 제품의 품질관리 과정에서 대표적인 지표인 비타민 C와 향미 평가 결과 간의 상관관계(그림 6-1 참고)에서, 향미 평가 기준을 바탕으로 비타민 C의 잔존량이 80%를 유지하는 시점까지를 유통기한으로 설정하는 경우이다. 산업체에서는 비타민 C를 기준으로 품질을 관리하는데, 이 비타민 C의 기준치가 되는 값은 감각평가를 통해서 얻은 향미 평가를 바탕으로 결정된 것이다.

2. 감각평가 시설

감각평가를 할 때에 감각평가 요원들의 집중력을 향상시키고 검사를 원활하게 진행하기 위하여 감각평가실을 마련해야 한다. 감각평가실은 평가를 수행할 수 있는 공간, 준비실(조리실) 및 대기실로 구성되며, 외부에서 발생하는 냄새나 소음 등 외부의 방해로부터 독립된 곳이 좋다. 검사 대상 제품에 따라 단순 처리부터 비교적 복잡한 조리가 필요한 경우가 있으므로 검사실은 검사 제품의 준비가 용이하도록 준비실과 인접해 있으면 편리하다. 다만, 검사 제품을 준비하는 과정에 발생하는 냄새가 검사실로 유입되면 검사에 영향을 줄 수 있으므로 냄새가 들어오지 않도록 주의해야 한다.

검사실 내의 기압을 외부보다 높게 유지하면 외부의 냄새가 유입되지 못하게 할 수 있다. 따라서 검사실은 냉난방 및 외부의 냄새를 차단하고 검사 제품의 냄새가 단시간에 제거할 수 있도록 급·배기 공조 시스템이 구축되어야 한다. 쾌적한 환경을 조성하기 위해 실내 온도는 20~25°C, 습도는 45~55% 정도를 유지하는 것이 좋다.

포커스 그룹 등 토론이 필요한 경우를 제외하면 대부분의 검사는 개별 칸막이실booth에서 진행된다. 감각평가 요원들은 개별 칸막이실에서 검사물을 평가하며 서로 의견을 공유하지 않는다. 칸막이실의 조명은 태양광선과 인공조명을 함께 사용하여 시료의 외관과 색상을 평가하는 데 충분할 만큼 밝아야 한다. 검사물의 색상이 평가 결과에 영향을 주는 경우에는 붉은색, 녹색, 파란색의 유색 조명을 설치하여 검사물의 색상을 인위적으로 조절할 수도 있다.

칸막이실은 검사 요원 앞에 검사물이 제공되는 여닫이문과 준비 요원과 소통할 수 있

그림 2-2 감각평가를 위한 개별 칸막이실

는 양방향 신호장치 등이 설치되어 있다. 개별 칸막이실을 설치하기가 어려울 경우에는 테이블의 위치를 조정하여 감각평가 요원들이 서로 마주보지 않도록 해야 한다. 최근에는 개별 칸막이실과 같은 인위적인 평가 환경보다는 소비자의 실제 상황과 유사한 환경에서 제품을 평가했을 때 실제 기호도와 좀 더 가깝게 분석되는 경향이 있다는 이유로, 칸막이실을 좀 더 편안하고 현실적으로 꾸며 조사를 수행하는 경우도 있다.

3. 감각평가 요원

감각평가 요원이란 감각평가를 수행하는 사람으로, 패널 요원panel member, subject 또는 패널리스트panelist라고도 하며 평가 요원 집단은 패널panel이라고 한다. 검사 목적에 따라 차이식별검사나 묘사 분석에는 훈련 받은 평가요원을 투입하고, 기호도조사에는 훈련과 상관없는 일반 소비자들을 주로 대상으로 한다.

감각평가 요원의 선발은 검사 요원의 자발적인 참여 동의가 있어야 하며, 연구 기간 동안 검사 요원들의 권리와 복지는 보장되어야 한다. 이와 관련해서 최근에는 감각평가와 관련된 연구는 기관생명윤리심의위원회, 임상시험심사위원회Institutional Review Board, IRB의 검토와 승인을 받아야만 진행할 수 있는 경우가 많아지고 있다. 기업체의 연구는 선택 사항이지만 학계의 연구는 대부분 의무 사항으로 규정되어 있는 실정이다.

묘사 분석에 투입되는 훈련이 필요한 평가 요원은 다양한 선별검사를 통해 선발하기도 한다. 검사 목적에 따라 차이 식별 능력을 기준으로 결과 재현 능력, 묘사 능력 등을 테스트할 수 있다. 검사하는 제품과 밀접한 관련이 있는 사람은 검사물에 대한 많은 정보를 갖고 있기 때문에 왜곡된 결과를 만들어 낼 수 있으므로 일반적으로 검사에서 제외한다. 평가 요원은 검사물에 대해 알레르기가 없어야 하며 검사 진행을 위해 충분한 시간적 여유가 있어야 한다. 또한 신체적으로 건강하고 정서적으로 안정되어 있으며 무엇보다 검사에 대한 관심과 열정이 있어야 한다. 검사에 투입되는 평가 요원의 수는 검사물의 종류, 수, 평가 방법 및 패널의 대표성 등 다양한 요인들을 고려하여 결정하므로 정확한 수를 지정하기는 쉽지 않으나, 일반적으로 1회 평가를 기준으로 차이식별검사는 20~30명, 묘사 분석은 6~15명, 소비자조사의 경우는 정성적 조사 8~12명 정도, 정량적 조사 최소 50명 이상을 대상으로 한다. 평가 요원들의 수행 능력은 여러 가지 이유로 저하될 수 있으므로 주기적인 테스트로 검사 능력을 지속적으로 유지시켜 주어야 한다.

4. 검사물의 고려 사항들

1) 시료의 제시

모든 시료의 제시 절차와 준비 과정을 표준화해야 한다. 모든 평가 요원이 동일한 품질(크기, 색상 등)의 시료를 평가할 수 있도록 준비해야 하며, 적절한 실험 설계를 통해 발생 가능한 오류와 편차를 최소화해야 한다. 절단이 필요한 시료는 평가 기준에 맞는 정확한 규격으로 준비해야 하고, 평가 전까지 보관이 필요한 시료는 동일한 환경과 조건에서 준비해 두어 시료의 품질 이외의 조건으로 인한 편차를 최대한 줄여야 한다. 특히, 온도 관리가 필요한 시료는 적절한 실험 설계와 온도 유지를 위한 도구들을 활용하여 동일한 조건을 유지해야 한다. 면류, 스낵 등 시간의 흐름에 따른 물성 변화가 민감한 시료를 평가할 때는 시료의 양이나 제시 시간 등을 철저하게 관리해야 한다. 이외에 시료와 시료 사이의 입가심, 시료의 삼킴 여부 등도 평가에 영향을 줄 수 있는 요인이다.

하나의 세션에서 한번에 평가할 수 있는 검사물의 수는 평가 요원의 감각 피로도나 감각 둔화를 고려하여 결정해야 한다. 일반적으로는 5~6개까지 가능하지만 양념, 알코올류와 같이 자극이 강한 검사물의 경우는 평가 시료 수를 2~3개 정도로 제한할 수 있다. 평가해야 할 검사물이 많아서 한번에 평가가 어려울 때에는 보통 평가 세션을 2~3개로 구분하여 평가한다. 검사물의 외관이나 색상이 평가 결과에 영향을 끼칠 수 있는 경우에는 검사물의 색상을 마스킹masking한 상태로 평가를 진행한다. 개별 부스 내에 유색 조명을 사용하거나 평가 요원의 눈을 가리고 진행할 수도 있다.

검사물이 평가 요원에게 제시되는 순서가 결과에 영향을 줄 수 있다. 검사물이 요원에게 제시되는 순서에 따라 대조 오차, 그룹 오차 등 제시 순서와 관련된 여러 가지 오차가 발생할 수 있다. 그러므로 검사물의 제시 순서에 의한 오차를 줄이기 위해서는 검사물을 평가 요원에게 균형적 배치balanced order 또는 임의 배치random order로 제공한다.

2) 시료의 양과 크기

시료는 평가 요원이 평가하기에 충분한 양과 크기로 준비한다. 경우에 따라서는 평가를 위한 시료의 최소 섭취량을 명시하기도 하는데, 처음 접해 본 시료의 섭취를 꺼리는 평가 요원이 있을 수 있기 때문이다. 시료 전체를 제공하지 못할 경우에는 시료의 특성을 대표하는 동일한 부위를 제공한다. 평가되는 시료의 크기가 일정하지 않으면 시료의 감각 특성 중 특히 텍스처나 물성의 결과에 영향을 줄 수 있으므로 최대한 동일하게 준비해야 한다. 시료의 크기는 섭취 시 시료의 일반적인 절단 크기와 평가되는 감각 특성의 수 등을 고려하여 결정한다. 평가 시 평가 요원이 직접 시료를 절단해야 하는 경우는 칼 같은 절단 도구를 함께 제공할 수 있다.

3) 시료의 온도

검사물의 온도는 시료의 특성에 따라 적절한 관리가 이루어져야 하는데 일반적으로는 흔히 섭취하는 온도로 제공한다. 모든 패널에게 제공하는 검사물의 온도는 항상 일정해야 한다. 스낵류나 건조식품 등 상온에서 평가가 가능한 시료는 각 세션마다 평가실의 온도가 상온이 유지되고 있는지 확인한다. 육류 등 시료의 온도를 높게 유지해야 하는 경우는 오븐이나 보온기(약 50°C) 등을 활용하여 제시 전까지 일정하게 온도를 유지하도록 한다. 일반적으로 냉장 온도로 제공해야 하는 음료는 제시 전까지 냉장고나 아이스박스를 사용해 보관한다. 우유는 제시 온도를 15°C로 조절하여 휘발성 향미 특성을 향상시켜 평가하는 경우도 있다. 아이스크림은 시료를 제시하기 최소 12시간 전부터 -15~-13°C 정도에서 템퍼링tempering하여 시료의 스쿠핑scooping을 용이하게 준비한다.

4) 시료의 용기

시료를 담아내는 용기는 검사물의 품질에 영향을 주지 않는 것으로 선택한다. 용기는 가능하면 무늬가 없는 흰색이 좋다. 유색 용기는 검사물의 특성을 반감시킬 수 있다. 재질은 유리, 사기, 스테인리스 강 등으로 구성된 것이 적절하나 편리성을 위해 일회용 용기도 무방하다. 다만, 용기 자체의 맛이나 냄새가 검사물로 전이되지 않도록 주의해야 한다. 플라스틱 용기도 사용할 수 있으나 검사물을 데워서 제공하는 경우에는 용기가 열에 영향을 받거나 냄새를 쉽게 옮길 수 있으므로 경우에 따라 사용을 배제할 수 있다. 나무 재질의 용기는 자체의 다공질에 검사물의 성분 일부가 흡착될 수 있으므로 바람직하지 않다. 용기 표면에 시료 코드를 기재할 때는 시료의 향미에 영향을 줄 수 있는 잉크의 사용을 자제해야 한다. 시료 코드는 숫자가 줄 수 있는 편견을 최소화하기 위해서 난수로 구성된 세 자리 숫자를 주로 사용한다.

5) 동반 식품

소비자조사를 할 때는 검사물의 평가를 실제적인 섭취 상황에서 평가함으로써 검사물의 기호도를 좀 더 정확하게 조사하기 위하여 동반carrier 식품을 제공하는 경우도 있다. 동반 식품이란 검사물과 함께 평상시에 같이 섭취하는 식품을 의미한다. 예를 들면 김과 밥, 커피와 우유 또는 설탕, 잼과 크래커, 햄버거 패티와 빵이나 채소, 소스 등이 해당되는데, 이때 동반 식품의 향미가 검사물의 특성을 평가하는 데 방해가 될 정도로 강해서는 안 된다.

6) 입가심 또는 구강 청결

대부분의 감각평가에서는 여러 개의 검사물을 순차적으로 평가하는 경우가 많다. 이전 검사물의 감각 특성이나 자극이 다음 검사물로 전이되면 시료의 특성 강도에 영향을 끼칠 수 있다. 입가심 또는 구강 청결palate cleansing로 이전 검사물의 잔존물을 완전 제거함으로써 앞선 평가가 다음에 평가할 검사물에 전이되는 것을 최소화해야 한다.

일반적으로 사용하는 입가심제 또는 구강 청결제로는 물, 우유, 무염 크래커, 식빵, 펙틴 용액 등이 있으며, 다양한 식품의 특성(커피의 쓴맛, 차의 떫은맛, 육가공 소시지의 기름진 맛, 고춧가루의 매운맛)에 따라서 적절하게 사용하도록 한다. 많은 연구를 통해 무염 크래커가 대부분의 감각 특성에서 입가심제 또는 구강 청결제로서 효과가 있음이 확인되었다.

7) 섭취 방법

대부분의 분석적 감각평가(차이식별검사, 묘사 분석)에서는 평가 요원들이 검사물을 삼키지 않고 뱉는 과정을 반복하며 평가한다. 이런 과정을 통해서 이전의 검사물로 발생한 자극이 다음 검사물에 전이되는 것을 최소화할 수 있기 때문이다. 검사물을 삼키면서 평가하는 것은 '목 넘김' 특성과 같이 시료를 삼킬 때 목구멍에서 감지되는 특성을 평가할 때에 유용하다. 예를 들면 후추의 목에서 타는 특성이나 주류 제품의 목 넘김이 여기에 해당된다.

소비자 기호도검사에서는 검사물을 평상시처럼 섭취하고 삼키는 과정에서 좀 더 정확한 기호도를 측정할 수 있으므로 일반적으로 삼키는 과정이 포함된다.

5. 척도

척도scale는 자극에 대한 반응을 측정하여 결과로 표현하기 위한 방법을 말한다. 검사 목적이나 방법 및 제품의 특성에 따라서 달라질 수 있는데, 적절한 척도를 설정하여 정확한 정보를 얻어 내야 한다. 감각평가에서 주로 사용되는 척도는 크게 4가지로 분류된다. 분류나 속성을 지정하기 위해 사용되는 명목척도nominal scale, 항목 간 순위나 순서를 결정하는 데 사용되는 서수(순서 또는 순위)척도ordinal scale, 특성의 차이나 기호도의 크기를 측정하는 데 사용되는 간격척도interval scale, 두 항목 간 크기의 구분, 비교와 차이를 측정하는 데 사용되는 비율척도ratio scale 등이 있다.

1) 명목척도

평가 요원의 응답을 분류 또는 항목화하는 데 사용한다. 각 분류로 구분된 응답은 독립적으로 다른 분류에 속하지 않으며 항목 간 크기의 차이는 없다. 응답자의 나이, 성별, 소속 등 인적 사항에 대한 정보를 수집하거나 제품의 특성에 대한 속성도 파악할 수 있다.

명목척도에 의한 결과는 정량적으로 표현되는 값이 아닌 항목에 대한 빈도수이기 때문에 통계적으로 분석하는 데 한계가 있다. 주로 사용되는 통계 분석 방법이며 빈도 집계, 빈도 분포, 최빈수modes, 카이제곱(χ^2), 분할 계수contingency coefficient 등이 있다. 이러한 단점에도 불구하고 응답자가 쉽게 사용할 수 있으며 검사 시간이 짧아 최근에 많이 소개되고 있다. 소비자를 대상으로 제품의 특성 강도를 신속하게 평가할 때에 최근 CATACheck all that apply 방법을 많이 선택하는데 이 방법에 명목척도가 사용될 수 있다(그림 2-3).

다음 시료를 섭취 후 감지되는 모든 특성에 대해 □ 안에 ∨ 표시하시오.

단맛	□	과일 맛	□	올리브오일 맛	□	수분감	□
짠맛	□	소시지 향신료	□	허브 맛	□	응집성	□
훈제	□	후추 맛	□	한약제 향	□	쫄깃함	□
감칠맛	□	마늘 맛	□	질김	□		
간장 맛	□	바비큐 시즈닝	□	퍽퍽함	□		

그림 2-3 명목척도가 사용된 평가표

2) 서수척도

감각 특성, 의견 또는 선호도 등에 대한 순위를 결정하기 위해 숫자나 번호가 주로 사용된다(그림 2-4). 주로 3가지 이상의 제품이나 특성을 평가하는 순위법에서 사용되며 일련의 숫자를 부여하여 특성 강도나 선호 순위를 측정한다. 이때 순위의 순서는 알 수 있으나 얼마나 다른지 차이는 알 수 없다. 순서의 차이를 알기 위해서 평정법rating scale을 함께 사용할 수 있다(그림 2-5). 서수척도를 통해 얻어지는 값은 대부분 정규분포를 따르지 않으므로 일반적으로 비모수적nonparametric 통계 방법으로 분석할 수 있다.

주어진 특성에 대하여 짠맛 강도의 순위를 정하시오. 가장 짠맛의 강도가 강한 시료를 순위 '1'로 하고, 가장 약한 시료를 순위 '4'로 기입하세요. 검사는 왼쪽부터 시작하세요.

356	869	149	587
______	______	______	______

그림 2-4 서수척도가 사용된 평가표

다음 중 시료 맛의 강도를 가장 잘 표현한 곳에 표시하시오.

맛의 강도		시료	
		869	149
		맛의 강도	
극히 심함(extreme)	1		
	2		
강함(strong)	3		
	4		
보통(moderate)	5		
	6		
약함(slight)	7		
	8		
없음(none)	9		
	10		

그림 2-5 서수척도가 사용된 평가표(평정법 병행)

3) 간격척도

척도 위에 있는 눈금들은 연속적으로 구성되며 눈금의 간격은 동일하다고 가정한다. 간격척도는 묘사 분석에서 특성의 강도 측정과, 소비자 기호도조사에서 광범위하게 사용된다. 특성의 강도는 시작점을 0이나 1로 지정하고 강도가 커지면 숫자가 커지도록 지정할 수 있으며 서수척도에 의한 특성의 순위뿐만 아니라 특성들 간의 정도 차이가 얼마인지에 대한 정보도 얻을 수 있다.

특성 강도 측정을 위해 선척도line scale를 사용하기도 하는데 척도의 양끝 점을 강도의 최저점과 최고점으로 정할 수 있다. 선척도는 묘사 분석에서 유용하게 사용되며, 15 cm 길이의 선척도가 가장 널리 사용된다(그림 2-6). 선척도에서는 반응과 관련된 숫자의 사용을 배제하며, 단어에 의한 편견을 방지하기 위하여 단어도 사용하지 않는다. 결과 분석

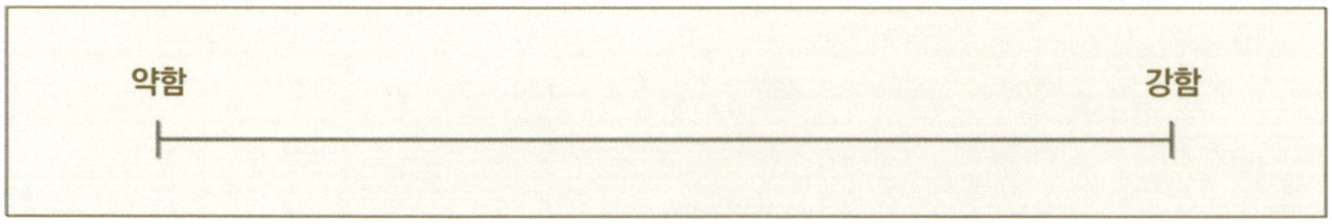

그림 2-6 선척도의 예시

은 왼쪽에서 선척도 위에 표시된 부분까지의 거리를 자로 재서 숫자로 나타내는 양적 분석을 한다. 평균, 표준편차, 상관관계, 회귀 분석, t검정, 분산 분석 등을 실시할 수 있다.

4) 비율척도

두 개 이상의 반응 간 상대적인 비율을 계산하여 반응의 강도나 정도의 차이를 결정하는 데 사용하는 것이다. 간격척도와 동일한 성질을 갖고 있으며 눈금 사이에는 동일한 비율이 존재한다. 감각평가에서 가장 폭넓게 사용되는 비율척도는 크기 추정척도 magnitude estimation로 사용하기 쉬운데, 특별한 설문지나 평가표가 필요 없기 때문이다(그림 2-7, 그림 2-8). 먼저, 첫 번째 검사물의 자극에 대한 강도가 점수로 부여되는데 실험자가 지정할 수도 있고, 평가 요원들이 각자 본인의 점수로 지정할 수도 있다. 이때 점수는 이후 로그 형식으로 표준화되므로 양수로 표현해야 하며 0보다 작지 않아야 한다.

평가 요원들은 검사물 각각의 자극에 대해 강도를 부여하는데 처음 지정한 첫 번째 검사물과의 상대적인 비례 배율로 결정한다. 예를 들어, 두 번째 검사물의 강도가 첫 번째 검사물의 강도보다 2배 강하다고 감지되었다면 첫 번째 검사물에 지정된 점수의 2배

기준 시료의 단맛 강도는 10점입니다. 다음 비교 시료를 맛보고 단맛의 강도를 기준 시료와 비교하여 상대적 비율로 적어 주십시오(단, 0이나 음수를 사용할 수 없음).

기준 시료(R) : 10

비교 시료(869) : (　　　)

비교 시료(587) : (　　　)

그림 2-7 크기 추정척도의 예시 1

다음의 기준 시료를 맛보고 단맛 강도에 대한 점수를 자유롭게 정해 주십시오. 비교 시료를 각각 맛보고 단맛의 강도를 기준 시료와 비교하여 상대적 비율로 적어 주십시오(단, 0이나 음수를 사용할 수 없음).

기준 시료(R) : (　　　)

비교 시료(869) : (　　　)

비교 시료(587) : (　　　)

그림 2-8 크기 추정척도의 예시 2

로 지정하면 된다.

결과 분석을 위해서는 검사물의 자극 농도와 자극 강도와의 관계를 먼저 찾아야 하는데 비율 성질을 갖는 비율척도는 정신물리학psychophysics 차원에서 일반적으로 곡선의 형태를 나타낸다. 따라서 결과 분석을 좀 더 쉽게 만들기 위해서 결과값들을 표준화normalization시킨다. 자극 농도와 자극 강도값들을 로그값으로 전환시키고, 각각의 검사물에 대한 각 평가 요원들이 지정한 로그값의 기하 평균을 계산한다. 로그 전환을 통해 결과 곡선이 일정 부분 직선화되어, 결과 분석에 용이한 형태로 변환되게 된다.

참고문헌

김광옥, 이영춘. **식품의 관능검사**. 학연사 (1989)

황인경, 김미라, 송효남, 문보경, 이선미, 서한석. **식품품질관리 및 관능검사**. 교문사 (2013)

Meilgaard MC, Civille GV, Carr BT. ***Sensory evaluation techniques***. 4th edition. CRC Press, New York, USA (2007)

Lawless HT, Heymann H. ***Sensory evaluation of food: Principles and Practices***. 2nd edition. Springer Publishing. New York, USA (2010)

Stone H, Bleibaum RN, Thomas HA. ***Sensory evaluation practices***. 4th edition. Academic Press. Massachusetts, USA (2012)

QUALITY
MANAGEMENT
OF
SENSORY
AND
HEDONIC
PROPERTIES
OF
FOOD

03
식품의 감각 특성 요소 및 감각평가에 영향을 주는 요인

1. 식품의 감각 특성 요소 | 2. 식품의 감각 특성 요소의 인지

3. 감각평가 결과에 영향을 주는 요인

1. 식품의 감각 특성 요소

식품의 감각 특성 요소는 영문으로는 'attribute', 'characteristics', 'term' 등의 단어로 표현할 수 있으며, 시각, 후각, 미각, 촉각, 청각으로 느껴지는 요소로 구분될 수 있다.

1) 외관

외관appearance의 특성으로는 색, 식품의 크기와 모양, 표면 조직감, 탁도, 투명한 정도, 탄산 함유 정도 등이 있다. 색은 향미의 강도와 연관이 있거나(예를 들어 초콜릿의 색이 짙어질수록 코코아 함량이 증가), 제과·제빵류의 굽기 정도(표면 갈변), 과일의 숙성 정도(예를 들어 바나나)를 나타내기도 하고, 과일 향 사탕, 캐러멜 제품의 향미를 암시하는 요소이기도 하다. 예외적인 경우도 있지만 색의 변화로 단백질의 변성 정도를 판단할 수도 있다. 예를 들면, 달걀과 생선은 불투명하게 바뀌고, 소고기는 붉은색에서 회갈색으로 바뀐다. 식품의 크기와 모양도 쉽게 측정할 수 있는 외관의 특성이다. 예로 들 수 있는 것이 과자의 크기, 형태, 그리고 부재료의 함량 등이다. 초콜릿의 표면에 향미를 추가하기 위해 장식한 말린 과일, 견과류 등이 그 예가 될 수 있다. 표면의 조직감은 거친 정도, 소금 또는 설탕의 결정 유무, 윤기 등이 포함될 수 있다.

2) 향

감각과학에서 향을 나타내는 영어 단어는 'odor', 'aroma', 'fragrance' 등이 있는데, 각각 지칭하는 바가 다르다. 냄새smell는 부정적인 의미로 인식되고 사용하기 때문에 식품의 향을 나타내기에는 적당하지 않아서 'odor'나 'aroma'를 주로 쓴다. 'Odor'는 코의 비강을 통한 휘발성 향기 성분의 인지를 뜻하고, 'aroma'는 식품의 휘발성 향기 성분의 인지에 사용한다. 'Aromatics'는 음식을 섭취할 때 입안에 있는 음식물의 휘발성 향기 성분이 후각기관으로 인지되는 것을 말한다. 'Fragrance'는 화장품, 향수, 생활용품 등 식품이 아닌 제품의 향을 뜻하는 용어이므로 식품에 사용하는 것은 적절하지 않다(Meilgaard 등, 2016). 악취의 의미로는 'off-flavor', 'malodor'가 쓰인다.

3) 향미

구강에서 일어나는 화학적 인지 반응에 국한하며, 향미는 향aromatics, 맛, 화학적 감각요인을 포함하는 용어이다. 향은 음식을 섭취할 때 입안에 있는 음식물의 휘발성 향기 성분이 후비공posterior nares을 통해 후각기관에서 인지되는 것이고, 맛은 혀에서 느껴지는 수용액 상태의 단맛, 신맛, 쓴맛, 짠맛, 감칠맛의 화학적 인지이다. 화학적 감각 요인은 삼차신경 감각trigeminal sensation이라고도 하며, 떫은맛astringency, 매운맛spicy, hot, 멘톨이 포함된 치약, 구강 제품 등의 시원한 느낌cooling, 톡 쏘는 느낌bite, 금속 느낌metallic feel, 탄산, 타는 듯한 느낌burn 등이 포함된다.

같은 특성도 향과 향미로 구분하여 평가하기도 하고, 같이 평가하기도 하면서 참고 물질을 각각 지정하기도 한다. World coffee research의 커피 「Sensory Lexicon」이 좋은 예가 될 수 있다. 특히, 세계적으로 구매가 가능한 물질을 참고 물질로 선정한 용어 24개도 포함하고 있어서 공통적으로 사용할 수 있다. 그중 몇 가지를 예로 들어 표 3-1에 나타냈다.

표 3-1 커피 용어 목록 중 향과 향미의 예

특성 용어	정의(Definition)	참고 물질(Reference)	참고 물질 강도
Bitter 쓴맛	The fundamental taste factor associated with a caffeine solution	0.01% caffeine solution 0.02% caffeine solution 0.035% caffeine solution 0.05% caffeine solution	Flavor 2.0 Flavor 3.5 Flavor 5.0 Flavor 6.5
Apple 사과(향미)	A sweet, light, fruity, somewhat floral aromatic commonly associated with fresh or processed apples	Le Nez du Café n.17 "apple" Gerber 2nd Foods Applesauce	Aroma 5.0 Flavor 6.0
Butyric acid 뷰티르산	A sour, fermented-dairy aromatic associated with certain aged cheeses such as Parmesan	0.4 μL/L butyric acid solution	Aroma 2.5 Flavor 3.0
Citric acid 구연산	A mild, clean, sour aromatic with slight citrus notes accompanied by astringency	0.025 % citric acid solution 0.05 % citric acid solution	Aroma 0.0 Flavor 2.5 Aroma 0.0 Flavor 3.5
Floral 꽃(향)	A sweet, light, slightly fragrant aromatic associated with fresh flowers	Welch's 100% White Grape juice Carnation essence oil Le Nez du Café n.12 "coffee blossom"	Aroma 6.0 Flavor 5.0 Aroma 7.5 Aroma 8.0

*World Coffee Research에서 제공하는 커피의 묘사 분석 「Sensory Lexicon」에서 일부 발췌. 참고 물질의 준비 방법은 World Coffee Research 홈페이지(PDF 파일)에 상세히 표기되어 있음.

4) 조직감

조직감texture은 시각, 촉각, 청각에 의해 인지되며 그 대부분은 복합적 인지이다(Szczesniak, 2002). 조직감의 중요도는 식품에 따라 달라질 수 있고(Lawless 등, 2010), 식품을 판별할 때 중요한 요소로 작용한다(Schiffman, 1977). 조직감 분류 시스템은 기계적mechanical 특성, 기하학적geometrical 특성, 그리고 지방과 관련된 기타 특성으로 분류하였다(Szczesniak, 1963). 이를 바탕으로 Texture flavor profile이라는 묘사 분석 방법이 개발되었다(Brant et al., 1963). 《Journal of Texture Studies》라는 저널이 따로 있을 정도로 조직감은 어려운 분야이다.

다양한 언어로 조직감 관련 용어가 개발되어 있으며, 영어 조직감 용어 54개(Drake, 1989), 일본어 조직감 용어 445개(Hayakawa, 2013), 중국어 조직감 용어 144개(Hayakawa, 2004)를 우리말로 번역하여 한국어 조직감 용어 88개(Lee 등, 1982)를 비교한 연구에서는 사과, 육포, 달걀, 건빵, 컵라면, 김치, 감자칩, 밥, 떡, 순두부, 참치, 떠먹는 요구르트 등 다양한 조직감의 식품들을 평가하였다. 평가된 용어 목록 4가지 중에서는 영어 용어를 번역한 것이 효율적인 식품 분류가 가능하였고, 한국어 용어의 개발이 필요하다고 하였다(Kim 등, 2016).

5) 소리

식품의 소리noise는 크게 평가되지 않지만, 품질을 나타내는 중요한 특성이다. 스낵류를 씹었을 때에 부서지는 소리가 나지 않는다면 수분 함량이 높아진 것이라 할 수 있고, 수분이 많은 과일을 베어 물었는데 아삭거리는 소리가 나지 않으면 신선도가 떨어진 것일 수 있다. 또한, 탄산음료의 뚜껑을 열었을 때, 샴페인을 땄을 때 명쾌한 소리가 나지 않으면 탄산이 빠져나간 것을 의심해야 한다.

음식의 소리는 맛뿐만이 아니라 조리 과정에서도 중요한 요소로 작용한다. 고기를 불판에 올렸을 때, 가열된 기름에 튀김 재료를 넣었을 때에 나는 소리로 가열 정도를 가늠할 수 있고, 찌개류가 끓으면서 내는 '보글보글' 소리로 조리 완성 정도를 추정할 수 있다. 최근 배경 소음 제거 이어폰, 헤드셋 등의 제품이 개발, 널리 보급되면서 음향 부분의 소리 감각 평가의 중요도도 높아지고 있다고 한다(Meilgaard 등, 2016).

2. 식품의 감각 특성 요소의 인지

1) 시각적 영향

사람이 받아들이는 정보의 60~90% 이상은 시각에 의존한다. 오감 중 시각을 제외한 나머지 4가지를 합해도 시각의 1/3에도 미치지 못한 것이다. 인간에게 시각은 압도적인 정보 채널이라고 할 수 있다. 그런데 사람들은 시각 정보가 맛에 미치는 영향에 대해서 별로 관심이 없다.

실은 시각적 감각이 워낙 빠르게 작용하기 때문에 음식을 채 먹기도 전에 이미 감각기관과 뇌에 정보를 제공하고 부지불식간에 영향을 끼치기 때문에 시각의 영향을 받은 결과라는 사실을 스스로는 잘 눈치채지 못한 것이다. 요즘의 식품이 기본적 요소를 갖추어 상품화되어 있어서 그렇지, 옛날처럼 야생에서 정체와 상태가 불확실한 재료 중에서 먹을 것을 골라내야 한다면 시각적 정보는 후각이나 미각 못지않게 중요한 역할을 할 수밖에 없다. 품질이 의심스럽다는 아주 사소한 징표라도 눈에 띄면 입맛이 없어지고 가급적 피하게 된다. 혐오 식품의 경우도 시각적 정보에 기인한 것이 많다. 어릴 때 개나 돼지를 잡는 잔혹한 장면을 본 것이 트라우마가 되어 육식을 거부하는 사람이 소시지나 햄처럼 고기의 형태가 드러나지 않는 육가공품은 거부감이 없이 먹는 경우도 있다.

(1) 색과 맛

'보기 좋은 떡이 먹기도 좋다'는 건 괜한 소리가 아니다. 당연히 시각적으로 먹음직스러워야 식욕이 자극되면서 입안에 침이 고인다. 침은 소화효소인 동시에 잘게 씹힌 음식물 입자들이 혀의 맛봉오리에 고루 닿을 수 있도록 돕는 역할도 한다. 자연 속에서 만나는 잘 익은 과일의 색이 노랑, 주황, 빨강 계열이며, 사람들이 즐겨 먹는 음식의 색도 그렇다. 맛과 향 역시 색상과 어울려야 제맛이 난다. 시각 정보가 음식의 맛을 식별하는 데 많은 것을 제공한다. 눈을 뜨고 콜라와 사이다를 구분하라고 하면 잠깐의 주저도 필요하지 않다. 색이 완전히 다르기 때문이다. 눈을 감고 구분해 보라고 해도 대부분의 사람은 콜라와 사이다를 구분해 낸다. 향이 판이하게 다르기 때문이다.

그러나 간단한 속임수도 피하지 못할 만큼 사람의 감각은 확고하지 못하다. 눈을 감은 사람에게 연속해서 사이다를 2번 마시게 한 후 어느 쪽이 사이다인지 물어보면 역시 대부분의 사람은 둘 다 사이다라고 대답하지 않고 둘 중에 하나를 골라내어 대답한다. 또한, 화이트와인에 색소를 넣어 레드와인과 색을 똑같이 만들면 와인 전문가도 쉽게 알아채지 못한다. 딸기 맛 사탕을 노란색으로 만들고 바나나 맛 사탕을 빨간색으로 만들어 맛을 보게 하면 사탕의 색이 바뀌었다는 사실을 바로 알아내기가 힘들다. 두 가지 모두 익숙한 과일 향이라 노란색이면 실제 향이 딸기여도 바나나라고 생각하고, 빨간색이면 바나나 향이 남에도 딸기라고 느끼기 때문이다.

사람들은 음식이 색을 띠면 대체로 뭔가 특별한 맛을 기대한다. 향이 없는 용액에 한쪽은 색소를 넣고 한쪽은 넣지 않은 채 용액을 평가하게 하면 대체로 색소를 넣은 쪽 용액에 향이 있다고 평가한다. 동일한 향을 첨가한 경우에도 색이 있는 쪽을 향이 강하다고 평가한다. 그러나 이러한 결과는 코로만 냄새를 맡게 했을 때의 이야기이다. 입에 넣어 맛도 보면서 향을 평가하게 하면 반대로 색이 없는 쪽 용액의 향이 강하다고 느낀다. 이것은 사람 뇌의 감각기관이 얼마나 복잡하게 상호작용하는지를 보여 준다. 동일한 악취도 코로만 맡았을 때보다 입으로 들이키며 느꼈을 때 훨씬 강하게 느낀다. 사람의 후각시스템은 먹을 것을 찾는 것보다는 음식을 먹을 때 먹을 만한 것인지 아닌지를 판단하는 데 더 특화되어 진화하였다. 조상들이 먹던 것만 먹는 것보다는 이것저것 새로운 것을 맛보면서 먹을 것을 늘려 가는 것이 생존에 도움이 되었기 때문이다.

최근 인터넷에 음식을 파랗게 물들인 사진이 화제가 된 적이 있다. 이런 사진을 보면서 식욕이 당기지는 않는다. 식욕은 대단히 보수적이다. 자연에 있는 먹을거리의 색이 주로 노랑, 빨강임을 감안하면 생소한 파란색은 제대로 식욕을 불러일으키기 힘들다. 이처럼 우리의 모든 감각은 맛에 직간접적인 영향을 미친다. 따로 분리해 이해할 수 없는 것이 색감이다.

그림 3-1 파란색으로 물을 들인 수박

(2) 정보와 맛

김밥이나 비빔밥은 먹기 전에 이미 시각 감각을 통해 어떤 재료로 만들어졌다는 정도의 정보를 갖게 된다. 다만, 해당 음식이 입안에서 어떠한 재료 조합이 얼마만큼 씹혀 어떤 맛을 낼지는 정확히 판단하기 어렵다. 재료의 조합과 씹는 강도 등에 따라 달라지는 음식의 맛을 시각으로 얻은 정보와 조합하고 비교하면서 맛을 즐긴다. 이미 과거의 경험을 통해 예측하거나 알 수 있는 맛이기에 더욱 기대하게 되고 즐길 수 있는 것이다. 이러한 작은 퍼즐 풀이가 즐겁지 않은 사람은 비빔밥보다는 밥과 반찬을 따로 제공하는 백반을 선택하게 된다.

정보는 맛을 느끼는 데 중요한 요소로 작용한다. 예를 들어 다소 낯선 요리가 있는데 주위에서 아무도 먹지 않으면 섣불리 먼저 나서서 먹게 되지 않는다. 누군가 맛있게 먹었다고 인정해 주는 맛집들이 성황을 이루는 이유이기도 하다. 그래서 '식당은 손님이 최고의 인테리어다'라는 말이 생긴 것인지도 모르겠다. 맛있게 먹는 사람이 있으면 주변의 사람도 따라서 맛있게 먹게 된다. 신뢰가 맛을 결정하는 정보가 되는 것이다.

(3) 라벨과 맛

포장지가 단지 제품의 내용물을 보호하고 가격 등의 일반 정보를 제공하는 것이라고 생각하면 명백한 오산이다. 식품은 저관여low-involvement 상품이다. 즉, 미리 어떤 것을 선택할지 결정하고 구매하는 제품이 아니라 매장에서 포장된 제품을 보고 즉흥적으로 선택하여 구매하는 상품이란 뜻이다. 제품 포장지에 제품의 단면이나 조리 예 등이 등장하는 것이 있다. 그러한 요소가 제품의 선택 가능성을 높이기 때문일 것이다. 제품의 단면을 보여 주거나 내용물을 보이게 해야 좀 더 매력적으로 느낀다. 지금의 식품 시장은 이미 성숙해 있어서 소비자가 스스로 익숙한 제품을 선택하기 때문에 포장의 중요성이 간과되기 쉽다. 하지만 포장 디자인은 그리 간단하지 않다. 포장지 디자인에 따라 제품의 운명이 완전히 바뀌는 경우도 있다.

음주를 즐기는 사람들은 대부분 선호하는 특정 브랜드가 있기 마련이다. 이들은 대개 자신의 입맛에 그 브랜드가 맞는다고 주장한다. 실제로 브랜드별 차이를 정확히 알고 있을까? 별로 그렇지 못하다는 것이 일반적인 조사 결과이다. 스웨덴의 스톡홀름 대학에서 21~70세 성인 138명을 대상으로 3개 브랜드의 병맥주를 블라인드 테스트하였다. 실험 참가자 대부분은 맥주의 차이점을 전혀 구별해 내지 못했다고 한다. 서울대학교 문정훈 박사팀도 국내외의 병맥주로 20회 이상 일반인 대상 블라인드 실험을 수행한 결과 역시 매우 일관적으로 잘 모르는 것으로 나왔다고 한다. 심지어 맥주는 물론이고 맛에 대해서도 일가견이 있다는 사람들도 마찬가지였다. 오랜 경력의 바텐더도 결과가 다르지 않았다고 한다. 국내에서 흔히 유통되는 병맥주로 블라인드 테스트를 진행했는데, 너무나 못 맞춰서 참가자들조차 많이 놀랐다고 한다.

동일한 내용물도 어느 회사의 라벨을 붙이느냐에 따라 가격이나 매출이 확연히 달라진다. 단지 신뢰도가 달라지는 것인데 맛까지 다르게 느끼는 것이다. 코카콜라라는 브랜드와 맛이 무슨 관계가 있느냐고 하겠지만 맛은 외향에서부터 느낀다. 한 실험에서 코카콜라에 펩시콜라의 상표를 붙인 것과 아무런 상표를 붙이지 않는 것을 비교 시음하였더니 상표를 붙인 제품이 압승을 거두었다. 라벨을 붙이지 않은 제품이 코카콜라일 수 있다고 공지를 했음에도 무조건 상표를 붙인 제품이 압승하였다. 이처럼 상징은 사람들의 구매 행위에서 매우 중요한 역할을 한다.

(4) 보는 즐거움

맛의 결정에는 여러 요소가 작동하는데 그중에 하나만 망쳐도 전부를 망치게 된다. 최근 우리나라에도 파인다이닝이라 하여 보여지는 것까지 세심하게 디자인한 음식을 제공하는 식당이 대중에게 알려지고 있다. 또한 요리 관련 학과에 푸드스타일리스트 학과가 따로 개설될 정도이다. 물론 예전에도 음식에 정갈함을 추구하는 것은 특별하지 않았다. 모임 분위기와 어울리도록 적절하고 아름답게 세팅된 식탁은 사람들에게 기대와 행복감으로 가벼운 흥분을 불러일으킨다. 만약 눈을 가리고 행사에 참여해 음식을 먹어야 한다면 그런 흥분을 느끼지 못하는 것은 물론이고 음식이 얼마나 정성껏 준비된 것인지 판단할 수 없어 음식의 맛도 반감될 수밖에 없다.

식품의 외관은 바로 확인이 가능하다. 어떤 재료를 사용하였고, 얼마나 정성껏 준비했는지를 확인할 단서들이 충분하다. 이러한 점 때문에 한때 음식이 권력자의 위신을 세우고 능력을 과시하는 수단이 되기도 하였다. 로마 시대의 사치스럽고 화려한 식탁은 지위와 권력의 상징이었기에 희귀하고 값비싼 재료가 듬뿍 사용되고 요리는 온갖 장식이 곁들여졌다. 일단 눈에 보이는 것만으로도 참석자들을 압도하는 것이다. 이러한 측면은 현대의 잔칫상에서도 찾아볼 수 있다.

현대 프랑스 요리의 기초를 세운 전설적 요리사 앙토냉 카렘Antoine Carême의 요리도 장식적인 요소가 많았다. 당시에는 고가였던 설탕을 사용하여 그리스 신전, 스위스 별장, 이탈리아 저택, 범선 등 수많은 건축물의 형상을 보여 주어 시선을 끌었으며, 여러 건축물 형태의 케이크를 만들어서 보는 이들의 찬탄을 받았다. 요즘도 과일이나 채소를 조각하여 음식에 멋과 보는 즐거움을 더하기는 하지만, 그 정도는 예전이 더했던 것 같다.

2) 후각적 영향

사람들은 재료별로 각각의 독특한 맛 성분이 있는 것이라 생각하는 경우가 많다. 그러나 혀로 느끼는 맛은 단맛, 신맛, 짠맛, 감칠맛, 쓴맛 이렇게 다섯 가지뿐이지 사과 맛 성분이나 딸기 맛 성분이 따로 있는 것은 아니다. 사과나 딸기에는 단맛과 신맛이 함유되어 있을 뿐이고, 사과나 딸기 맛이라고 착각하게 하는 것은 향이다. 음식을 먹을 때 입안 뒤쪽에 코와 연결된 작은 통로를 통해 냄새 물질이 휘발하여 느끼는 향이 실제 수만 가지 맛의 실체이다. 따라서, 코에 염증이 생기면 다양한 맛이 사라지는 것처럼 느껴진다. 코를 막고 음식을 먹으면 맛이 희미해져 제대로 맛을 느끼기 어렵다. 입안 작은 통로로 휘발되는 0.0001 g(분자 개수로는 30경 개 정도)도 되지 않는 적은 양의 향이 수만 가지의 다양한 맛을 창출한다. 맛을 연구하는 과학자들이 미각보다 후각을 중시하는 까닭이기도 하다. 식품의 품질을 평가하는 데 있어서도 맛을 분석하는 전자 혀보다도 휘발 성분을 분석하는 전자 코가 오히려 더 많이 활용되는 것도 그러한 이유이다.

3) 감각적 영향

(1) 향미

원래 향미flavor는 식품의 향료라는 의미가 강했는데 최근 그 개념이 확대되었다. 입으로 섭취한 물질에서 느끼는 감각의 총합을 뜻한다. 즉, 미각, 후각, 일반적인 통증, 입안에서의 식감 등 입과 코를 통해 느껴지는 모든 감각을 아우른다. 이들은 한 가지 특성으로 나타나기보다는 여러 특성이 함께 어우러져 특정 식품 고유의 향미를 대변하게 된다. 따라서 제품을 개발하는 과정에서도 한 가지 항목(맛)의 특성만을 목표로 보완하기보다는 다른 특성(향과 조직감 등)과 조화를 이루는 향미를 찾아가는 노력이 필요하다.

(2) 물성

촉각, 즉 조직감은 다양한 맛의 효과가 있다. 스낵은 씹을 때 바삭하고 부서지는 성질이 있어야 하고, 젤리는 탱탱하고 쫀득한 바디감이 입안에서 씹히면서 살짝 녹는 성질이 특색이다. 아이스크림의 달콤하고 풍부한 맛은 이를 구성하고 있는 성분들이 입안에서 부드럽게 녹지 않으면 안 된다. 우유 속 젖당이 재결정되면 모래알을 씹는 듯한 느낌을 제공하기 때문에 이를 분리해 내고 아이스크림을 만드는 이유이다.

아이스크림의 부드러움의 비밀은 바람이다. 부피의 절반이 바람(공기)이다. 요즘은 기계와 기술이 좋아져서 쉽게 만드는 것처럼 보이지만 일정한 비율로 바람을 넣는 것은 쉬운 일이 아니다. 재료와 공정 그리고 설비의 3박자가 맞아야 가능한 기술이다. 집에서 만든 아이스크림이 맛이 떨어지고, 한번 녹은 아이스크림이 다시 부드러워지기가 힘든 것은 바로 이것 때문이다. 빵도 절반은 바람이다. 빵을 반죽하면 단백질이 풀리면서 탄력이 있는 조직이 만들어진다. 이어지는 발효와 굽기를 통해 이산화탄소가 생기면서 부풀어 올라 탄력 있고 부드러운 조직이 된다. 빵의 매력에는 이 탄력과 부드러움이 큰 몫을 한다.

만약 바삭바삭한 느낌의 최고급 요리를 국물이 많은 음식들과 함께 하나의 용기에 담

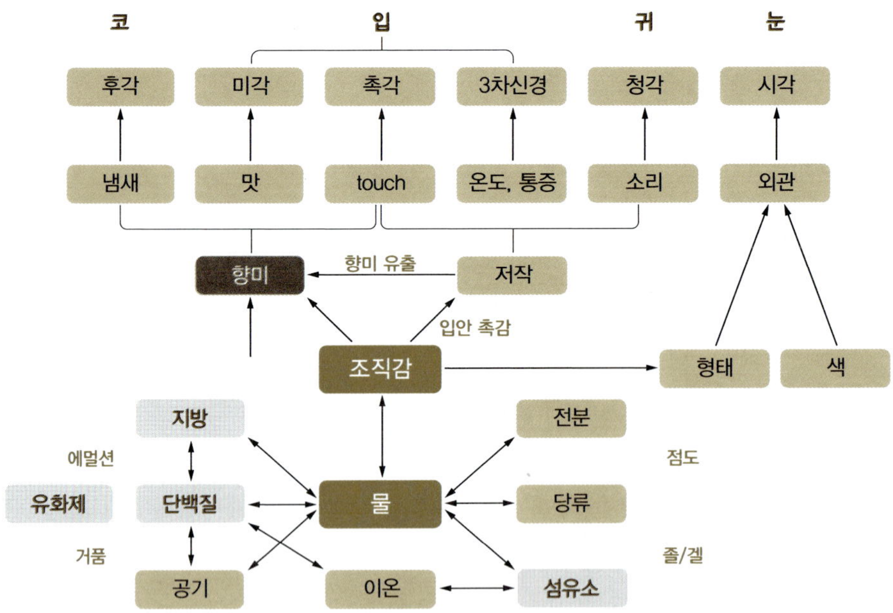

그림 3-2 물성이 미치는 다양한 영향

아 식탁에 내놓는다면 그 음식의 독특한 식감을 제대로 느낄 수 없을 것이다. 내용물은 같고 단지 물성만 달라진 것인데 맛과 느낌은 천양지차이다. 이처럼 물성은 음식의 맛과 정체성을 좌우한다. 예를 들어 과일, 채소, 고기 등의 식재료를 한꺼번에 믹서로 갈면 각각의 정체성이 사라져 해당 식품이 갖고 있는 고유의 맛을 찾기가 어렵다. 오렌지와 상추가 제 모양을 유지하고 있으면 누구나 쉽게 오렌지와 상추라는 해당 식품의 정체성을 인식하고 맛을 상상할 수 있지만, 만약 이를 믹서에 갈아서 주스 형태로 만들어 버리면 직접 마셔 보기 전에는 오렌지와 상추로 만든 사실을 알기가 쉽지 않다.

일반적으로 사람들은 제 형체를 갖추고 있지 않으면 그것이 무엇인지 잘 알아보지 못하며, 그것이 만약 먹을거리일 경우 자신이 먹을 음식의 정체를 모르면 불안해진다. 불안한 마음으로 먹는 음식(제품)은 당연히 맛도 떨어진다.

(3) 물성이 제공하는 즐거움

탄산음료든 과일 주스든 음료의 성분 대부분은 탄수화물(설탕, 과당 등)이다. 단백질이나 지방은 없으며 산, 향, 색소 등 나머지 성분은 모두 합해도 1%가 되지 않는다. 그래서 설탕, 과당, 구연산, 향료, 색소와 과일 농축액만 있으면 웬만한 음료는 만들 수 있다. 하지만 기존의 음료보다 뛰어난 제품을 만들기는 매우 어렵다. 물성이 없기 때문에 여러 가지 효과를 부여한다거나 차별화하기가 쉽지 않은 까닭이다. 고체나 반고체 식품은 자연스러운 색의 농담 차이, 색조의 차이 등으로 다양성을 부여할 수 있고, 부위별로 다양한 맛, 다른 식감을 제공하는 것도 가능하다. 하나의 제품에서도 맛, 향, 색의 배치에 따라 무한대에 가까운 리듬과 콘트라스트가 가능한 셈인데, 음료는 한 제품 안에 들어있는 내용물이 균일하므로 오로지 한 가지 리듬(콘트라스트)으로 감동을 주어야 하기 때문에 어려운 것이다.

가공식품은 전체적으로 균일한 색을 내기는 쉬워도 자연스럽게 색감 차이가 나게 하는 것은 힘들다. 색의 자연스러운 차이, 조직감이나 맛의 차이는 자연 산물의 특권이다. 가공식품은 그나마 굽는 과정에서 불균일한 온도 전달로 빵 등의 표면에 불균일한 색상을 입히게 된다. 만약 빵이 흰색이나 황갈색의 균일한 단일 색상이라면 매력은 훨씬 줄어들 것이다.

물성이 있다면 맛의 리듬을 내는 방법은 생각보다 다양하다. 맛도 지속적인 단맛보다는 신맛이나 짠맛과 교차하는 단맛이 훨씬 매력적이고, 물성도 단단함 이후 부드러움이 이어질 때 감각이 증폭된다. 단단해 보이는데 입안에서 쉽게 바스러지면서 부드러워지는 것, 딱딱한 것이 침에 닿으니 사르르 녹는다면 강한 대비 효과로 쾌감을 불러일으킨다. 딱딱한 초콜릿으로 부드러운 아이스크림을 코팅한 초코바, 단단한 비스킷 속에 부드러운 크림이 들어간 과자, 단단하게 구운 쿠키나 빵 사이에 마시멜로를 끼운 제품 등이 이러한 대비 효과를 잘 살린 것들이다. 물론, 제품의 보호 측면에서도 효과적이기는 하지만 말이다.

(4) 녹는 정도와 속도

물성은 촉각이나 시각을 통한 직접적인 효과도 있지만, 맛이나 향기 성분과 연관된 간접 작용에 의한 효과도 있다. 향은 향기 물질이 식품에서 휘발하여 후각 수용체에 도달해야 느낄 수 있다. 그러므로 같은 향이라도 식품의 물성이나 식품을 먹을 때 씹는 정도, 시간, 침 등의 영향으로 느낌이 달라진다.

사람들은 보통 음식을 20초 이상 여러 차례 씹으면서 맛을 느낀 후에 삼키게 된다. 사실 사람이 혀에서 느끼는 것은 기본 5가지 맛뿐만이 아니라 온도 감각 등 총 20여 종의 감각이다. 음식의 온도 역시 맛의 일부로 작용함은 물론이고 촉감도 중요한 맛의 요소로 작용한다. 부드러운 정도, 딱딱한 정도, 녹는 정도, 쫀득함의 정도 등이 중요한 맛의 성분이 되는 것이다. 또한 점도가 높은 음식물은 점도가 낮은 음식물보다 맛이 약하게 느껴진다. 이는 커스터드, 토마토 주스와 오렌지 주스, 커피를 이용한 연구를 통해 이미 확인된 사실이다. 농도가 진한 음식물은 냄새와 맛의 분자를 천천히 확산시키지만, 맛의 인지는 이보다 훨씬 복잡한 변수의 상호작용으로 작동한다. 따라서 음식물의 농도가 향미를 지각하는 데 끼치는 영향은 제품을 개발할 때에 매우 중요하게 고려해야 하는 사항이다. 이러한 것들은 맛을 실제로 설계해 보지 않으면 모르는 요인 중의 하나이다. 그러나 어떤 것이 좋다는 명확한 기준 역시 없다.

식품의 물성은 크게 액체와 고체 그리고 그 중간 등 매우 다양하다. '단단하다, 부드럽다, 탱탱하다, 탄력 있다, 쫀득거린다, 바삭거린다, 크리미하다'는 표현들은 긍정적인 의미로 쓰이고, '질기다, 고무 같다, 푸석푸석하다, 끈적거린다, 거칠다, 모래 같다' 등은 비교적 부정적인 의미로 쓰이지만 이것 역시 구체적인 기준이 있는 것은 아니다. 그렇다면 어떠한 물성을 지닐 때 가장 좋은 반응을 얻을 수 있을까? 이것 역시 절대적인 기준이 존재하는 것은 아니다. 각각 제품의 특징에 어울리는 물성이 있을 뿐이다.

그나마 공통적으로 긍정적인 반응은 딱딱하다가 녹을 때 일어나는 쾌감이다. 처음부터 부드러운 것이 아니라 딱딱한 상태가 있어야 하며, 딱딱한 상태 역시 오래 지속하지 않고 사르르 녹아야 한다는 나름 모순적인 두 가지 감각에 대한 열망을 어떻게 설명할 수 있을까? 아마도 영양과 흡수 두 가지 측면인 것 같다. 딱딱하다는 것은 건더기에 영양이 있다는 의미일 것이고, 녹는다는 것은 몸으로 흡수된다는 뜻과 같다. 계속 고체 상태를 유지하면 소화가 되지 않는다는 의미이므로 환영받기 힘들다. 입에서 잘 녹는 음식은 항상 사랑을 받았다. 녹는다는 것은 소화의 의미와 함께 향의 방출을 뜻한다. 녹아야 맛도 느껴지고 향도 느낄 수 있다.

4) 청각적 영향

소리가 사람 행동에 영향을 미친다는 것은 잘 알려져 있다. 백화점 등에서 배경 음악의 템포에 따라 쇼핑 행동이 달라진다는 사실은 이미 오래전 연구로 밝혀졌다. 실제 백화점과 마트에서 오전에는 느리고 우아한 음악을, 폐장 시간 무렵에는 빠른 템포의 음악을 틀어서 고객의 쇼핑 행동 변화를 유도하는 것으로 알려져 있다. 이러한 행동의 변화는 무의식적으로 이루어지는데, 소리로 이보다 좀 더 의식하기 힘든 형태의 행동을 유도할 수도 있다. 와인 판매점에서 클래식 음악과 최신 유행곡을 틀었을 때를 비교해 보면 클래식 음악이 들릴 때 좀 더 비싼 와인을 구매하는 경향이 나타났으며, 프랑스 음악을 틀면 프랑스 와인이, 독일 음악을 틀면 독일 와인이 더 많이 팔리는 경향도 보였다고 한다. 우리나라에서도 서울대 문정훈 교수가 유사한 실험을 한 적이 있다. 와인 바에서 프랑스 음악을 틀고 테이블 위에 에펠탑과 같은 프랑스 관련 이미지를 노출시켰을 때 프랑스 와인의 주문이 늘고 구매 금액도 올라갔다고 한다. 남자보다는 여자가 좀 더 소리에 영향을 받는 것으로 나타났다.

이렇듯 청각도 사람들의 행동에 여러 가지 영향을 끼치지만, 상대적으로 다른 감각에 비해서 맛에 대한 영향력이 적은 편이다. 스낵 제품 정도가 품질 요인으로 상당한 영향을 받는다고 할 수 있다. 감자 칩 등을 먹을 때 바삭하는 소리가 맛에 직접적인 영향을 끼친다. 다양한 제품의 감자 칩 먹는 소리를 녹음한 후 실험자의 눈을 가리고 동일한 감자 칩을 주면서 각기 다른 제품의 먹는 소리를 들려주면, 소리가 달라질 때마다 감자 칩에 대한 맛 평가가 달라진다고 한다. 과자뿐 아니라 채소나 과일도 아삭거리는 소리가 좋은 평가에 영향을 준다. 과일을 베어 물었을 때 아삭거리는 소리는 과일이 싱싱하고 잘 익었다는 신호와 같다. 그 외에도 음식을 튀길 때 나는 소리, 와인을 따를 때의 소리 등은 음식에 대한 기대를 높이고 식욕을 돋운다.

일반적으로 사람들은 입안에서 쉽게 바삭하고 부서지는 제품을 좋아한다. 과일을 베어 물면 세포벽이 부서지면서 아삭거리고, 스낵은 조직 내에 있던 공기방울이 1/100초 이내의 순간에 방출되면서 소리를 낸다. 사람들은 90~100 dB 정도의 소리를 내는 바삭거림을 좋아하는데, 이것은 공기방울 100개 이상이 순식간에 터질 때 나는 소리이다. 사람이 바삭거리는 음식을 좋아하는 이유가 포유류 시절에 곤충을 먹던 습관에서 기인한 것 같다는 분석이 있는가 하면 파괴 본능 때문이라는 주장도 있다. 멕시코의 선사시대 유적에서 출토된 소화성 잔유물을 분석한 결과 메뚜기, 개미, 흰개미 등의 곤충을 상당량 먹었던 사실이 밝혀졌고, 고대 유럽에서는 곤충을 진미로 여겼으며 오늘날에도 일부 국가에서 식품으로 애용하고 있는 사실로 미루어 본다면 무리한 분석은 아닌 것 같다.

3. 감각평가 결과에 영향을 주는 요인

감각평가는 개인이 제품의 품질 특성을 위한 측정 도구가 되어 감각적 특성이나 기호도를 평가하는 것이므로, 검사 요원의 감각, 감정이나 실험 방법, 검사 환경에 많은 영향을 받는다. 또한, 평가하는 감각평가 요원들의 다양한 생리적, 심리적 편견에 의해서도 측정 결과가 영향을 받을 수 있다. 따라서 객관성 있고 신뢰성 높은 결과를 얻기 위해서 감각평가 결과에 영향을 주는 요인들을 정확히 파악하고 통제해야 한다.

1) 일반적 요인

감각평가에 참여하는 요원들의 일반적인 상태와 조건이 결과에 영향을 미치는 경우를 말한다. 소비자조사의 경우에 검사 요원의 감정 상태, 건강 상태, 배고픔, 성별, 연령, 인종, 흡연 여부, 음주 여부, 수입, 교육 수준, 참여하기 전 자극적인 음식을 먹었는지 여부 등이 해당되며, 일반적으로는 검사 전에 통제하여 왜곡된 결과가 나오지 않도록 한다. 검사 요원들의 성별, 연령, 수입이나 교육 수준은 검사 목적에 따라 통제할 수도 있고, 경우에 따라서는 검사 후에 군집 분석cluster analysis 등을 통해서 검사 요원들이 가진 여러 요인들이 결과에 어떠한 영향을 미쳤는지를 추가 분석하여 마케팅 연구에 활용하기도 한다.

2) 생리적 요인

검사물에 의한 지속적인 자극이 감각평가 요원들의 생리적 요인에 작용함으로써 결과에 영향을 미치는 경우를 말한다. 검사물에 의한 자극에 지속적으로 노출될 경우 검사 요원의 감각 피로도sensory fatigue가 증가하여 민감도가 떨어질 수 있다. 동일한 자극에 지속적으로 노출되었을 때 나타날 수 있는 현상으로는 순응adaptation과 강화potentiation 효과가 있다. 순응 효과는 같은 자극에 오랫동안 노출되면 감각이 둔해지는 현상으로, 특히 한계값 분석이나 감각 특성 강도 평가에서 자주 발생되므로 각별한 통제가 필요하다. 강화 효과는 순응 효과와는 다르게 어떤 성분의 본래 맛이나 향이 이전 시료나 외부 자극 등에 의해서 더 강하게 인지되는 경우이다. 예를 들어, 설탕물을 섭취한 후 쓴맛이 나는 물질을 평가하게 되면 쓴맛이 본래의 강도보다 더 강하게 감지된다.

2가지 이상의 자극이 혼합되는 경우에는 자극들의 상호작용으로 억제suppression와 상승enhancement 효과가 나타날 수 있다. 억제는 혼합된 자극의 강도가 개별 자극 강도의 합보다 작게 인지되는 경우이고, 상승은 그보다 크게 인지되는 것이다.

검사 요원의 생리적 요인에 의한 영향을 최소화하기 위해서는 시료와 시료 간 입가심을 철저히 하거나, 시간적 간격을 충분히 두어 입안에 잔존하는 자극을 최대한 감소시켜야 한다.

3) 심리적 요인

검사 요원의 심리적 요인에 의해 평가 결과가 영향을 받는 것을 말한다. 감각평가 중 소비자조사는 검사 요원의 주관적 판단에 의해서만 평가되므로 다양하게 발생하는 심리적 변화에 따른 영향을 통제해야 정확한 결과를 얻을 수 있다. 검사 요원이 검사 방법에 익숙하지 않거나 검사물을 처음 접하는 경우에 심리적 오차가 더 커질 수 있다.

(1) 기대 오차

기대 오차expectancy error는 검사물 간에 차이가 있을 것이라 기대함으로써 발생하는 오차로, 검사물에 대한 사전 정보가 유출되었을 때에도 발생할 수 있다. 차이식별검사의 경우 검사 요원들은 실제로 검사물 간의 차이를 인식하지 못했음에도 차이가 있을 것이라 예측하여 오류를 범할 수 있다. 또한, 한계값 설정 실험에서는 검사물의 농도에 대한 정보가 노출되면 검사 요원들이 임의로 결과를 유추할 수 있기 때문에, 검사물에는 반드시 임의의 숫자로 암호화하거나 무작위로 제공되어야 한다.

(2) 습관 오차

습관 오차error of habituation는 검사물의 자극이 지속적으로 변함에도 불구하고 동일 자극으로 인지되는 경우를 말한다. 자극의 크기가 미세한 검사물을 연속적으로 평가하면 검사물 간의 차이를 감지하지 못하고 동일한 시료인 것처럼 느끼게 된다. 습관 오차는 감각평가에서 자주 발생하는 오차로, 품질이 항상 일정한 표준 시료standard sample를 함께 제시하여 비교 분석하거나 해당 검사물에 대한 경험이 많은 패널을 활용함으로써 오차를 최소화할 수 있다.

(3) 자극 오차

자극 오차stimulus error는 검사물의 품질 차이는 없으나 검사물 이외의 다른 요인들로 인해 품질이 다르게 나타나는 경우이다. 동일한 검사물이라도 담는 용기의 색상이나 모양이 달라지면 품질을 다르게 감지할 수 있다. 예를 들어, 고급스러운 용기에 담긴 식품이 일반 용기에 담긴 것보다 품질이 우수하게 평가될 수 있다.

(4) 논리 오차

논리 오차logical error는 검사물의 두 가지 이상의 품질 특성이 논리적으로 관련이 있다고 여김으로써 한 가지 특성으로 미루어 짐작해서 검사물의 품질이 결정되는 오차이다. 예를 들어, 붉은색이 강한 포도주를 단맛이 더 강하다고 느낀다거나, 흑맥주의 향미가 일반 맥주보다 강할 것이라는 선입견 등이 그것이다. 이러한 경우에는 검사물의 색을 개별 부스 내 유색 조명으로 마스킹하거나 검사 요원의 눈을 가리고 평가하게 하여 논리 오차를 줄일 수 있다.

(5) 후광 효과

후광 효과halo effect는 검사물의 여러 특성을 동시에 평가할 때에 한 가지 특성이 우수하게 평가되면 나머지 특성들도 우수하다고 평가하는 오류이다. 일반적으로 식품은 여러 가지 특성이 복합적으로 작용하기 때문에 모든 특성에 대한 후광 효과를 제어할 수는 없다. 따라서 검사물의 가장 중요한 특성(예를 들어 전반적 기호도)을 설문지에서 첫 번째 문항으로 설정하여 이 특성에 대한 후광 효과를 최소화할 수 있다. 후광 효과와는 대조적으로 뿔 효과horn effect는 부정적 후광 효과라고도 하는데, 검사물의 여러 가지 특성을 평가할 때 한 가지 특성이 나쁘게 평가되면 나머지 특성들도 나쁘게 평가하는 오류이다.

(6) 중앙 경향 오차

중앙 경향 오차error of central tendency는 일련의 검사물을 평가할 때 중앙에 위치하는 검사물이 양 끝에 위치한 검사물보다 더 많이 선택되는 오류이다. 또는 검사 요원들이 척도의 가장 낮은 점수나 가장 높은 점수는 사용하지 않고 중간 범위의 척도를 사용해서 나타나는 오차이다. 이로 인해 검사물 간의 품질 차이가 인위적으로 축소되어 나타날 수 있다. 삼점검사는 중앙에 위치한 검사물의 응답률이 상대적으로 높게 나타나는 경우가 해당하며, 검사물의 제시 순서를 검사 요원에게 균형을 잡아 오차를 줄일 수 있다.

(7) 대조 오차 및 집단 오차

대조 오차contrast error는 품질이 우수한 검사물에 이어 품질이 낮은 검사물을 평가하게 되면 각각 따로 평가할 때보다 뒤에 평가한 검사물의 품질을 더 낮게 평가하는 오차이다. 집단 오차group error는 품질이 낮은 검사물들 사이에 품질이 우수한 검사물을 평가하면 실제 품질보다 낮게 평가하는 오차이다.

(8) 덤핑 효과

덤핑 효과dumping effect는 앞에서 설명한 뿔 효과와 유사하게, 소비자조사에 제품의 부정적인 특성이 발견되면 나머지 특성들도 부정적으로 영향을 받는 효과이다. 이 부정적인 특성이 평가 설문지에 없을 때 이 효과는 더욱 심화된다. 이런 경우 소비자들은 설문지에 없는 부정적인 특성에 대한 불만을 제품의 다른 특성, 심지어 아무 관련이 없는 특성들과 관련지어 부정적인 의견을 제시하게 된다. 따라서 제품의 중요한 특성에 대하여 소비자들의 반응을 제한하는 것은 나머지 다른 특성들에도 영향을 미치게 된다. 또 다른 예로는 단맛과 과일 향이 있는 제품의 단맛 강도를 평가할 경우, 단맛만을 평가하게 할 때가 단맛과 과일 향 모두를 평가하게 할 때보다 단맛 강도가 더 높게 나타났다.

(9) 과잉 분할 효과

과잉 분할over partitioning 효과는 평가해야 할 제품의 감각 특성이 너무 많은 경우에 감각 특성 강도가 낮게 나타나는 것이다. 앞의 덤핑 효과에서 소개한 예와는 다르게 단맛과 과일 향이 나는 제품에서 단맛과 과일 향 이외에 다른 특성들도 많이 감지되는 경우 단맛의 강도는 유의적으로 낮게 나타난다. 이러한 현상은 감각평가 요원이 제품의 감각 특성에 대한 감각을 너무 많은 범주로 과잉 분할하기 때문에 나타나는 것이라 보고되고 있다.

(10) 시료 제시 오차

시료 제시 오차order는 두 개 이상의 제품을 평가할 때에 시료를 제시하는 순서에 따라 결과가 다르게 나타나는 것을 말한다. 대표적인 시료 제시 오차로는 소비자조사에서 첫 시료 오차first serving order bias가 있는데, 이는 일련의 제품을 평가할 때 검사 요원에게 처음 제시하는 제품의 기호도가 다른 시료에 비해 월등히 높게 나타나는 것이다. 시료의 제시 순서를 조정하여 모든 시료가 균등하게 첫 번째로 제시되도록 하거나, 처음 제시하는 시료를 테스트용 제품으로 평가한 후 데이터 분석에는 제외시킬 수도 있다. 이때 처음 제시하는 시료가 최종 평가에서 제외된다는 사실을 검사 요원에게 알리지 않는다.

참고문헌

최낙언. **맛의 원리**. 예문당 (2015)

최낙언. **물성의 원리**. 예문당 (2018)

최낙언. **커피향의 비밀**. 서울코뮨 (2015)

Brandt MA, Skinner EZ, Colman JA. Texture profile method. ***J. Food Sci.*** 28: 404–409 (1963)

Drake B. Sensory textural/rheological properties–A polyglot list. ***J. Texture Stud.*** 20: 1–27 (1989)

Hayakawa F, Chen SS, Wang XC, Li ZG, Saito M, Baba Y, Yokoyama M. Collection and classification of Chinese texture terms (Studies on Chinese Texture Terms Part 1). ***Nippon Shokuhin Kagaku Kogaku Kaishi*** 51: 131–141 (2004)

Hayakawa F, Kazami Y, Nishinari K, Ioku K, Akuzawa S, Yamano Y, Baba Y, Kohyama K. Classification of Japanese texture terms. ***J. Texture Stud.*** 44: 140–159 (2013)

Kim J, Lee J. Korean consumer evaluation of various foods using four different texture lexicons. ***J. Sensory Stud.*** 31(4): 314–327 (2016)

Lawless HT, Heymann H. ***Sensory Evaluation of Food: Principles and Practices***. 2nd ed. Springer Science & Business Media, New York, NY. (2010)

Lee C, Park S. Studies on the texture describing terms of Korean. ***Korean J. Food Sci. Technol.*** 14: 21–29 (1982)

Meilgaard MC, Civille GV, Carr BT. ***Sensory evaluation techniques***. 4th edition. CRC Press, New York, USA. (2007)

Meilgaard MC, Civille GV, Carr BT. Chapter 13. Affective tests. In: ***Sensory evaluation techniques***, 5th edition. CRCPress, BocaRaton, FL. (2016)

Stone H, Bleibaum RN, Thomas HA. ***Sensory evaluation practices***. 4th edition. Academic Press. Massachusetts, USA. (2012)

Schiffman S. Food recognition by the elderly. ***J. Gerontol.*** 32: 586–592 (1977)

Szczeniak AS. Classification of textural characteristics. ***J. Food Sci.*** 28: 385–389 (1963)

World Coffee Research, ***Sensory Lexicon*** Ver 2.0 (2017)

https://worldcoffeeresearch.org/media/documents/20170622_WCR_Sensory_Lexicon_2-0.pdf

QUALITY
MANAGEMENT
OF
SENSORY
AND
HEDONIC
PROPERTIES
OF
FOOD

04 감각평가

1. 차이식별 분석 | 2. 묘사 분석 | 3. 정량적 소비자조사 방법 | 4. 정성적 소비자조사 방법 | 5. 품질관리에서의 감각평가 활용 | 6. 통계 분석

1. 차이식별 분석

차이식별 분석discrimination analysis은 원가 절감을 위한 재료 대체나 원료 공급처의 변화를 시도할 때, 또는 건강 지향적 원료 배합비 조정 및 가공 처리 공정 변화, 포장 변화 등을 시도할 때, 제품의 감각적 특성에 유의미한 차이가 발생하는지를 확인하고자 할 때에 활용하는 접근 방법이다(Lawless 등, 2010; Meilgaard 등, 2015). 또한, 시장의 선두 제품을 벤치마킹할 때에 제품 간의 감각적인 품질에 차이가 없음을 확인하고자 할 때, 제품 개발 단계에서 시제품 간의 차이를 명확히 하고자 할 때, 묘사 분석 이전 단계에서 차이가 구별되는 제품들을 선별하고자 할 때에 활용되는 방법이다(Moskowitz 등, 2012; Stone 등, 2012).

차이식별 분석 방법은 훈련된 패널을 활용하는 실험실 감각 분석과 소비자 감각 분석의 두 가지 목적을 위하여 활용된다(Kim 등, 2015; Kim 등, 2016; van Hout, 2014; Rousseau 등, 2002). 차이식별 분석에는 전통적인 이항분포에 근거한 차이 검정difference testing과, 보다 포괄적인 차이식별검사discrimination tests나 차이식별 측정discrimination measurements이 포함된다. 차이식별 분석을 위해서 평가 목적과 시료의 특성 등 실험 상황에 따라 다양한 차이식별 평가 방법들discrimination methods이 사용되며, 이러한 다양한 방법을 통해서 감각 특성이 같은 시료로 혼동될 만큼 비슷한 시료들을 비교 평가하여 자료를 얻는 방법은 차이 검정, 차이식별검사와 차이식별 측정 모두 동일하지만, 평가 자료를 처리하고 분석하는 방법에 따라 차이 검정, 차이식별검사와 차이식별 측정으로 구분될 수 있다.

1) 차이식별 평가 방법

(1) 차이식별 평가 방법들의 분류

표 4-1에 감각 차이식별 평가 방법들의 개괄적인 분류 방법과 대표적인 해당 평가 방법들을 나타내었다. 일반적으로 감각 차이식별 평가 방법들sensory discrimination methods은 어떤 감각을 비교하는지에 대한 정보, 즉 평가 특성이 선택되어 평가할 때 제시되느냐, 아니냐에 따른 특정 감각 차이 비교 평가 방법들specified methods과 절대감각 차이 비교 평가 방법들unspecified methods의 두 종류로 구분될 수 있다(Bi, 2015). 특정 감각 차이 비교 평가 방법을 활용할 때에 보통은 전통적으로 단맛, 짠맛 등과 같은 기본적인 맛의 특성이나, 더 강한 맛, 더 부드러운 맛과 같은 단일 감각 특성이 특정되기 때문에, 이러한 방법들을

특성 차이검사attribute difference test methods라고도 한다. 하지만, 특정 감각 차이 비교 평가를 위한 감각 특정이 반드시 단일 특성으로 묘사될 필요가 없으며, 특정 식품의 고유한 맛도 하나의 종합적인 특성으로 특정될 수 있다. 반면, 절대 감각 차이 비교 평가 방법을 활용할 때에는 평가 특성이 선택되지 않으므로 종합적 차이검사overall difference test methods라고도 한다. 하지만 단순히 종합적 차이를 평가한다는 것만으로 이 방법들을 설명하기는 부족하다. 종합적 차이의 크기를 절대적으로 비교하여 평가하는 방법들이라는 평가 방법론적 성격을 이해하는 것이 매우 중요하다. 따라서 이 책에서는 종합적 차이검사라는 명칭 대신 절대 감각 차이 비교 평가 방법이라는 용어를 사용하기로 한다.

차이식별 평가 방법들은 평가 시 활용하는 응답 양식response format에 따라 강제 선택법forced-choice methods과 강제하지 않는 선택법unforced-choice methods으로 구분할 수 있다. 이원 응답binary response은 'A/Not A' 또는 'Yes/No'와 같이 두 종류의 가능한 응답 중에서 하나를 선택하는 것이고, 삼원 응답three-way response은 이 점 비교 자유 선택검사2-alternative choice,

표 4-1 감각 차이식별 평가 방법들의 분류

		특정 감각 차이 비교 평가 방법들 (specified methods) : 감각 차이의 성격을 특정	절대 감각 차이 비교 평가 방법들 (unspecified methods) : 감각 차이의 성격을 특정하지 않고 절대적인 감각 차이의 크기만을 비교
강제 선택법(forced-choice methods)		이 점 비교검사(2-AFC) 리마인더 이 점 비교검사 (2-AFC with Reminder, 2-AFCR) 삼자 택일검사(3-AFC) 사자 택일검사(4-AFC) 특정 감각 사 점 비교검사 (Specified Tetrad) 특정 감각 5중 2선 검사 (Specified Two-out-of-Five)	삼 점 검사(Triangle) 일-이 점 검사(Duo-Trio) 이원 쌍 비교검사(Dual-Pair) 사 점 비교검사(Unspecified Tetrad) 5중 2선 검사(Two-out-of-Five)
강제하지 않는 선택법 (unforced-choice methods)	삼원 응답 (three-way response)	이 점 비교 자유 선택검사 (2-Alternative Choice, 2-AC)	
	이원 응답 (binary response)	A-부 A검사(A-Not A)	동일-비동일검사(Same-Different) 리마인더 A-부 A검사 (A-Not A with Reminder, A-Not AR)
	등급 응답 (rating response)	등급 응답 A-부 A검사(Ratings of A-Not A)	등급 응답 동일-비동일검사 (Ratings of Same-Different) 등급 응답 리마인더 A-부 A검사 (Ratings of A-Not AR)

2-AC에 사용되는 응답 형태로, 이 점 비교검사2-alternative forced choice, 2-AFC와 동일한 평가에서 '차이 없음no difference' 응답 옵션이 포함된 경우이다(Bi 등, 2015).

평가 방법마다 제시하는 시료 수와 시료들을 비교하게 하는 평가 지시사항은 다양하지만, 일반적으로 한 번의 평가에는 두 종류의 시료만이 제시된다(Ennis 등, 2014; Lawless, 2013). 강제 선택법에 포함되는 평가 방법들에서는 제시되는 개별 시료가 평가 방법 이름에서 한 점으로 표기된다. 즉, 2-AFC에서는 두 개의 시료가 제시되며, 평가 패널은 이 두 시료를 주어진 특정 감각에 비추어 비교한 후 한 시료를 반드시 선택해야 한다. 강제 선택법에 포함되는 방법들은 'M+N'검사로 일반화되어 나타낼 수 있으며, 이때 N은 선택되는 시료의 제시 숫자이고, M은 그와 다른 시료의 제시 숫자이다. 이 점 비교검사는 M=N=1이며, 삼 점 검사의 경우는 M=2, N=1이 되고 사 점 비교검사의 경우에는 M=N=2가 된다(Bi 등, 2014).

평가를 수행할 검사 요원들이 평가에 포함되는 두 시료 중 특정 시료의 감각에 더 친숙하거나 평가의 목적이 특정한 특성을 평가하고자 할 때에는, 특정 감각 차이 비교 평가 방법들 중에서 평가 방법을 선택해야 한다. 반대로 평가하는 검사 요원들이 두 시료에 대한 친숙도가 동일하고, 특정한 특성이 아닌 전체적인 감각 차이를 비교할 때에는 절대 감각 차이 비교 평가 방법들 중에서 평가 방법을 선택해야 한다.

평가 방법마다 작은 감각 차이를 발견해 내는 수행력은 모두 다르다. 따라서 같은 시료 쌍에 대해서 같은 평가 요원을 대상으로 평가하더라도 평가 방법들마다 다른 수준의 정답률percept correct responses이 도출된다(Ennis, 1993; Ennis 등, 2014). 일반적으로 절대적인 감각 차이의 크기를 비교하여 가장 다른 시료를 선택하게 하는 절대 감각 차이 비교 평가 방법들보다 평가하고자 하는 감각을 특정하여 평가 시료를 제시하는 특정 감각 차이 비교 평가 방법의 수행력이 더 높다. 즉, 삼 점 검사와 삼자 택일검사의 경우는 우연히 정답을 맞힐 가능성이 1/3로 같지만, 평가 방법 고유의 평가 예민도 차이로 평가 정답률은 삼자 택일검사가 더 높다(Frijters, 1979; O'Mahony 등, 1994). 이와 마찬가지로 이 점 비교검사와 일-이 점 검사의 경우는 우연히 정답을 맞힐 가능성이 1/2로 같지만, 평가 정답률은 이 점 비교검사가 더 높다(O'Mahony 등, 2003).

(2) 차이식별 평가의 진행

표 4-2에 차이식별 평가 방법들의 개별적인 평가 지시 사항test instruction과 시료 제시 sample presentation 형태를 나타내었다. 일반적으로 일-이 점 검사에 사용되는 기준 시료와 A-부 A검사 종류에 사용하는 기준 시료 'A'를 제외하고는 모든 시료는 3-자리 임의의 숫자를 사용하여 시료를 구분하여 제시하며, 보통은 시료가 제시된 왼쪽에서 오른쪽

표 4-2 다양한 감각 차이식별 평가 방법들의 시료 제시 형태와 평가 지시 사항

평가 방법	시료 제시 형태	평가 지시 사항
이 점 비교검사(2-AFC)		두 시료 중 'A'[1]를 선택하시오.
리마인더 이 점 비교검사 (2-AFC with Reminder, 2-AFCR)		'A'를 먼저 맛보고, 'A' 특성을 상기한 후, 두 평가 시료를 맛본 다음 앞서 맛본 'A'와 동일한 시료를 선택하시오.
이 점 비교 자유 선택검사(2-AC)		두 시료 중 어느 시료가 더 'A' 같은지 또는 동일한지를 선택하시오.
삼자 택일검사(3-AFC)		세 시료 중 'A'를 선택하시오.
사자 택일검사(4-AFC)		네 시료 중 'A'를 선택하시오.
삼 점 검사(Triangle)		가장 다른 시료를 선택하시오.
일-이 점 검사(Duo-Trio)		기준 시료(R)와 더 유사한 시료를 선택하시오.
이원 쌍 비교검사(Dual-Pair)		두 쌍의 시료 중 서로 다른 시료 쌍을 선택하시오.
특정 감각 4점 비교검사 (Specified Tetrad)		네 시료 중 'A' 특성의 두 시료를 한 그룹으로 분리하고, 다른 두 시료를 다른 그룹으로 분리하시오.
4점 비교검사(Unspecified Tetrad)		네 시료를 특성이 같은 두 시료씩 두 그룹으로 나누시오.
5중 2선 검사(Two-out-of-Five)		다섯 시료를 특성이 같은 시료끼리 묶어서 두 개 시료 한 그룹과 세 개 시료의 다른 한 그룹으로 나누시오.
A-부 A검사(A-Not A)		'A'인지 '부 A'인지 선택하시오.
리마인더 A-부 A검사 (A-Not A with Reminder, A-Not AR)		'A'를 먼저 맛보고 평가 시료를 맛본 다음, 앞서 맛본 'A'와의 감각 차이를 고려하여 'A'인지 '부 A'인지 선택하시오.
등급 응답 A-부 A검사 (Ratings of A-Not A)		'A'인지 '부 A'인지 선택하고, 확신 정도를 등급[2]으로 나타내시오.
동일-비동일검사(Same-Different)		두 시료가 동일한 시료인지 다른 시료인지 선택하시오.
등급 응답 동일-비동일검사 (Ratings of Same-Different)		두 시료가 동일한 시료인지 다른 시료인지 선택하고, 확신 정도를 등급으로 나타내시오.

[1] 'A'는 더 강한 맛, 더 강한 단맛 등 특정한 특성도 될 수 있고, 특정한 식품의 고유한 맛도 될 수 있음.
[2] 확신 등급으로는 다양한 척도법이 사용될 수 있음.

의 순서대로 맛을 보게 한다. 평가 요원이 모든 시료를 맛본 후에 응답하게 하며, 한 세트 평가에 대한 응답은 개별 평가지에 표기하게 한다. 일반적으로 평가에 앞서 입가심을 하게 하고, 다른 시료를 맛보기 전에도 입가심하게 하는데 시료 특성상 입가심으로 인한 기억력 손실과 입안 상태 변화가 입가심 효과보다 더 클 때에는 비교 평가되는 시료 사이에 입가심은 없이 평가 전에만 입가심하게 할 수도 있다. 시료 사이에 입가심을 하지 않을 때에는 첫 평가 시료 이전에 약한 농도의 평가 시료를 프라이머primer로 제시하여 첫 평가 시료에 대한 감각이 다른 시료들과 비슷한 상황에서 이루어지도록 하기도 한다(Rousseau 등, 2002).

강제하지 않는 선택법에 포함되는 평가 방법인 A-부 A검사와 동일-비동일검사 등에 대해서는 평가 시료들의 차이를 평가 전에 노출하기 위한 친숙화 절차familiarization procedure를 수행할 수 있다. 친숙화 절차에서는 특정한 하나의 시료만을 맛보게 하거나 비교하는 두 시료를 모두 맛보게 할 수 있다(Lee 등, 2007). 이는 평가하는 요원들이 제시되는 평가 시료 간의 차이에, 적합한 평가 기준을 세우고 반복된 평가를 수행하더라고 일관된 기준으로 평가를 수행할 수 있게 하기 위함이다.

강제 선택법에 포함되는 특정 감각 차이 비교 평가 방법들을 진행할 경우에 단맛, 짠맛 등과 같은 기본 맛의 특성을 특정하거나 더 강한 맛 등 종합적인 맛의 강도를 특정하는 것이 일반적이기는 하지만, A-부 A검사 종류들에 활용되는 것과 같이 특정 식품의 종합적인 고유한 맛도 'A'의 맛으로 특정될 수 있다. 특히, 강제 선택 특정 감각 차이 비교 평가 방법들을 선택할 때 특성을 특정하기 어렵다면, 평가 전에 평가할 시료들을 거의 시간 차이 없이 번갈아 맛보면서 비교 평가하게 하는 맛감각에 대한 준비운동 과정을 거쳐서 평가 요원이 직접 감각적으로 평가해야 할 특성을 특정하게 할 수 있다(O'Mahony 등, 1988; Pfaffmann, 1954; Thieme 등, 1990).

일반적으로 훈련된 검사 요원이 실험실 감각 분석을 목적으로 차이식별 평가를 진행할 때는 소수의 검사 요원이 많은 수의 평가를 반복적으로 수행하여 평가 수를 모두 합하여 분석한다. 소비자 감각 분석을 목적으로 차이식별 평가를 진행할 때는 많은 수의 타깃 소비자 검사 요원들을 참여시켜서 한 번 또는 소수의 반복 평가를 수행하게 하여 평가 수를 합해서 분석한다.

평가 시에 시료 제시 순서는 평가 방법마다 모든 경우의 수를 고려하여 시료 위치를 뒤바꿈으로써 모든 제시 순서에 제시되는 시료의 횟수가 균형을 잡도록 제시해야 한다. 이러한 제시 순서의 균형은 실험 디자인에 따라 총 평가 수에 해당할 수도 있고, 반복 평가하는 경우에는 평가 요원 개인의 평가 수에 해당할 수도 있다.

각 평가 방법에서 사용되는 두 시료가 A와 B라고 할 때, 각 평가 방법별로 가능한 시료 제시 순서와 우연히 정답을 맞힐 확률을 표 4-3에 나타내었다.

표 4-3 다양한 감각 차이식별 평가 방법들의 시료 제시 순서와 우연히 정답을 맞힐 확률

평가 방법	시료 제시 순서 (Possible presentation orders)	우연히 정답을 맞힐 확률 (Chance Probability, P_{chance})
이 점 비교검사(2-AFC)	〈AB〉, 〈BA〉	1/2
리마인더 이 점 비교검사 (2-AFC with Reminder, 2-AFCR)	〈A: AB〉, 〈A: BA〉	1/2
삼자 택일검사(3-AFC)	〈ABB〉, 〈BAA〉, 〈AAB〉, 〈BBA〉, 〈ABA〉, 〈BAB〉	1/3
사자 택일검사(4-AFC)	〈ABBB〉, 〈BAAA〉, 〈AABA〉, 〈BBAB〉, 〈ABAA〉, 〈BABB〉, 〈AAAB〉, 〈BBBA〉	1/4
삼 점 검사(Triangle)	〈ABB〉, 〈BAA〉, 〈AAB〉, 〈BBA〉, 〈ABA〉, 〈BAB〉	1/3
일-이 점 검사(Duo-Trio)	〈R: AB〉, 〈R: BA〉	1/2
이원 쌍 비교검사(Dual-Pair)	〈AA, AB〉, 〈AA. BA〉, 〈BB, AB〉, 〈BB, BA〉, 〈AB, AA〉, 〈BA, AA〉, 〈AB, BB〉, 〈BA, BB〉	1/2
특정 감각 4점 비교검사 (Specified Tetrad)	〈AABB〉, 〈ABAB〉, 〈ABBA〉, 〈BAAB〉, 〈BABA〉, 〈BBAA〉	1/6
4점 비교검사(Unspecified Tetrad)	〈AABB〉, 〈ABAB〉, 〈ABBA〉, 〈BAAB〉, 〈BABA〉, 〈BBAA〉	1/3
5중 2선 검사(Two-out-of-Five)	〈AABBA〉, 〈ABABA〉, 〈ABBAA〉, 〈BAABA〉, 〈BABAA〉, 〈BBAAA〉, 〈AAABB〉, 〈AABAB〉, 〈AABBA〉, 〈ABAAB〉, 〈BBABA〉, 〈ABBAB〉, 〈AABBB〉, 〈ABABB〉, 〈ABBBA〉, 〈BAABB〉, 〈BABBA〉, 〈BBABA〉, 〈BABAB〉, 〈BBBAA〉	2/5
A-부 A검사(A-Not A)	〈A〉, 〈B〉	-
리마인더 A-부 A검사 (A-Not A with Reminder, A-Not AR)	〈A: A〉, 〈A: B〉	-
동일-비동일검사(Same-Different)	〈AA〉, 〈BB〉, 〈AB〉, 〈BA〉	-

2) 이항분포에 근거한 차이 검정

이항분포binomial distribution에 근거한 차이 검정은 전통적으로 강제 선택법에 포함되는 감각 차이식별 평가 방법들을 활용하여 시료 간에 감각 특성의 차이가 존재하는지를 판단할 때에 활용되어 온 분석 방법이다. 차이식별 평가 방법들을 평가 요원이 수행할 때 평가 요원 입장에서 응답을 선택하기 위하여 진행해야만 하는 정보 처리 과정을 무시하고, 오직 평가 정답률에 기인하여 분석하는 방법이다. 앞서 언급한 바와 같이 다양한 평가 방법들은 평가 수행력이 다르기 때문에 다른 평가 방법들을 사용하여 차이 검정을 실시할 때, 다른 결과를 도출할 가능성이 있다.

(1) 통계 가설

표 4-3에 나타낸 바와 같이 강제 선택법 평가 방법들은 고유한 P_{chance}(우연히 정답을 맞힐 확률) 수준을 가지고 있다. 각 평가 방법을 수행하여 얻은 정답률Percent correct responses, Pc에 대하여 다음과 같이 가설을 세우고 가설 검정을 한다.

귀무가설 $H_0 : P_c = P_{chance}$

대립가설 $H_A : P_c > P_{chance}$ 단측 검정One-sided test

(2) 통계적 오류

가설 검정에서 type I과 type II 두 종류의 통계적 오류가 존재한다. Type I 오류는 귀무가설이 사실일 때에 이를 거부함으로써 발생하는 오류이다. type I 오류는 α로 표기하며 유의수준significance level을 나타낸다. 일반적으로 α 수준으로는 0.01, 0.05 또는 0.1이 사용된다. Type II 오류는 대립가설이 사실이 아닐 때에 대립가설을 수용함으로써 발생하는 오류이다. 이 type II 오류는 β로 표기하며 $\beta=0.1$ 또는 $\beta=0.2$가 일반적으로 사용된다.

(3) 자료 분석

각 평가 방법을 수행하여 얻은 정답률(P_c)을 계산하고, 정해진 α 수준에 근거한 이항분포상의 임계값critical value을 계산하여 비교한다. 임계값은 R/S-Plus와 같은 여러 가지 다양한 통계 소프트웨어에 내장된 다음 프로그램으로 계산할 수 있다. 이때 n은 총 평가 횟수를 말한다.

> qbinom(1-α, n, P_{chance}) + 1

만약 평가를 통해 얻은 정답률(P_c)이 계산된 임계값보다 크거나 같은 경우에 '평가된 시료 간에 주어진 α 수준에서 유의미적 차이가 있다'라고 결론을 내릴 수 있다.

3) 강제 선택법을 활용하지 않는 차이식별검사

표 4-1~표 4-3에 제시된 평가 방법들 이외에도 차이식별검사discrimination tests에 활용되는 다양한 평가 방법들이 있으며, 각 평가 방법 성격에 따라 평가된 시료 간에 유의미적 차이가 존재하는지를 판단하기 위해 다양한 통계 분석이 사용된다.

여기에서는 한 번의 평가 또는 실험에 두 종류의 시료만을 제시하는 평가 방법에 중점을 두어 기본적 통계 분석 방법을 설명하기로 한다. 특히, 강제하지 않는 선택법에 포함되는 동일-비동일 방법과 A-부 A 방법에 대한 일반적인 통계 분석 방법을 소개하기로 한다.

(1) 이원 응답을 활용하는 동일-비동일 방법과 A-부 A 방법

동일-비동일same-different검사와 A-부 A(A-Not A)검사 방법을 사용할 때는 평가 요원이 시료를 선택하는 것이 아니라 두 가지 응답 옵션 중 하나를 선택하게 된다. 또한, 일반적으로 각 평가 요원이 동일-비동일검사에서는 동일 시료 쌍에 대해서도 평가를 하고, 비동일 시료 쌍에 대해서도 평가한다. 마찬가지로 A-부 A검사에서는 'A' 시료에 대해서도 평가를 하고 'Not A' 시료에 대해서도 평가한다. 따라서 이들 평가 방법에서는 두 번의 평가 결과가 서로 비교 분석되어야 하므로 앞서 설명한 이항분포에 근거한 차이 검정은 사용할 수 없다. 한 평가 요원에게서 두 가지 응답을 얻기 때문에 각 응답을 독립적인 관측값이라고 가정하는 단순 카이제곱 검정chi-square test을 적용해 분석하는 것은 바람직하지 않다.

(2) 맥니마 검정

이원 응답을 활용하는 동일-비동일 방법과 A-부 A 방법에서 얻는 자료는 표 4-4와 표 4-5와 같이 정리될 수 있다. 이러한 자료를 분석하는 가장 손쉬운 방법은 아래 제시한 맥니마 검정McNemar's test을 활용하는 것이다(Lawless 등, 2010).

$$\text{McNemar's 검정 공식 : } X^2 = \frac{(b-c)^2}{b+c} = 1.03$$

McNemar's 검정에서는 유의 수준 $\alpha = 0.05$에서 X^2 임계값이 3.84이다. 따라서 아래 식으로 계산된 카이제곱값이 3.84를 넘으면 유의적 차이가 존재한다고 해석한다. 표 4-4에 나타낸 카이제곱값은 1.03으로 3.84를 넘지 않으므로 평가한 두 시료 간에 차이가 존재한다고 할 수 없다.

표 4-4 이원 응답을 활용하는 동일-비동일 방법의 결과 정리 예시

(n=200)

응답 횟수(frequency of responses) : '응답 종류' /평가 시료				카이제곱값
'Same' /Same	'Same' /Different	'Different' /Same	'Different' /Different	
a	b	c	d	1.03
123	112	77	88	

$$\text{McNemar's 검정 공식 : } X^2 = \frac{(b-c)^2}{b+c} = 7.44$$

표 4-5에 나타낸 카이제곱값은 7.44로 3.84를 넘기 때문에 $\alpha = 0.05$ 수준에서 평가된 두 시료 간에 유의적인 차이가 존재한다고 할 수 있다.

표 4-5 이원 응답을 활용하는 A-부 A 방법의 결과 정리 예시

(n=200)

응답 횟수(frequency of responses) : '응답 종류' /평가 시료				카이제곱값
'A' /A	'A' /Not A	'Not A' /A	'Not A' /Not A	
a	b	c	d	7.44
123	95	77	105	

일반적으로 A-부 A검사 방법이 동일-비동일검사 방법보다 더 예민하다(Bi, 2015).

4) 차이식별 측정

앞에서 설명한 바와 같이 차이식별 평가 방법들은 저마다 평가 요원들에게 요구하는 평가 요원 결정 과정decision process이 다르다. 따라서 평가 방법에 따라 평가 요원들은 다른

방식의 인지적 결정 전략cognitive decision strategy을 활용하여 응답하게 된다. 따라서 차이식별 평가를 수행하고 쉽게 계산할 수 있는 정답률(P_c)은 의미 있는 차이식별 분석이 아직 적용되지 않은 미가공 자료raw data에 가깝다. 차이식별 평가 방법들을 활용하여 얻은 정답률(P_c) 등의 자료는 평가 방법들의 차별적 특성을 고려한 여러 이론을 적용하여 더 세밀하게 분석할 수 있고, 이 과정을 통해 감각적 특성 차이를 정량적 지표 또는 인덱스로 나타낼 수 있다. 이러한 과학적 분석 과정을 거쳐서 평가된 시료 간의 감각적 특성 차이를 정량적 지표로 정보화하는 것을 차이식별 측정이라고 한다(Bi, 2015; Ennis 등, 2014).

차이식별 측정을 가능하게 하는 가장 최신의 이론은 신호 탐지 이론signal detection theory과 Thurstonian 모델링Thurstonian modeling이다. 이 두 이론에서는 평가 요원이 지각하는 감각 특성의 강도는 확률분포probabilistic distribution를 가진다고 가정하고 있으며, 기본 모델에서는 정규분포로 이러한 확률분포를 나타내고 있고, 비교되는 두 시료 감각의 확률적 변동의 크기가 동일하다고 가정하고 있다. 이 두 이론에서는 평가를 위해 활용되는 평가 요원 결정 과정을 중요하게 고려하여 분석하므로 각 차이식별 평가 방법마다 고유의 분석 모델을 연구하여 사용한다.

두 이론은 개별적으로 발전해 왔으나 기본적인 접근 방법이 동일하고, 동일한 성격의 정량적 지표를 d′d-prime이라는 공통적인 단위로 산출하기 때문에 여기에서는 이 두 가지 이론의 분석 방법을 통일적으로 신호 탐지 지표 d′으로 명칭하고, 지표화 분석 과정만을 간단히 설명하기로 한다. 신호 탐지 지표 d′ 이외에도 신호 탐지 이론에 기초하여 여러 가지 다른 방법으로 차이식별 측정을 할 수 있다.

또한 신호 탐지 지표 d′ 분석 이외에도 확률 모델probabilistic model이 아닌 결정 모델deterministic model에 근거하여 평가 요원들을 차이식별을 할 수 있는 평가 요원과 차이식별을 하지 못하는 평가 요원으로 구분하고, 차이식별을 할 수 있는 평가 요원의 비율을 차이식별률Proportion of Discriminators, P_d로 정량화하는 방법도 소개한다. 다만, 차이식별률(P_d) 이론은 매우 초기의 차이식별 측정 이론이며, 그 결과로 산출되는 지표를 %로 나타내기 때문에 이해하기는 쉽지만, 신호 탐지 지표 d′과는 다르게 평가 방법들의 인지적 결정 전략에 대한 고려 없이 자료를 취급하기 때문에 평가 방법에 따라 결과가 달라지는 부분적 지표화만이 가능하다.

(1) 차이식별률

이 분석 방법은 결정 모델에 근거하여 평가 요원들을 차이식별을 할 수 있는 평가 요원과 차이식별을 하지 못하는 평가 요원으로 구분하고, 차이식별률(P_d)을 계산한다(Bi, 2015; Jesionka 등, 2014; Ennis 등, 2014). 이 모델은 평가 정답률에서 우연히 정답을 맞힐 확률을 고려하여, 우연이 아닌 진정한 차이식별률을 계산하는 접근 방법으로 계산식은 다음과 같다.

$$P_d = \frac{P_c - P_{\text{chance}}}{1 - P_{\text{chance}}}$$

일반적으로 활용되는 P_d의 수준은 다음과 같다(Meilgaard 등, 2015).

$P_d < 25\%$: 작은 감각 차이

$25\% < P_d < 30\%$: 중간 정도 감각 차이

$P_d > 30\%$: 큰 감각 차이

이 분석 방법은 단순 정답률(P_c)에 의한 분석 방법과 마찬가지로 평가 요원의 결정 과정, 즉 정보 처리 과정을 고려하지 않고 평가 방법 간의 수행력 차이도 고려하지 않기 때문에 평가 방법에 따라 다른 지표가 계산될 수 있다. 이러한 방법으로 감각 차이를 지표화하고자 할 때에는 동일한 평가 방법을 지속적으로 사용해야만 한다.

(2) 신호 탐지 지표, d′

앞에서 설명한 것과 같이 신호 탐지 이론에서는 평가 요원이 차이식별 평가 방법을 수행하면서 식품 시료를 각각 맛볼 때에 각 시료의 감각 특성에 대한 평가 요원의 지각 정도가 하나의 정규분포를 이룬다고 가정한다. 따라서 평가되는 두 개 시료는 개별적인 두 개의 지각 분포로 나타내어지며, 두 종류 시료의 감각 특성이 매우 비슷하여 서로 혼동될 때는 둘의 지각 분포는 서로 겹치는 부분이 생긴다.

감각 차이를 정량적으로 나타내는 d′은 두 종류의 지각 분포 평균값들의 거리를 나타내는 개념이며, 이 지표는 시료에 대한 지각 분포의 표준편차의 단위로 계산된다. 즉, 식품의 감각 자극이 신경 반응 또는 지각 강도의 관점에서 측정되는 강도의 분포로 나타낼 수 있음을 의미한다. 보다 구체적으로는 d′은 실험적으로 얻은 자료를 이용해서 감각

차이를 추정한 예측값이고, 감각 분포의 감각 차이 자체는 델타(δ)로 표기한다(Ennis 등, 2014).

표 4-1에 제시한 차이식별 평가 방법들의 구분법에서 나타냈듯이 다양한 평가 방법들은 다른 방식의 평가 요원 결정 과정과 인지적 결정 전략을 유도한다. 평가 방법에 따른 적합한 인지적 결정 전략을 유추하여 이를 고려한 탐지 이론과 Thurstonian 모델링 평

표 4-6 다양한 차이식별 평가 방법의 신호 탐지 이론과 Thurstonian 모델링에 기초한 모델

평가 방법	정답률(P_c)
이 점 비교검사(2-AFC)	$P_c = \Phi(\delta/\sqrt{2})$
리마인더 이 점 비교검사(2-AFC with Reminder, 2-AFCR)	$P_c = \Phi(\delta/\sqrt{2})$
삼자 택일검사(3-AFC)	$P_c = \int_{-\infty}^{\infty} \Phi^2(u)\phi(u-\delta)du$
사자 택일검사(4-AFC)	$P_c = \int_{-\infty}^{\infty} \Phi^{m-1}(u)\phi(u-\delta)du = \int_{-\infty}^{\infty} \Phi^3(u)\phi(u-\delta)du$
삼 점 검사(Triangle)	$P_c = 2\int_0^{\infty} \phi(x)\left\{\Phi\left[-\sqrt{3}x+\sqrt{\frac{2}{3}}\delta\right]+\Phi\left[-\sqrt{3}x-\sqrt{\frac{2}{3}}\delta\right]\right\}dx$
일-이 점 검사(Duo-Trio)	$P_c = 1-\Phi\left(\frac{\delta}{\sqrt{2}}\right)-\Phi\left(\frac{\delta}{\sqrt{6}}\right)+2\Phi\left(\frac{\delta}{\sqrt{2}}\right)\Phi\left(\frac{\delta}{\sqrt{6}}\right)$
이원 쌍 비교검사(Dual-Pair)	$f(\delta) = \left(\Phi\frac{\delta}{2}\right)^2+\left(\Phi\frac{-\delta}{2}\right)^2$
특정 감각 4점 비교검사(Specified Tetrad)	$P_c = 1-2\int_{-\infty}^{\infty} \phi(x)\Phi(\mathrm{x})\left\{2\Phi(\mathrm{x}-\delta)-[\Phi(\mathrm{x}-\delta)]^2\right\}dx$
4점 비교검사(Unspecified Tetrad)	$P_c = 1-2\int_{-\infty}^{\infty} \phi(x)\left\{2\Phi(x)\Phi(\mathrm{x}-\delta)-[\Phi(\mathrm{x}-\delta)]^2\right\}dx$
5중 2선 검사(Two-out-of-Five)	$P_c = \sum_{i=0}^{6} c_i * \delta^i$
A-부 A검사(A-Not A)	$\delta = Z_N - Z_A$
리마인더 A-부 A검사(A-Not A with Reminder, A-Not AR)	$\delta = \sqrt{2}(Z_D - Z_S)$
동일-비동일검사(Same-Different)	$P_{ss} = 2\Phi\left(\frac{k}{\sqrt{2}}\right)-1, \quad P_{sd} = \Phi\left(\frac{k-\delta}{\sqrt{2}}\right)-\Phi\left(\frac{-k-\delta}{\sqrt{2}}\right)$

δ : true degree of sensory difference(근본 감각 차이의 정도)

k : criterion(인지적 판단 기준)

가 모델이 연구되었으며, 최근 가장 보편적으로 사용되는 차이식별 평가 방법들에 대한 정답률(P_c)이나 응답 빈도를 d′으로 계산하는 이론적 모델을 표 4-6에 나타내었다.

신호 탐지 지표signal detection index d′은 추정값이기 때문에 변동값을 같이 적어 주는 것이 바람직하며, 이들 변동값을 활용하여 두 값의 유의적인 차이를 통계적으로 검정하기도 하고 신뢰 구간의 개념을 적용하여 감각 차이의 유의성을 판정하기도 한다. Bi(2015)에서는 각 평가 모델마다 델타 방법을 활용하여 d′ 변동을 계산하는 이론을 제시하고 있다.

표 4-7에서는 다양한 강제 선택 방법들에 대해서 Bi에 의해 개발된 정답률(P_c)을 가지고 d′을 구하거나, d′값을 가지고 정답률(P_c)을 역으로 계산하는 R/S-Plus 소프트웨어 프로그램을 나타내었다. 예를 들어 이 점 비교검사에서 정답률이 76.02%일 때, d2afc(0.7602)로 코드를 입력하면 d′은 0.9998이 계산된다. B값을 구하기 위해서는 b2afc(0.76)로 입력하고, 이때 B값은 3.7748로 계산된다. 정답률은 m2afc(1)으로 입력하면 0.7602499로 계산된다.

Bi에 의해 개발된 R/S-Plus 소프트웨어 외에도 SDT Assistant, SenseR, IFP 소프트웨어 등을 활용하여 d′ 분석을 할 수 있으며, 이들 프로그램에서는 최대우도 추정법the method of maximum likelihood estimation을 활용하여 d′과, d′ 변동과 신뢰 구간을 계산할 수 있다. 특히 표 4-1에 나타낸 강제하지 않는 선택법의 경우에는 뉴질랜드 오클랜드 대학의 Hautus 교수가 개발한 SDT Assistant 프로그램을 활용하여 분석할 수 있다.

표 4-7 다양한 강제 선택법 감각 차이식별 평가 방법들의 d′과 정답률(P_c)을 계산하는 R/S-Plus 소프트웨어 코드

평가 방법	d′ 계산 코드	정답률(P_c) 계산 코드
이 점 비교검사(2-AFC)	d2afc (p)	m2afc (d)
리마인더 이 점 비교검사(2-AFC with Reminder, 2-AFCR)	d2afc (p)	m2afc (d)
삼자 택일검사(3-AFC)	d3afc (p)	m3afc (d)
사자 택일검사(4-AFC)	d4afc (p)	m4afc (d)
삼 점 검사(Triangle)	dtri (p)	mtri (d)
일-이 점 검사(Duo-Trio)	ddutr (p)	mdutr (d)
이원쌍비교검사(Dual-Pair)	ddupar (p)	mdupar (d)
특정 감각 4점 비교검사(Specified Tetrad)	dtets (p)	mtets (d)
4점 비교검사(Unspecified Tetrad)	dtetu (p)	mtetu (d)

2. 묘사 분석

1) 묘사 분석의 정의 및 개요

묘사 분석descriptive analysis은 대표적인 분석적 감각평가 방법의 하나로 훈련된 평가 요원이 제품의 감각적 특성을 찾아내어 묘사하고 그 강도를 측정하는 감각평가 방법이다. 묘사 분석 방법은 1950년 리틀Arthur D. Little이 제안한 향미 프로필법flavor profile method®을 시작으로, 1974년 스톤Stone 등이 제안한 정량적 묘사 분석quantitative descriptive analysis, Q.D.A®, 시빌Civille과 무뇨스Muñoz가 제안한 스펙트럼Spectrum™ 방법이 널리 사용되면서 발전하여 현재는 감각평가의 대표적인 방법으로 자리 잡고 있다.

대개 5~20명의 검사 요원이 참여하며, 제품의 특성을 정확히 묘사하는 과학적 용어scientific language로 표현한다. 따라서 묘사 분석을 통해 제품에 관한 모든 감각적 특성(색, 외관, 향, 맛, 텍스처 등)을 상세히 묘사하고 그 강도를 측정하여 제품에 대한 가장 유용한 정보를 얻음으로써 다른 제품의 감각 특성 프로파일과 비교할 수 있다.

다음은 문헌에 나타난 묘사 분석의 정의를 정리한 것이다.

- Civille(1979) : 묘사 분석은 고도로 훈련된 소수의 평가 요원에 의하여 감지된 제품의 감각적 특성을 질적 및 양적으로 묘사하는 방법으로, 제품의 모든 감각적 특성을 규명하고자 할 때에 사용하는 방법이다.
- Stone & Sidel(1993) : 묘사 분석은 제품에서 감지된 감각적 특성을 출현 순서에 따라 묘사하는 과정이다. 제품 평가 시 시각적, 청각적, 후각적 감각 등과 같이 감지된 모든 감각을 고려하는 총괄적인 감각 묘사 방법이다.
- Meilgaard 등(1999) : 묘사 분석은 5~100명의 검사원 중 훈련된 검사 요원에 의해 제품의 감각적 특성을 질적 및 양적으로 감지(분별)하여 묘사하는 것을 포함하는 방법이다.

2) 묘사 분석의 활용

묘사 분석은 식품뿐만이 아니라 인간의 오감을 사용하여 인지하는 모든 제품의 개발과 관련된 연구에 사용할 수 있는 방법이다. 제품 개발 관련 연구에서는 먼저 신제품 개발에 사용이 가능한데, 타깃 제품이 있는 경우 묘사 분석을 이용하여 그 제품의 감각 특성을 정량적으로 파악하여 이를 제품 개발의 기준prototype으로 사용할 수 있다. 또한,

기존 제품의 결점 보완, 원·부재료의 배합 비율 변경이나 원료 대체 시의 영향 파악에도 사용이 가능하다.

품질 유지 및 관리에도 널리 이용되고 있는데, 제품의 품질 규격을 설정할 때에 묘사 분석을 이용하여 품질관리의 기준을 설정하고 이를 향후 품질관리에 활용할 수 있다. 제품의 수명 또는 저장 안정성 파악과 생산지 간의 품질 차이 여부를 조사하는 데도 활용된다. 또한, 업체에서 마케팅을 위한 시장조사에도 이용이 되는데, 소비자조사 시 설문지 작성 기준 또는 소비자 반응의 결과 해석에 묘사분석을 이용함으로써 이해도를 높일 수 있다.

제품에 대한 품질 및 소비자 기호도조사에서도 제품 선정의 주요 자료로 활용이 가능하고, 목표 또는 경쟁 제품의 감각적 특성 및 정의의 파악과 비교를 위해 활용할 수 있다. 대학이나 연구소 등의 감각 특성 연구에서도 묘사 분석은 중요한 분석 방법으로 사용되고 있다. 예를 들어 제품의 감각적 특성과 기계적, 화학적 측정 결과 간의 상관관계 파악 연구나 가공 및 저장 조건에 따른 특성 변화 연구 등에 활용되고 있다.

3) 묘사 분석의 종류

(1) 향미 프로필

향미 프로필flavor profile은 제품의 냄새와 향미 특성을 조사하기 위하여 1949년 미국의 아서 리틀사Arthur D. Little Inc.의 셰스트륌Lören Sjostrom, 케인크로스Stanley Cairncross, 카울Jean Caul에 의해 처음 개발되었으며, 다른 묘사 분석 방법들의 개발과 발전에 기초가 되었다. 향미 인식에 있어 글루탐산모노나트륨monosodium glutamate의 효과를 측정하는 복잡한 향미 시스템을 묘사하기 위해 개발되었다. 향미 프로필의 최근 버전version은 '프로필 속성 분석Profile Attribute Analysis®'으로 알려져 있다.

향미 프로필 방법은 평가 요원의 선정 및 훈련 과정으로 시작된다. 평가 요원의 선정은 기본적인 맛과 냄새의 구별 능력, 맛에 대한 예민도 검사, 기본 맛의 인지 여부(표 4-8에 단맛, 쓴맛, 짠맛, 신맛 물질을 일정한 순서 없이 제시하고 이들을 묘사), 기본 맛 순위법(표 4-9에 기본 맛을 내는 여러 농도의 용액을 제시하고 강도에 따라 순위를 정함), 냄새 인식검사(20개의 방향 물질 제시) 등의 테스트를 통해 선정한다. 또한, 향미와 냄새 평가에 대한 흥미도, 그룹 활동을 할 수 있는 능력, 건강 상태, 지속적인 참석 가능 여부, 커뮤니케이션

표 4-8 기본 맛 검사에 사용되는 물질의 농도

기본 맛	물질	농도(%)	기본 맛	물질	농도(%)
단맛	설탕	2	쓴맛	카페인	0.07
신맛	구연산	0.07	짠맛	소금	0.2

자료 : 김광옥, 김상숙, 성내경, 이영춘. 관능검사 방법 및 응용. 신광출판사 (1993)

표 4-9 향미 프로필 평가 요원 선발을 위한 기본 맛 강도 순위 정하기에 사용될 수 있는 물질 및 그 농도

맛	물질	농도(상온, 무미, 무취의 물을 사용한 %)		
쓴맛	카페인	0.035	0.07	0.14
단맛	설탕	0.50	1.00	2.00
짠맛	소금	0.10	0.20	0.40
신맛	구연산	0.035	0.07	0.14

자료 : 김광옥, 김상숙, 성내경, 이영춘. 관능검사 방법 및 응용. 신광출판사 (1993)

능력 등도 고려 대상이다.

일반적으로 향미 프로필의 평가 요원 선정은 다른 방법보다 엄격하다. 평가 요원의 수는 30명 이상의 평가 요원 대상자 중에서 앞의 자격 요건을 갖춘 자를 10명 이내로 선정하며, 최소한 4명의 평가 요원이 필요하다. 평가 요원 대표panel leader는 평가 요원 중에서 선발되며 제품 평가에 참여한다.

평가 요원 대표의 역할은 평가 요원의 일정 관리, 시료 준비, 검사 기술의 표준화, 결과 정리 및 보고, 토의 진행이 있다. 훈련 기간은 수개월에서 1년(보통 6개월)이지만 제품과 평가 요원에 따라 변동될 수 있다. 훈련 내용은 기본 맛과 냄새의 감지 및 용어 개발, 기준 시료를 이용한 제품 평가 능력 훈련 등이 있다. 향미 프로필 수행에서 평가 요원은 측정 기구의 역할을 하므로 표준화된 환경과 집중할 수 있는 조건에서 분석할 수 있도록 해야 한다. 예비 교육에서 평가 요원 대표는 평가 요원에게 수행할 과제의 목적을 설명한다. 검사 시료의 제시에서는 시료의 온도, 취급, 제시 방법, 냄새, 맛보기 방법 등을 정립한다. 평가 기준이 되는 기준 시료를 선택하고 응답지를 개발한다.

프로필 수행에서 각 평가 요원들은 개별적으로 시료를 평가한다. 개별적으로 평가한 후 평가 요원 대표의 지도하에 평가 결과를 토의하며 의견을 교환한다. 평가 요원들의 결과를 비교하고 의견을 교환하면서 앞으로의 훈련 여부를 결정한다. 서로 간의 용어

차이를 해결하면서 평가할 제품에 대한 용어를 정립하고, 시료를 평가하기 위하여 적합한 기준 시료를 결정한다. 모든 평가 요원들이 최종적으로 일치된 결과에 도달할 때까지 프로필 수행 과정은 계속된다(보통 4~5회). 각 특성 강도intensity의 측정은 아래와 같은 항목 척도를 사용한다(표 4-10).

표 4-10 향미 프로필 방법을 이용한 칠면조 패티의 향미 특성 분석 결과

향미 특성(Flavor Attributes)	강도(Intensity)[1]
Protein	2-
Meat identity	
Serum	1
[pause]	
Metallic(aromatic & feel)	1+
(Carries through)	1-
Poultry	1+
Brothy	1-
[lag]	
Turkey	1
Organ meat	1-
Metallic(aromatic & feel)	1
Bitter	)(
뒷맛(Aftertaste)	**강도(Intensity)[1]**
Metallic feel	2-
Poultry	1-
Other[2]	
Turkey	)(+
Organ meat	)(+

[1] Scale)(: threshold; 1 : slight; 2 : moderate; 3 : strong

[2] 'Other' characteristics in the aftertaste were not found by the entire panel

자료 : Chambers, E. IV, Bowers, JR., Smith, EA., Flavor of cooked, ground turkey patties with added sodium tripolyphosphate as perceived by sensory panels with differing phosphate sensitivity. *J. Food Sci.* 57: 521-523 (1992)

예) 0 : 존재하지 않는not present

)(: 겨우 느끼는 정도just recognizable or threshold

1 또는 + : 약함slight

2 또는 ++ : 보통moderate

3 또는 +++ : 강함strong

자료 수집 및 결과 보고에서 평가 요원 대표는 토의 과정을 진행하면서 결과를 기록하고 수집한다. 결과 보고서 내용으로는 연구 목적, 평가한 시료의 종류, 시료 준비 및 제시 방법, 프로필 수행 기간, 평가 기술 및 방법, 기준 시료의 종류 등이 있다.

향미 프로필의 장점으로는 평가 요원들이 고도로 훈련되어 있기 때문에 시료/제품의 작은 차이에도 민감하게 반응할 수 있고 평가 요원의 수가 적어서 관리와 교육이 쉽고 다른 묘사 분석(예를 들어 QDA)에 비해서 평가 요원 간의 응집력이 높다는 것이다. 반면에 단점으로는 고도로 훈련된 소수의 평가 요원에 의존적이며, 오랜 훈련 과정으로 비용이 많이 들고 평가 요원 대표의 주관적 의견이 영향을 많이 끼칠 수 있다. 또한, 척도의 항목이 너무 적고 서수 자료의 사용으로 통계 사용이 제한적이다. 향미 프로필을 통해 선정된 용어들은 마케팅 담당자가 해석하기 어려운 경우도 있고, 이는 소비자 선호도와 연관시키고자 할 때 다소 어려움이 따를 수 있다.

(2) 텍스처 프로필

식품의 텍스처 특성을 규정짓기 위하여 1963년에 미국의 제너럴 푸드사General Foods에서 향미 프로필을 기초로 하여 개발한 방법이다. 텍스처 프로필texture profile 방법은 다양한 식품뿐만 아니라 화장품, 옷감 및 종이 제품 등을 평가하는 데에도 활용되고 있다.

텍스처 프로필은 식품의 기계적, 기하학적, 그리고 지질과 수분의 특성, 저작의 처음부터 끝까지 나타나는 각 특성의 정도와 순서 등의 복잡한 텍스처 감각 분석 방법이다. 텍스처 프로필은 감각평가에 물성학적 원리를 적용하고, 향미 프로필 방법의 전반적인 개념을 기초로 하여 개발된 방법이다(Muñoz 등, 1992).

향미 프로필과 같이 텍스처가 여러 가지 종류의 특성으로 구성된다는 원리에 기초를 두고 있다. 제품을 처음 깨물었을 때부터 완전히 저작 활동을 마칠 때까지 모든 텍스처의 특성을 분류하고 정의를 내리는 체계로 이루어지며, 프로필 수행 시에는 특성의 강도와 출현 순서 등을 고려하여 평가한다.

수행 절차는 향미 프로필과 유사한 순서로 진행되나 평가 요원 훈련이 6~7개월에 걸쳐 130시간 정도 소요된다. 훈련은 주로 텍스처의 기본 개념, 텍스처 프로파일 방법의 원리, 특정 텍스처 특성에 대한 기준 척도의 사용 및 강도 표시 방법, 실습 시료의 평가 등 텍스처에 대한 중점적인 훈련이 이루어진다. 특히, 시료(제품) 평가 방법과 순서 결정이 중요하게 이루어지는데 식품을 입에 넣는 방법, 식품을 분쇄하는 방법, 시료를 씹는 속도, 삼키기 전 식품의 분쇄 정도 등을 결정한다.

시료(제품)의 특성 강도에 대한 기준 시료가 마련된다(표 4-11). 텍스처 프로필은 고도의 훈련과 숙달로 인하여 평가 요원들의 정확성과 일관성은 높지만 다소 긴 훈련 기간이 문제될 수 있으며, 기준 시료가 미국 외에서는 보편적이지 않을 수 있다는 약점이 있다.

표 4-11 텍스처 프로필 방법의 경도(hardness) 척도[1)]

척도값 (Scale Value)	표준 시료 (Product)	시료 크기 (SampleSize)	제공 온도 (Temperature)	제품 구성(Composition)
1.0	크림치즈(Cream cheese)	1/2″ cube	40~45 ℉	필라델피아 크림치즈(Philadelphia cream cheese) : Kraft
2.5	달걀흰자(Egg white)	1/4″ cube	상온	딱딱하게 조리 (5분) Hard-cooked, 5minutes
4.5	미국 스타일 치즈 (American cheese)	1/2″ cube	40~45 ℉	체다치즈(Yellow pasteurized cheese) : Land O Lakes
6.0	올리브(Olive)	1 piece	상온	알이 찬 스페인산 올리브(Stuffed, Spanish olives with pimentos removed) : Goya Foods
7.0	프랑크푸르트 소시지 (Frankfurter)	1/2″ slice	상온	쇠고기 소시지(Beef franks, cooked for 5minutes in boiling water) : Hebrew National Kosher Foods
9.5	땅콩(Peanut)	1 piece	상온	진공 포장된 칵테일 땅콩(Cocktail peanuts in vacuum tin) : Planters, Nabisco Brands
11.0	아몬드(Almond)	1 piece	상온	껍질 안 깐 아몬드(Shelled almonds) : Nabisco Brands
14.5	딱딱한 사탕(Hard candy)	1 piece	상온	Life Savers : Nabisco Brands

1) 경도는 고체 물질을 어금니 사이로 압축하는 데 필요한 힘으로 정의

자료 : Muñoz AM, Szczesniak AS, Einstein MA, Schwartz NO. The texture profile, Manual on descriptive analysis testing, ASTM manual series, *Am. Soc. Test. Materials*, pp.35-50 (1992)

4) 정량적 묘사 분석

정량적 묘사 분석quantitative descriptive analysis®, QDA®은 향미 프로필과 관련된 문제를 해결하기 위해 즉, 제품의 감각적 특성을 보다 정확하게 수학적으로 나타내기 위하여 미국의 트래곤사Tragon에서 개발한 방법으로, 스톤Stone 등(1974)에 의해 처음 소개되었다.

향미, 텍스처, 색 그리고 전체적인 맛과 냄새의 강도 등 전반적인 감각적 특성을 한눈에 파악할 수 있도록 한 방법으로, 향미 프로필과 비교하여 다음과 같은 특징을 나타낸다.

- 모든 감각적 특성을 포함할 것
- 다양한 시료 검사가 될 것
- 소수의 평가 요원을 사용할 것
- 검사에 참여하기 전에 자격을 인정받은 검사 요원을 선택할 것
- 평가 요원 대표의 영향을 받지 않은 용어 개발 과정을 적용할 것
- 정량적일 것
- 유용한 데이터 분석 체계를 가질 것
- 데이터 처리 능력을 가질 것

수행 방법으로는 평가 요원 선정 및 토의, 본 실험, 자료 분석 및 보고로 나눌 수 있다. 평가 요원 선정은 먼저 다양한 소비자 기호도조사 결과를 바탕으로 마련한 자료를 이용하여 평가하려는 제품군에 적합한 평가 요원으로 최종 선발 요원의 2~3배 인원을 모집한다. 이들에 대해 차이식별검사를 통해 선별 과정을 실시한다. 보통 18~20회의 차이식별검사를 시행(일-이 점 검사/삼 점 검사)하여 75% 이상 정답률을 보인 요원을 선발하는데 경우에 따라 정답률은 변동이 가능하다. 평가 요원의 수는 최종적으로 10~14명 정도를 선정한다. 평가 요원 대표의 영향력은 가능한 한 최소화하고, 시료를 묘사하는 용어 개발에 직접 참여하지 않게 한다. 평가 요원 토의는 자체적인 용어 개발과 합의를 통해 이루어지고 대개 4~5회 정도 실시한다. 제품의 모든 감각 특성을 검토하여 대개 35~40가지의 감각 특성 항목을 개발하고 필요한 경우에는 표준 시료를 사용한다. 척도는 대개 15 cm 선척도를 사용한다.

본 실험은 요원별로 개별 부스booth에서 수행하고 제시 시료의 수는 평가 요원의 제품에 대한 피로와 회복, 질문지의 복잡성을 고려하여 정하는데 대개는 한 번에 4~6개가

적당한 것으로 여겨진다. 시료 제시 시에는 균형 잡힌 제시와 간격을 고려해야 한다. 실험 반복은 3회 반복을 기본으로 한다.

자료 수집 및 결과 보고는 모든 평가 요원들이 평가를 마친 후 요원 대표는 평가표를 수집하여 분석을 위해 데이터를 정리한다. 각 척도상의 표시는 왼쪽 끝에서부터 거리를 측정하여 길이 또는 숫자로 환산한다. 데이터는 분산 분석을 통해 반복된 실험 결과에 대해 처리군과 평가 요원들의 결과를 판정하여 분산 분석 후 처리군 간에 유의성이 있으면 적합한 방법으로 평균값 간의 유의성을 검정한다. 또한, 다변량 통계 분석(주성분 분석, 요인 분석, 군집 분석 등)에 이용할 수도 있다. 결과 제시는 주로 거미줄 도표spider diagram로 나타낸다.

Q.D.A®의 장점으로는 시료/제품의 특성을 정확하고 신빙성 있게 검사할 수 있고 얻어진 결과는 통계적 분석이 가능하다. 패널을 잘 관리하면 장기간 계속되는 검사에서도 높은 재현성을 보인다. 평가 요원 대표나 기획자의 영향을 받지 않고 검사를 수행할 수 있으며, 다른 묘사 분석에 비해 평가 요원의 훈련 시간이 짧아진다. 식품뿐 아니라 생활용품과 같은 다른 제품군에도 응용할 수 있는 등 활용 범위가 다양하다. 단점으로는 패널 간, 실험실 간, 그리고 시간에 따른 결과를 비교하기가 어렵다. 향미 프로필 분석과 같이 특정 시료/제품에 대한 특성의 카테고리에 대한 훈련을 받아야 하므로 시간과 비용이 많이 든다.

5) 스펙트럼 묘사 분석

제품의 특성과 강도에 대한 모든 정보를 얻기 위하여 1970년대에 시빌과 무뇨스에 의해 센소리 스펙트럼사Sensory Spectrum, Inc.에서 개발한 방법으로 향미 프로필법flavor profile method을 발전시킨 것이다. 제품의 모든 특성을 기준이 되는 절대척도와 비교하여 평가함으로써 제품의 정성적·정량적 정보를 제공하기 위하여 사용되는 방법이다.

스펙트럼 묘사 분석spectrum descriptive analysis은 시료의 특성 강도에 대한 절대값을 얻을 수 있다는 장점이 있는 반면에, 평가 요원 훈련 시간 및 비용이 많이 소모되고 기준 시료가 미국 외에선 보편적이지 않다는 단점이 있다. 또한, 기준 시료에 대한 문화적 차이로 특성 이해에 어려움이 있을 수 있다.

수행 절차는 평가 요원 선정 및 훈련 – 본 실험 – 자료 수집 및 결과 보고로 위의 일반적인 묘사 분석 방법과 같다. 평가 요원의 외관, 향미, 텍스처 등에 대한 예민도 및 구별 능력을 파악하기 위해 기본 맛 검사를 실시하여 최소 80%의 정답률을 보이는 사람으로 선발하고, 이외에도 표준 물질 이용과 척도검사(10~20%의 정답률), 냄새 물질 확인 검사(80%의 정답률), 텍스처 민감성, 외관 민감성, 특정 제품의 식별검사 등을 실시하는 선별 과정을 거친다. 평가 요원은 40~80명을 모집하여 최종적으로는 15명 정도를 선발한다. 평가 요원 대표는 전문적인 평가 요원 또는 평가 요원 중에서 선정하고, 그 역할은 평가 요원의 일정 관리, 시료와 기준 시료의 준비, 평가 요원의 훈련 상황 관찰, 평가 요원들의 결과를 기록, 수집, 해석 및 보고하는 일 등이다. 평가 요원의 훈련 기간은 각 특성별로 3개월 정도 소요되는데 제품과 평가 요원에 따라 변동이 있을 수 있다. 선정 용

표 4-12 스펙트럼 방법에서 사용된 향미 표준 시료 예시

용어 (Descriptor)	척도값[1)] (Scale Value)	표준 시료(제조사) Product(manufacturer)
떫은맛(Astringency)	14.5	1시간 우린 찻물 Tea bags soaked for 1 hour
	6.5	포도 주스 Grape juice(Welch's)
카라멜화된 설탕(Caramelized sugar)	3.0	브라운 쿠키 Brown Edge cookies(Nabisco)
	4.0	슈거 쿠키 Sugar cookies(Kroger)
	6.0	티 쿠키 Social Tea cookies(Nabisco)
	7.0	보르도 쿠키 Bordeaux cookies(Pepperidge Farm)
계란(Egg)	5.0	마요네즈 Mayonnaise(Hellmann's)
계란 향미(Egg flavor)	13.5	완숙 계란 Hard-boiled egg
오렌지 향미(Orange complex)	3.0	오렌지 드링크 Orange drink(Hi-C)
	6.5	복원한 냉동 오렌지 주스 Reconstituted frozen orange concentrate juice(Minute Maid)
	7.5	신선하게 착즙한 오렌지 주스 Freshly squeezed orange juice
	9.5	오렌지 농축액 Orange concentrate(Tang)
볶은 향미(Roastedness)	7.0	커피 Coffee(Maxwell House)
	14.0	에스프레소 커피 Espresso coffee(Medaglia D'Oro)
바닐라(Vanilla)	7.0	슈거 쿠키 Sugar cookies(Kroger)

1) 척도는 0~15점으로 한다.

자료 : Meilgaard M, Civille GV, Carr BT. *Descriptive analysis techniques, Sensory Evaluation Techniques*(3rd ed.), CRC Press, Inc. (1999)

표 4-13 스펙트럼 방법에서 사용된 기본 맛 표준 시료 예시

용어(Descriptor)	척도값(Scale Value)[1]	표준 시료(제조사) Product(manufacturer)
단맛(Sweet)	2.0	2% 설탕 용액 2% sucrose-water solution
	4.0	리츠 크래커 Ritz cracker(Nabisco)
	7.0	레모네이드 Lemonade(Country Time)
	9.0	코카콜라 클래식 Coca Cola Classic(Cocacola)
	12.5	보르도 쿠키 Bordeaux cookies(Pepperidge Farm)
	15.0	16% 설탕 용액 16% sucrose-water solution
신맛(Sour)	2.0	0.05% 구연산 용액 0.05% citric acid-water solution
	4.0	천연 사과 소스 Natural apple sauce(Motts)
	5.0	복원한 냉동 오렌지 주스 Reconstitued frozen orange juice (Minute Maid)
	8.0	스위트 피클 Sweet pickle(Vlastic)
	10.0	코셔 피클 Kosher drill pickle(Vlastic)
	15.0	0.20% 구연산 용액 0.20% citric acid-water solution
짠맛(Salt)	2.0	0.2% 소금 용액 0.2% sodium chloride-water solution
	5.0	가염 크래커 Salted soda cracker(Premium)
	7.0	미국 치즈 American cheese(Kraft)
	8.0	마요네즈 Mayonnaise(Hellman's)
	9.5	가염 감자칩 Salted potato chips(Frito-Lay)
	15.0	1.5% 소금 용액 1.5% sodium chloride-water solution
쓴맛(Bitter)	2.0	자몽 주스 Bottled grapefruit juice(Kraft)
	4.0	초콜릿 바 Chocolate bar(Hershey)
	5.0	0.08% 카페인 용액 0.08% caffeine-water solution
	7.0	생 엔다이브 Raw endive
	9.0	셀러리 씨 Celery seed
	10.0	0.15% 카페인 용액 0.15% caffeine-water solution
	15.0	0.20% 카페인 용액 0.20%caffeine-water solution

[1] 척도는 0~15점으로 한다.

자료 : Meilgaard M, Civille GV, Carr BT. *Descriptive analysis techniques, Sensory Evaluation Techniques*(3rd ed.), CRC Press, Inc. (1999)

어의 강도에 따른 표준 시료를 제시하여 강도 측정에서 요원 간의 차이를 최소화하였다(표 4-12, 4-13). 척도는 15 cm 선척도나 15포인트 항목척도를 사용한다. 프로필 수행은 개별 부스에서 확립된 평가표를 사용하여 평가하며, 이때 용어에 대한 정의도 함께 제시한다. 기준척도에는 적어도 2~5개의 기준점이 마련되어야 한다. 검사할 시료의 수 및 실험 설계에 따라 보통 2~3번의 반복 평가를 실시한다. 자료 수집 및 결과 보고는 Q.D.A® 방법과 동일하다.

6) 일반적 묘사 분석의 진행 순서 및 주요 과정

일반적으로 학계나 업체에서는 묘사 분석 수행에 있어서 감각평가 전문 업체에서 사용하는 등록된 방법인 정량적 묘사 분석Q.D.A®이나 스펙트럼 방법을 동일하게 적용하기보다는 감각 과학 관련 연구자들Sensory science community이 인정하는 공통 기준을 바탕으로 묘사 분석을 수행하고 있다. 일반적인 묘사 분석의 진행 순서는 다음과 같다.

① 실험 설계

② 평가 요원 선정

③ 평가 요원 훈련 : 용어 도출 및 합의

④ 합의된 용어의 강도 측정rating

⑤ 자료 분석

⑥ 결과 보고 및 제안

실험 설계에서는 몇 명의 평가 요원을 최종적으로 선정할 것인지와 검사 제품의 수(일반적으로 통계 분석을 위해 7~8개 이상 사용 권장) 등을 정하고 실험 목적에 맞는 방법을 선택한다. 묘사 분석에서 가장 중요한 과정으로 평가 요원 선정 및 훈련 과정을 들 수 있다. 평가 요원은 최종 선정 인원의 2~3배 정도를 모집하여 선별 과정screening을 통해서 최종 요원(일반적으로 8~12명)을 결정한다. 주요한 맛 성분이나 측정하려고 하는 제품의 주요 감각 특성에 대한 차이 인지 여부를 차이식별검사(삼 점 검사나 일이 점 검사)를 활용하여 측정하고 일정 정답률(예를 들어 60% 이상 등)을 나타낸 평가 요원을 선정한다.

다음은 선정된 요원을 대상으로 훈련을 통한 제품의 감각 특성을 설명하는 용어 개발vocabulary development 단계이다. 묘사 분석에서 가장 중요한 단계라 할 수 있다. 훈련을 이끌어 가는 평가 요원 대표는 시료를 제공하고 훈련 과정을 이끌지만 용어 개발에는 직접 참여하지 않는다. 훈련은 대개 40분에서 1시간 정도의 세션이 이루어지고 시료의 수와 요원들의 합의 결과에 따라 필요한 세션 수는 차이를 보이나 4~6회 정도의 훈련 세션을 소화한다. 훈련 과정은 평가할 시료나 또는 그 외의 시료를 평가 요원들에게 제시(보통 한 세션에 3~4개 정도의 제품 제시)하며, 이를 바탕으로 요원 각자의 용어를 개발하고 요원 간 토의를 통해 공통의 용어를 선정해 나간다. 이 과정에서 특정 특성을 가진 표준

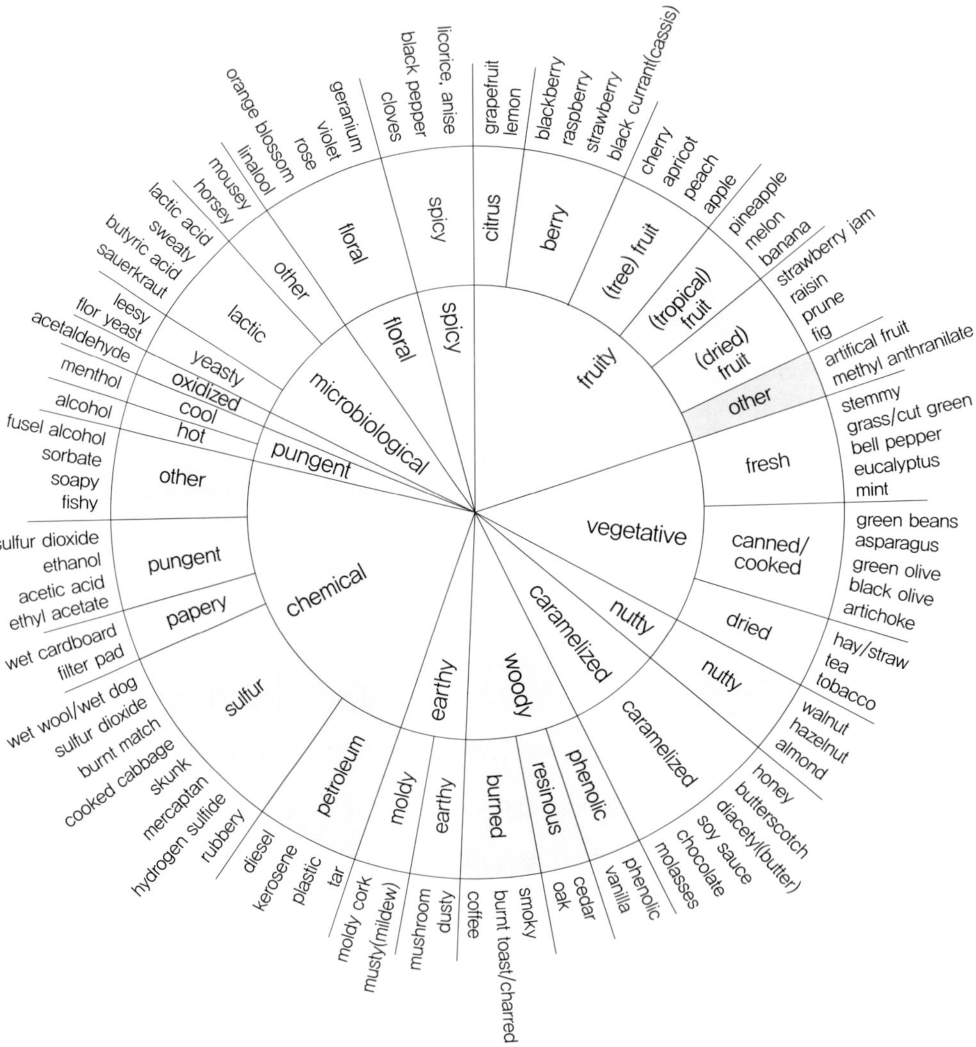

그림 4-1 와인 아로마 휠

자료 : Noble AC, Arnold RA, Buechsenstein J, Leach EJ, Schmidt JO, Stern PM. Modification of a Standardized System of Wine Aroma Terminology. *Am. J. Enol. Viticul.* 38: 143-146 (1987)

시료reference sample가 제시되거나 이미 만들어진 용어 리스트(예를 들어 그림 4-1) 등이 제시되어 용어 선정에 도움을 줄 수 있다.

요원 간에 제품 특성을 설명하는 감각 용어에 대한 합의가 이루어지면 요원 대표는 각 용어의 정의와 표준 시료를 준비한다(예를 들어 표 4-14). 또한 요원 간의 토의를 통해 본 실험에서 쓰게 될 척도(보통 15 cm 선척도나 9점 내지 15점의 항목척도 사용)와 검사표scorecard를 작성한다(그림 4-2). 요원 훈련이 끝나면 예비 시험pilot test을 통해 2~3회 정도 요원의 수행 능력을 평가한다. 이를 통해 평가 요원이 합의된 용어에 대해 명확히 이해하고 있는지와 척도 사용에 문제가 없는지 등을 파악한다. 만약 척도 사용과 용어 이해에

표 4-14 한국산 약주의 감각 특성 용어 정의 및 기준 시료 예시

감각 특성	정의	기준 시료
노란색	노란색의 진한 정도	해당 없음
시큼한 향	코를 자극하는 시큼한 향	0.2 mL 식초/100 mL 증류수
알코올 향	자극적인 알코올 향	25% (W/V) 에탄올
꽃 향	꽃향기	국화 꽃잎 10개
과일 향	배와 유사한 과일 향	갈은 배 15 g/100 mL 증류수
단 향	조청과 유사한 단 냄새	조청 15 g/150 mL 증류수
인삼 향	인삼 향	갈은 인삼 2 g /50 mL 25% 에탄올 용액
한약재 향	쓴 한약재 향	쌍화탕
누룩 향	누룩 향	누룩 80 g/100 mL 증류수
흙냄새	흙냄새	칡 100 g/100 mL 증류수
알코올 맛	톡 쏘는 알코올 맛	25% (W/V) 에탄올
단맛	단맛	설탕 6% (W/V)
신맛	신맛	타타르산(tartaric acid) 0.25% (W/V)
떫은맛	떫은맛	황산알루미늄(aluminium sulfate) 0.1% (W/V)
쓴맛	쓴맛	무수 카페인 0.1% (W/V)
한약재 맛	한약재 맛	쌍화탕
누룩 맛	누룩 맛	누룩 80 g/100 mL 증류수

자료 : Lee SJ, Kwon YH, Kim HR, Ahn BH. Chemical and sensory characterization of Korean commercial rice wines (Yakju). *Food Sci. Biotechnol.* 16: 374-380 (2007)

성명 : ____________________

검 사 표

제시된 시료를 왼쪽부터 향과 맛을 보고 설문지에 각 시료 번호를 기입한 후 시료에 대해 아래 특성 강도가 얼마만큼 강한지 적합한 강도에 V표를 하시오.
향 측정은 먼저 컵을 흔들어 시료의 향(aroma)을 맡습니다. 각 시료 간에는 물로 코나 입을 헹궈 주시기 바랍니다.

향(aroma)

시큼한 향

대단히 약함 … 보통 … 대단히 강함

시료 번호	1	2	3	4	5	6	7	8	9

알코올 향

대단히 약함 … 보통 … 대단히 강함

시료 번호	1	2	3	4	5	6	7	8	9

과일 향

대단히 약함 … 보통 … 대단히 강함

시료 번호	1	2	3	4	5	6	7	8	9

맛(taste)

단맛

대단히 약함 … 보통 … 대단히 강함

시료 번호	1	2	3	4	5	6	7	8	9

신맛

대단히 약함 … 보통 … 대단히 강함

시료 번호	1	2	3	4	5	6	7	8	9

그림 4-2 묘사 분석 검사표 예시

문제가 있다면 재훈련을 실시한다.

요원 평가에서 큰 문제가 없으면 본 실험으로 이행한다. 본 실험은 감각평가의 기본적인 수행 조건에 맞는 환경에서 진행한다. 동일한 장소(가능하면 요원 간 분리되는 개인 부

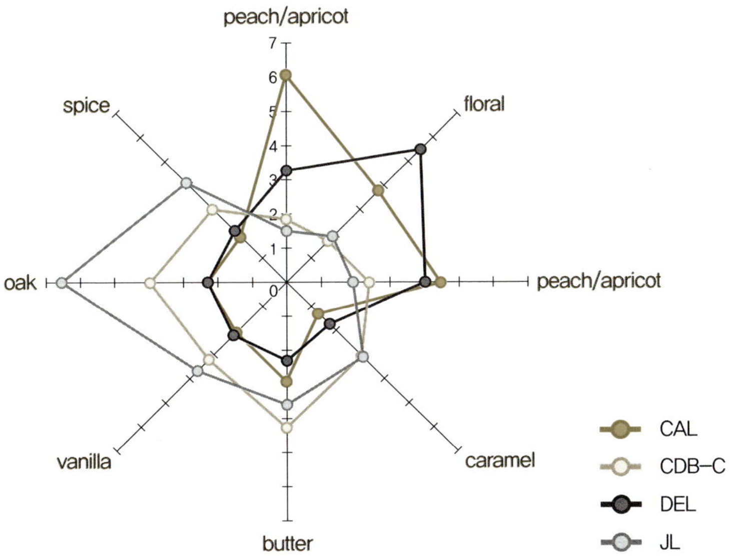

그림 4-3 와인 4종의 거미줄 도표 예시

(와인 코드 : CAL, DEL, CDB-C and JL);

가운데는 원점으로 0점, 가장자리는 7점(n=14패널×3 반복실험). 각 와인의 평균 점수가 향미 특성 점수에 따라 거미줄로 연결됨

자료 : Lee SJ, Noble AC. Use of Partial Least Squares Regression and Multidimensional Scaling on Aroma Models of California Chardonnay Wines, *Am. J. Enol. Viticul. 57*: 363-370 (2006)

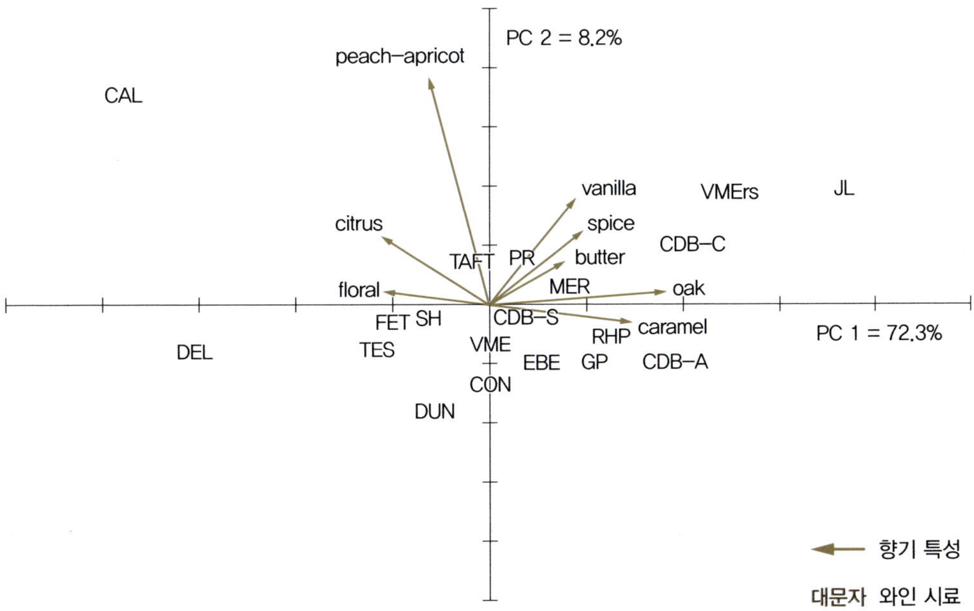

그림 4-4 주성분 분석 결과 예시

(19종의 와인에 대한 묘사 분석을 통해 8가지 향기 특성을 도출한 결과)

자료 : Lee, SJ. Noble AC. Characterization of odor-active compounds in Californian Chardonnay wines using gc-olfactometry and gc-mass spectrometry. *J. Agric. Food Chem. 51*: 8036-8044 (2003)

스)에서 동일한 조건(용기, 제시 온도, 난수표 사용)으로 준비된 시료를 균형 잡힌 실험 계획에 따라 제시한다. 본 실험은 일반적으로 3회 반복 검사를 기본으로 한다. 묘사 분석 결과는 거미줄 도표cobweb graph를 이용하면 시료 간의 비교가 용이하다(그림 4-3). 묘사 분석 결과의 통계 분석은 일반 통계 분석(평균, 표준편차), 분산 분석analysis of variance, 다중 비교 검정multiple comparison test, 주성분 분석principal component analysis(그림 4-4) 등을 이용하여 시료의 감각 특성과 요원의 수행 능력을 비교한다.

3. 정량적 소비자조사 방법

소비자조사 방법은 소비자의 참여가 필요한데 이때 고려해야 할 사항이 몇 가지 있다. 그중에서도 연구를 진행함에 있어 우선되어야 할 것은 생명윤리위원회Institutional Review Board의 심의를 거치는 것이다. 이는 참여자의 건강과 안전을 보장하기 위한 것으로, 사람을 대상으로 하는 연구는 모두 심의 대상이 된다. 「생명윤리 및 안전에 관한 법률」 제2조 제1호에 근거한 '인간대상연구'란 사람을 대상으로 물리적으로 개입하거나 의사소통, 대인접촉 등의 상호작용을 통해서 수행하는 연구, 또는 개인을 식별할 수 있는 정보를 이용하는 연구로서 보건복지부령(제2조 인간대상연구의 범위)으로 정하는 연구를 의미한다. 정량적 소비자조사는 대체로 연구를 위해 대상자에게 침습적 행위(식품의 섭취)를 하거나 연구 대상자의 환경을 조작(시각, 청각 등에 자극 유발)하는 물리적 개입이 포함된 연구를 수행하고 그 결과를 연구에 이용하는 것으로 중재 연구intervention에 해당하며, 뒤에서 소개하는 정성적 소비자조사 방법은 연구 대상자와의 대면을 통한 설문조사나 행동 관찰 등으로 자료를 얻어 정보를 이용하는 연구로 상호작용interaction을 통한 연구에 해당한다. 개인 식별 정보를 포함하는 연구는 앞의 두 연구 유형처럼 연구 대상자를 직접 대면하거나 정보를 직접 수집하지는 않지만, 연구 대상자를 직간접적으로 식별할 수 있는 자료를 이용하는 연구를 말한다.

제출 서류는 기관마다 약간 차이는 있지만 심의 신청서, 연구 계획서, 연구 계획서 요약, 조사 도구(설문지 등), 설명문과 동의서, 연구자 이력서, 이해 상충 공개서, 연구비 내역, 생명윤리교육 이수증, 연구 대상자 모집 문건 등이 있고, 해당될 경우에는 심의 면제 신청서, 동의 면제 신청서, 또는 동의서 면제 신청서 등을 작성하여 제출하기도 한다. 미

성년자를 대상으로 할 경우에는 유아의 승낙(만 7~13세)과 부모의 서면 동의를 받아야 하므로 유아용 승낙서, 부모 동의서 등이 추가로 필요하다. 청소년의 경우는 성인용 설명문과 동의서를 사용할 수 있으나 부모 1인의 서면 동의가 필요하다.

생명윤리위원회에서는 연구자가 제출한 계획서를 검토하여 해당 연구가 연구 대상자의 권리와 안전을 위협할 요소가 없는지 심의해야 하기 때문에 연구 시작 전에 이루어진다.

1) 선호도조사

선호도조사preference method는 두 가지 또는 그 이상의 제품을 비교하여 선택하는 것이다. 두 가지 제품 중 한 가지를 선택하는 이 점 기호검사법paired preference test은 가장 간단하면서 소비자의 선택을 알아보기 위해 많이 쓰는 방법이다. 소비자가 두 가지 제품 중 비교해서 선택, 구매하는 것과 유사하기 때문에 많이 사용한다. 기호도조사처럼 기호척도를 이용해서 간접적으로 비교하는 것보다 민감한 실험 방법이라고 생각하는 연구자도 있다. 그러나 두 가지 제품 중 더 선호하는 제품을 선택할 수는 있지만 두 제품을 모두 선택하기 싫을 때의 기호도 정보를 제공하지 못하는 단점이 있다.

선호도조사를 시행할 때에는 먼저 의뢰인에게 조사에 사용할 시료를 받아서 실험 목적, 시료 정보, 결과가 필요한 시기, 참여 소비자의 조건(예를 들어 초콜릿 섭취 빈도) 등을 확인한 뒤, 제공할 시료의 크기, 보관 온도, 제공 온도 등의 실험 조건을 확립한다. 또한, 실험에 사용할 설문지를 작성한다(그림 4-5). 실험에 참여할 소비자를 모집하고 섭취 빈도 등에 따라 참여자를 선별한다. 실험에 사용할 시료는 순서를 균형 있게 제시할 수 있도록 준비하고(AB, BA), 시료를 제공할 용기에 임의의 세 자릿수로 표기한다. 선호도조사를 시행하고 결과를 분석한 뒤, 실험 의뢰인에게 결과를 알린다.

선호도조사의 귀무가설null hypothesis은 '더 선호하는 제품이 없을 경우 응답률이 같아야 한다'는 것이다. 즉, A를 선택할 확률과 B를 선택할 확률이 50%로 같다. 평가하는 두 제품을 선택할 확률이 각각 50%이기 때문이다. 대립가설alternative hypothesis은 'A와 B를 선택할 확률이 같지 않다'이며, 선호의 방향을 모르기 때문에 양측 검정two-sided test을 이용한다. 결과는 각 제품을 선택한 빈도를 구하고, 검정표의 전체 참여자 숫자에 비교하여 최소 유의수보다 높은 값이 있으면 유의적 차이가 있다고 결론짓는다. 검정표는 이 점 검사의 유의성 검정표(양측 검정)를 사용한다.

선호도조사 : 초콜릿

소비자 번호 : ____________________ 날짜 : 20__ 년 __ 월 __ 일

평가하시기 전에 물로 입을 헹궈 주세요.
제공된 초콜릿 시료를 왼쪽부터 제공된 순서대로 맛을 보시고 선호하는 시료에 표시해 주세요.
(제공된 시료는 반 이상을 섭취하시기를 권합니다.)

218 405

선호에 대한 이유 : ____

실험에 참여해 주셔서 고맙습니다.

그림 4-5 선호도조사 설문지의 예시(Forced Choice)

선호도조사에서 시료가 두 가지 이상일 때에 순위법ranking method을 이용할 수 있다(그림 4-6). 순위법도 선호의 차이에 대한 내용은 알 수 없다. 제공되는 시료 간의 선호를 비교하는 것이기 때문에, 동일한 시료를 일부 포함하는 순위법 결과와 비교할 수 없다(Lawless 등, 2010).

데이터 또한 순서ordinal에 기반하고 있기 때문에 비모수 데이터로 처리한다. 통계는 프리드먼 검정Friedman test(Gacula 등, 1984)을 사용할 수 있는데, 모수통계법의 이원 배치 분산 분석2-way Analysis of Variance과 같은 비모수 통계법이다(Lawless 등, 2010)

2) 기호도조사

소비자 기호도조사acceptance는 제품 개발할 때 매우 중요하다. 대부분 제품 개발 단계의 후반부에 출시할 제품을 최종적으로 선택하거나 목표 기호도에 도달하는지를 확인하기 위해 수행한다(Lawless 등, 2010; Resurreccion, 1998). 소비자의 기호 정도를 측정하기 위한 방법으로, 소비자를 대상으로 하는 감각 평가 중 가장 중요하다. 필요에 따라서

선호도 순위조사 : 사과 주스

소비자 번호 : ____________________ 날짜 : 20__ 년 __ 월 __ 일

평가하시기 전에 물로 입을 헹궈 주세요.
제공된 사과 주스 시료를 제공된 순서대로 맛을 보시고, 가장 선호하는 시료(1)부터 가장 선호하지 않는 시료(5)까지 선호하는 시료의 순서대로 표시해 주세요. (제공된 시료는 반 이상을 섭취하시기를 권합니다.)

시료 번호	선호 순위
754	________
938	________
210	________
049	________
131	________

실험에 참여해 주셔서 고맙습니다.

그림 4-6 선호도 순위조사법의 설문지 예시

는 제품 한 가지만을 평가할 수도 있으며, 기호를 측정할 때에는 다른 제품과의 비교는 불필요하다(Lawless 등, 2010).

(1) 9점 기호도척도

기호를 측정하는 척도는 5점, 7점, 9점, 11점, 15점 등으로 다양하게 사용되고 있으나, 가장 잘 알려져 있고 많이 사용하는 것이 9점 기호도척도9-point hedonic scale이다(Peryam 등, 1952; Peryam 등, 1957). 9점 기호도척도는 여러 가지 특징이 있는데, 첫째는 균형이 맞고 긍정과 부정의 양쪽 항목을 가지는 척도법이란 것이다. 중립적 항목을 중심으로 하여 긍정적인 항목과 부정적인 항목의 수가 같다(Lim, 2011). 둘째, 9개의 문자 또는 숫자 항목을 가지는 범주형 척도법이다. 1점에 해당하는 '대단히 싫어함', 5점 중심에 '좋지도

싫지도 않음', 9점에 해당하는 '대단히 좋아함'이 사용될 수 있다(Lawless 등, 2010). 숫자를 1부터 9까지 사용한다면 기호도가 높아질수록 큰 숫자를 사용하도록 할 수 있다. 셋째, 전체적인 기호도 외에도 외관, 색, 향미, 조직감 등의 감각 특성 기호도를 물을 수 있다(Popper 등, 2004).

9점 기호도척도의 한계점도 보고되어 있다(Lawless 등, 2010; Lim 등, 2010). 소비자 개개인이 척도를 다르게 사용할 수 있다는 것으로, 예를 들면 소비자 1은 척도의 모든 범위를 이용해서 평가하는데 소비자 2는 척도의 중간 부분만을 이용하는 등 소비자마다 이용하는 경향이 다를 수 있다는 것이다. 이런 현상은 척도 이용의 분포를 다르게 한다(Villanueva 등, 2005). 어떤 소비자는 양 끝값을 피해서 사용하면 9점 척도이지만 실제로는 7점만을 사용한 것이 되어 시료 간 변별력이 감소할 수 있다(Lim 등, 2010). 이와 유사하게 9점 척도의 중간 범위 항목을 주로 사용하는 소비자의 결과 역시 샘플 간의 변별력을 감소시킬 수 있다. 또 스케일 사용의 비대칭성도 보고되고 있다. 식품을 섭취할 때 소비자들이 대체로 긍정적인 감정을 느끼기 때문에 9점 기호도척도를 사용할 때에는 비대칭적 분포를 보일 수 있다(Desmet 등, 2008). 특히, 특수 용도 식품을 제외한 대부분의 식품은 대체적으로 잘 개발되었기 때문에 기호도가 나쁜 경우가 적어 기호의 비대칭적 분포에 영향을 미칠 수 있다(Lawless 등, 2010). 다른 문제점 중 하나는 번역으로 인한 오류이다. 우리나라에서도 번역에 의한 오류가 있었는데, 예를 들어 '좋지도 싫지도 않다'라는 항목의 경우 '보통이다' 또는 '괜찮다'라고 번역한 경우가 많다. 이는 중간을 뜻하는 의미보다는 긍정적인 의미를 가지기 때문에 소비자가 다른 항목보다 '보통이다' 또는 '괜찮다' 항목을 선택하는 오류가 있을 수 있다. 'Extremely(대단히 또는 굉장히)'라는 영어를 '극도로'라는 극단적이고 일상생활이나 문장에서 잘 사용하지 않는 단어로 번역하기도 한다(Yao 등, 2003; Chung 등, 2013). 이러한 오역은 소비자들이 양 끝값 선택을 기피하게 함으로써 중앙값을 선택하도록 영향을 줄 수 있다(Yang, 2016).

그림 4-7에 나타낸 것처럼 기호도조사의 항목을 양 끝값과 중간값만 표기하는 방법도 있고, 9점 척도를 모두 표기하는 방법도 있다. 기호도조사의 데이터는 아래 값을 입력하여 시료 두 개의 유의성을 검정할 때에는 t-검정을 이용하고, 세 개 이상의 시료의 유의성을 검정할 때에는 분산 분석을 이용한다. 유의성이 있을 경우 다중 비교검사를 수행한다.

소비자 기호도조사

커피 시료 번호 : ____________

소비자 번호 : ____________　　　　　날짜 : 20__ 년 __ 월 __ 일

평가하실 시료는 커피입니다. 제품을 평가하시기 전이나 사이에는 필요에 따라 물과 크래커로 입을 헹궈 주세요. (제공된 시료는 반 이상을 섭취하시기를 권합니다.)
커피에 대한 본인의 의견을 대답하실 때는 질문별로 하나씩만 표시해 주세요. 의견은 '대단히 싫어한다'에서 '대단히 좋아한다'까지입니다.

1. 이 시료를 전반적으로 얼마나 좋아하세요?

☐ ☐ ☐ ☐ ☐ ☐ ☐ ☐ ☐

대단히 싫어함　　　　좋지도 싫지도 않음　　　　대단히 좋아함

2. 이 시료의 쓴맛은 얼마나 좋아하세요?

☐ ☐ ☐ ☐ ☐ ☐ ☐ ☐ ☐

대단히 싫어함　　　　좋지도 싫지도 않음　　　　대단히 좋아함

3. 이 시료의 신맛은 얼마나 좋아하세요?

☐ ☐ ☐ ☐ ☐ ☐ ☐ ☐ ☐

대단히 싫어함　　　　좋지도 싫지도 않음　　　　대단히 좋아함

4. 이 시료의 커피 향미는 얼마나 좋아하세요?

☐ ☐ ☐ ☐ ☐ ☐ ☐ ☐ ☐

대단히 싫어함　　　　좋지도 싫지도 않음　　　　대단히 좋아함

5. 이 커피 시료의 좋은 점, 싫은 점, 또는 개선 사항을 써 주세요.

____

실험에 참여해 주셔서 고맙습니다.

그림 4-7 기호도 조사 설문지의 예시

9점 기호도척도

대단히 싫어함	(1)
매우 싫어함	(2)
싫어함	(3)
약간 싫어함	(4)
좋지도 싫지도 않음	(5)
약간 좋아함	(6)
좋아함	(7)
매우 좋아함	(8)
대단히 좋아함	(9)

기호도조사의 결과는 그림 4-8과 같이 막대그래프로 나타낼 수 있는데, 유의할 점은 Y축이 1부터 시작하는 것과 사용한 척도의 범위를 모두 나타내야 하는 것이다. 그림을 만들 때 자동적으로 0부터 데이터가 있는 구간 범위까지만 만들어지므로 척도의 범위를 변경시켜야 한다. 간혹 유의 구간(그림 4-7의 경우 대략 2에서 8 정도)의 데이터만 보여 주는 경우가 있는데, 시료 간 차이가 과장되어 보이기 때문에 옳지 않다. 미국인 소비자를 대상으로 한국 전통음료 6가지의 기호도를 조사한 데이터에서 복분자의 기호

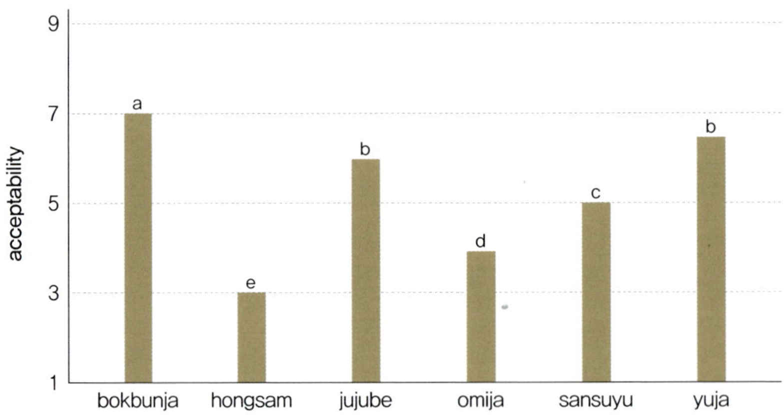

그림 4-8 9점 기호도척도를 이용한 미국인 소비자의 한국 전통음료의 기호도

자료 : Yoon E, Kim J, Lee J. The US consumers' acceptability and emotion measures when consuming novel Korean traditional non-alcoholic beverages. *J. Sensory Stud. 31*:256-271 (2016)

가 유의적으로 가장 높았고, 대추차와 유자차는 '약간 좋아함' 수준으로 두 시료 간 차이가 없었다. 기호가 가장 낮았던 시료는 홍삼 추출액을 물로 희석한 시료였다(Yoon 등, 2016).

표 4-15에는 소비자가 평가한 녹차의 전체적인 기호도, 향미 강도에 대한 기호도, 전체 향미 강도, 쓴맛 강도의 상관 계수와 유의성p-value를 나타내었다(Lee 등, 2010). 전체적인 기호도와 향미 강도의 기호도는 매우 높은 상관관계를 보였다. 즉, 향미 강도와는 매우 높은 음의 상관관계를 보여서 미국인 소비자는 향미 강도를 강하게 느낄수록 기호도가 낮아졌다. 쓴맛에 대한 강도도 전체적인 기호도와 높은 음의 상관관계를 보였으며, 전체적인 향미 강도와는 높은 양의 상관관계를 보임으로써 미국 소비자가 쓴맛을 향미 강도와 유사하게 생각하고 있음을 알 수 있다.

표 4-15 미국인 소비자의 녹차에 대한 전체적인 기호도, 향미 강도에 대한 기호도, 전체 향미 강도, 쓴맛 강도의 상관관계

상관계수 (P-value)	향미 강도 기호도 (Liking of Flavor Strength)	향미 강도 (Overall Flavor Intensity)	쓴맛 강도 (Bitterness)
전체적인 기호도 (Overall Liking)	1.00 (<0.0001)	−0.94 (0.01)	−0.97 (0.00)
향미 강도 기호도 (Liking of Flavor Strength)		−0.94 (0.00)	−0.98 (0.00)
향미 강도 (Overall Flavor Intensity)			0.98 (0.00)

자료 : Lee J, Chambers DH. Descriptive analysis and US consumers acceptability of 6 green tea samples from China, Japan, and *Korea. J. Food Sci.* 75(2), S141–S147 (2010)

3) 소비자 감각 특성 강도 평가

소비자 기호도 평가에 더해 감각 특성에 대한 강도 평가intensity rating를 하는 경우가 있다. 5점, 7점, 9점 등의 척도를 이용하여 강도를 물어보고, 그 데이터는 기호도와 유사하게 처리하여 분석한다. 소비자 기호척도와 범위를 같이하여 평가하는 경우가 많다. 예를 들어 기호척도와 적당척도JAR을 비교하는 연구에서는 7점 척도를 이용하였다(Epler 등, 1998).

	5점 강도척도	
None	전혀 없음	(1)
Weak	약함	(2)
Moderate	보통	(3)
Strong	강함	(4)
Very strong	매우 강함	(5)

전혀 없음				보통				매우 강함
☐	☐	☐	☐	☐	☐	☐	☐	☐

4) 적당척도

적당척도Just-about-righ, JAR는 약어인 JAR이라고 흔히 부르며, 기호척도와 함께 사용하면 제품의 개선 방향을 제시할 수 있어서 소비자를 대상으로 평가할 때에 제품의 개발과 개선 단계에서 활용 가능하다. 소비자에게 의존하기 때문에 소비자가 이해하기 쉬운 특성만을 평가하여 응답을 잘할 수 있도록 하고, 결과를 바르게 해석하는 것이 중요하다(Epler 등, 1998). 적당척도는 3점, 5점, 7점, 9점 등으로 다양하게 이용되며, 5점 적당척도 또는 9점 적당척도를 이용하여 9점 기호척도의 결과와 비교하는 연구가 많은 편이다.

5점 적당척도	
너무 약함(Much too weak)	(1)
약함(Too weak)	(2)
적당함(Just-about-right)	(3)
강함(Too strong)	(4)
너무 강함(Much too strong)	(5)

적당척도 결과값은 평균으로 나타내는 것은 바람직하지 않다. 이는 너무 약하다고 생각하는 비율과 너무 강하다고 생각하는 비율이 비슷하면 평균으로 '적당함'이 되기 때문이다. 그림 4-9(Yoon 등, 2016)는 미국 소비자를 대상으로 한국 전통음료 6가지의 기호

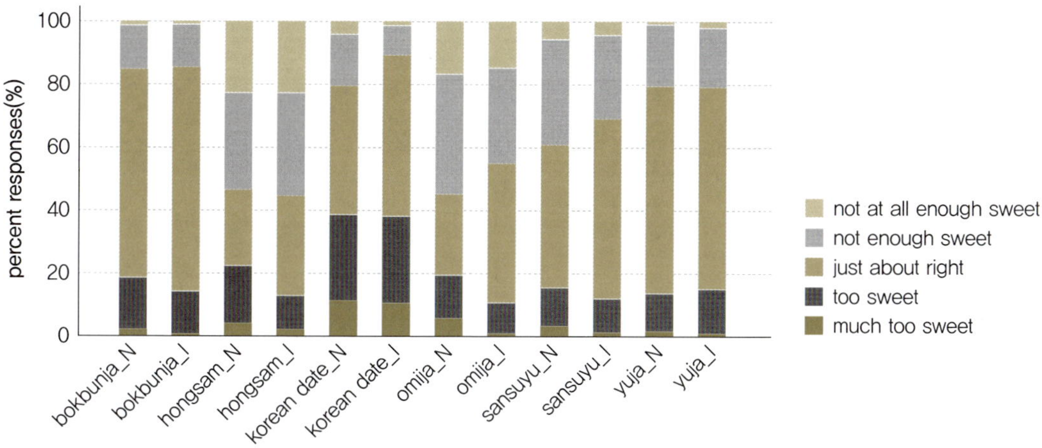

그림 4-9 5점 JAR척도를 활용하여 한국 전통음료의 단맛 정도를 평가한 백분율
(N은 제품에 대한 정보가 없을 때, I는 제품에 대한 정보를 제공했을 때의 평가를 비교한 것)
자료 : Yoon E, Kim J, Lee J. The US consumers' acceptability and emotion measures when consuming novel Korean traditional non-alcoholic beverages. *J. Sensory Stud. 31*:256-271 (2016)

를 평가하면서 단맛의 적당한 정도를 물어본 결과값을 백분율로 환산하여 나타낸 것이다. 복분자와 유자는 적당하다고 대답한 비율이 높은 편이고, 달지 않다고 하거나 너무 달다고 응답한 비율이 비슷하므로 단맛의 비율을 조절하지 않아도 되겠다고 결론지을 수 있다. 한편 홍삼과 오미자는 달지 않다고 한 소비자의 비율이 50% 이상이므로 단맛을 증가시킬 필요가 있다고 할 수 있다.

적당척도의 결과를 전체적인 기호도 데이터와 연관 지어 생각하면 특성에 대해 가장 적당하다고 생각하는 제품일수록 기호가 높다고 기대할 수 있다. 이를 반영한 분석 방법이 패널티 분석penalty analysis이다. 소비자를 적당척도에 따라 3그룹(약함, 적당함, 강함)으로 나누고 각 그룹의 소비자 비율과 기호도 평균을 계산하여 '적당하다'고 평가한 소비자 그룹의 기호도와의 차이값을 패널티로 나타낸다. 그림 4-10의 예시처럼 '너무 달다'고 평가한 소비자의 비율이 높을 경우 단맛을 낮게 조절할 수 있고, '너무 짜다'고 한 소비자처럼 비율은 낮지만 기호도가 현저히 떨어질 경우에 짠맛 농도의 조절을 고려해 볼 수 있으나 이는 '적당하다'고 대답한 소비자에게 영향을 미칠 수 있기 때문에 전체적인 비율도 고려해야 한다.

$$\text{Penalty(약함)} = \text{기호도(적당함)} - \text{기호도(약함)}$$

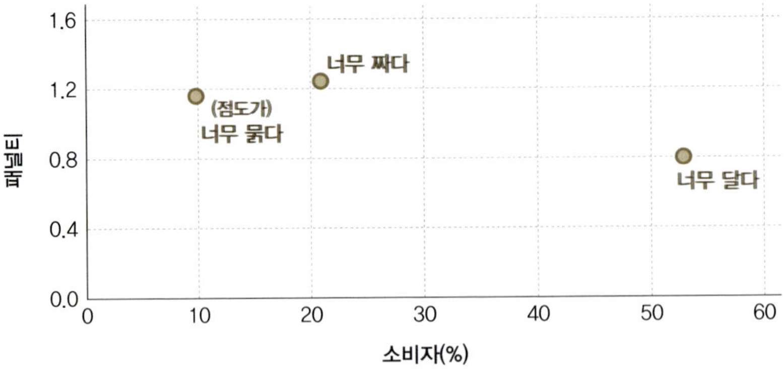

그림 4-10 패널티 분석의 표현 예시

Penalty(강함) = 기호도(적당함) − 기호도(강함)

JAR척도에 사용하는 특성은 소비자가 이해하기 쉬워야 하며, 개선할 수 있는 특성이어야 한다. 특히 '전혀 없음' 강도가 최선인 특성은 JAR척도를 사용할 수 없다. 예를 들어 '비린내' 같은 특성의 적당한 강도는 '전혀 없음'이기 때문에 '너무 약함', '약함'은 선택할 수 없으므로 강도척도를 이용하고 JAR척도는 사용하지 않는다.

짠맛과 단맛처럼 건강과 관련이 있는 특성의 경우는 JAR에서 '너무 강하다'는 결과가 나오더라도 전체적인 기호도에 영향이 크지 않다면 건강 편견health bias의 영향일 수 있다고 분석하였다(Epler 등, 1998). 실제로 레모네이드의 최적 당도를 결정하기 위하여 7점 JAR과 7점 기호척도를 사용하여 평가한 뒤 회귀 분석으로 최적 농도를 예측하였는데, 기호척도로 예측한 설탕 농도가 10.3%로 JAR척도로 예측한 농도 9.4%보다 높았다. 각각의 설탕 농도로 레모네이드를 만들어서 선호도조사를 수행하였는데, 기호척도를 사용하여 예측한 농도로 만든 레모네이드를 더 선호하였다. 그 이유로는 건강과 관련된 편견일 가능성이 제시되었다. 이 연구에 참여한 인원의 70%가 '설탕이 건강에 나쁜 영향을 끼친다'고 답하였기 때문에 본인이 적절하다고 생각하는 단맛을 '너무 달다'고 평가하였을 수 있다는 것이다. 비슷하게 짠맛을 JAR로 평가할 경우 '나트륨의 과다 섭취는 심혈관 질환을 유발시킬 수 있다'는 인식 때문에 짠맛이 적절하더라도 '너무 짜다'고 평가할 수 있다고 하였다(Lawless 등, 2010).

4. 정성적 소비자조사 방법

정성적 연구 방법은 인터뷰 또는 관찰 연구 등의 비정형 연구 방법을 말하는데, 참여자들과 상호 작용, 추가 질문이 가능하고, 태도나 의견 등을 파악하는 데 적합한 방법이다. 상대적으로 적은 숫자의 소비자를 대상으로 하며, 제품의 콘셉트와 시제품prototypes에 대한 소비자의 해석과 의견을 얻을 수 있다. 잘못된 질문을 묻는 'Type 0 error'를 피할 수 있고, 제품 개발 단계에서 실험적인 데이터를 얻을 수 있다(Lawless 등, 2010).

정성적 소비자조사 방법qualitative consumer research methods으로는 소그룹 인터뷰(포커스 그룹), 일대일 대면 인터뷰, 에스노그래피 관찰법, 포커스 패널 반복 평가, 소비자 몰입 그룹 등이 있으며, 두 가지 정도를 복합적으로 사용하기도 한다. 예를 들면, 관찰 연구 후에 인터뷰를 수행하여 소비자의 본심insight을 파악할 수 있다.

1) 에스노그래피 관찰법

자연스러운 관찰법에 해당하는 에스노그래피ethnography 관찰법은 소비자들이 사용법에 대한 사전 지식 없이 제품을 사용하는 모습을 관찰/촬영하는 연구 방법이다. 원웨이 거울one-way mirror를 활용하여 관찰하거나 촬영할 수도 있고, 연구 대상과 함께 머물면서 관찰 연구를 할 수도 있다. 예를 들면, 가족과 같이 생활하면서 식사 습관을 관찰할 수 있다. 참여자에게 사전에 연구 목적을 공지하고 동의를 받아야 하며, 관찰 과정에서는 최대한 방해가 되지 않도록 해야 한다. 소비자 행동과 관련된 연구를 하는 데 적당하다. 예를 들면 제품을 소비하기 전 준비 과정을 관찰하여 개선점 등을 파악할 수 있다. 데이터의 타당성validity은 매우 높으나 실험 과정이 매우 느리고 비용이 많이 드는 단점이 있다.

2) 일대일 대면 인터뷰

일대일 대면 인터뷰one-on-one interviews는 연구자가 소비자를 이해하기 위해 추가 질문이 많은 경우, 포커스 그룹 인터뷰에서 다루기 어려운 경우 등에 이용한다. 포커스 그룹 인터뷰에서 다루기 어려운 경우란 연구 주제가 개인적인 것, 감정적이 될 수 있는 상황, 의사나 간호사 같은 전문가를 대상으로 할 경우, 또는 사회적 압력에 굉장히 예민한 10대를 대상으로 할 때 등을 꼽을 수 있다.

일대일 대면 인터뷰는 12명에서 50명 정도의 소비자를 순차적으로 인터뷰하는데 더 이상 새로운 정보가 나오지 않을 때에 종료한다. 포커스 그룹 인터뷰와 비교하여 연구 참여자 간의 상호 작용에 의한 토론 등 상승 작용의 기회가 없다는 제한점이 있다. 변형된 연구 방법으로 관찰한 후 일대일 대면 인터뷰를 진행할 수 있다. 예를 들면, 냉동식품을 어떻게 조리하는지, 또는 화장실 변기를 청소하는 모습을 지켜본 후에 그와 관련한 질문을 하여 소비자가 스스로 설명하지 못하는 필요를 충족시키는 혁신적인 제품이나 서비스를 개발하여 제공할 수 있다(Lawless 등, 2010; Meilgaard 등, 2016).

3) 포커스 그룹 인터뷰

포커스 그룹은 포커스 그룹 인터뷰focus group interviews, FGI, 집단 심층 면접, 초점 집단 토의, 심층 고객 면접 등 여러 가지 명칭으로 불리는데 우리나라에서는 주로 FGI라고 한다. 포커스 그룹 역시 정성적 연구 방법으로, 참고문헌마다 차이는 있으나 주로 8~12명 사이의 소비자가 토론에 참여한다. 제품이나 콘셉트, 서비스 등에 대한 소비자 반응에 대한 정보를 얻을 수 있고, 소비자의 인식과 반응을 다양한 관점에서 탐구할 수 있다. 시제품 또는 경쟁사 제품을 제시함으로써 소비자들이 제품에서 중요하다고 생각하는 특성을 확인하여 이를 극대화하거나 홍보 방향 설정에 활용할 수 있고, 싫어하는 특성을 파악하여 최소화하는 데도 이용할 수 있다. 진행 과정에서 얻게 되는 결과에 따라 유연하게 대처할 수 있는 연구 방법이다.

(1) 포커스 그룹 인터뷰를 하는 이유

제품의 기호를 최적화하기 위해서는 소비자 기호에 대한 중요 특성을 알아야 함은 물론이고, 선호에 대한 진정한 이유, 제품의 중요한 특성, 소비자의 습관이나 태도 등을 파악해야 미래 행동 예측이 가능하다. 제품의 콘셉트나 시제품에 대하여 시작 단계부터 빠른 평가가 가능하다. 긍정적, 부정적인 반응을 모두 관찰할 수 있고, 소비자가 제품을 사용하는 방법을 확인할 수 있다. 제품과 관련하여 사용하는 단어, 느낌, 감정 등도 파악할 수 있다. 포커스 그룹 인터뷰에서는 시제품, 완제품, 경쟁사 제품 등을 모두 제시하여 향미 평가 또는 제품 사용 확인 등을 할 수 있다. 포커스 그룹 인터뷰의 결과는 정량적 연구에도 도움이 될 수 있다. 정량적 연구 전에 사용하면 정량적 연구에서 사용할 질문을 개발할 수 있고, 문제를 발견할 수도 있다. 연구 후에 사용하면 정량적 연구 결과의 이해를 도울 수 있다(Resurreccion, 1998).

커피를 마실 때 느끼는 감정 용어를 개발하는 연구에서 포커스 그룹 인터뷰를 통해 연구에 참여한 소비자들에게 커피를 제공하여 느껴지는 감정을 도출하고, 이를 바탕으로 개발한 용어 목록을 정량적 소비자 평가에 사용하였다(Bhumiratana 등, 2014). 또한, 제품 카테고리에 대해 방대한 정보를 얻을 수 있다. 특히 제품군에 대한 대략적인 아이디어만 있는 경우에 제품을 어떻게 제시할 것인지 결정하는 데에 도움을 받을 수 있다. 소비자들이 사용하는 언어에 대한 정보도 얻을 수 있다. 회사 연구원 등은 인지하지 못한 상태에서 전문 용어를 사용함으로써 소비자에게 혼란을 일으키거나 잘못된 정보가 전달될 수도 있는데 이를 방지할 수 있다(Resurreccion, 1998).

요약하자면 포커스 그룹의 장점은 방법의 유연성, 실제 상황에서 소비자 관찰이 가능한 점, 참여자가 상대적으로 적어 짧은 시간과 적은 비용으로 진행이 가능한 점, 통계 분석이 필요 없는 점 등이 있는 반면에, 단점으로는 결과가 정량적이지 않고, 참여자 숫자가 적어서 포괄적 결론을 내기가 어려우며, 대상 소비자를 대표하지 못한다는 점, 토론 진행자에 의존하게 된다는 점과 더불어 해석에 주의해야 하는 것 등이 있다.

(2) 포커스 그룹 인터뷰를 위한 조건

포커스 그룹 인터뷰는 찾기 쉽고 주차하기 편리한 장소에서 진행하는 것이 바람직하고, 외부 환경이나 소음의 영향을 적게 받는 곳이 좋다. 외부 소음이 심할 경우 참여자들이 집중하지 못하고 산만해질 수 있으며, 녹음 품질에 영향을 미쳐 전사transcription가 어려워질 수 있다(Resurreccion, 1998).

최신 시설에는 방음, 프로젝터, 텔레비전, 실시간으로 영상을 변환, 전송할 수 있는 기능streaming을 갖추고 있다. 원웨이 거울 또는 실시간 영상 시청 등으로 연구 의뢰인client이 포커스 그룹을 실시간으로 관찰하며 의견을 제시할 수 있는 기능을 활용하기도 한다. 하지만 의뢰인은 포커스 그룹의 인터뷰 진행에 방해가 되지 않도록 진행자와 빈번하게 소통하면 안 되고, 참여자들에게 들릴 정도로 큰 소리를 내서도 안 된다. 대화는 최소화하고 전화 또한 받지 않도록 한다. 열린 마음으로 포커스 그룹의 인터뷰에 참여하고, 참여자 토론에서는 본인의 생각과 일치하는 의견만을 듣기보다는 새롭게 생성되는 생각을 수용할 수 있어야 한다.

포커스 그룹 인터뷰 참여자는 전형적인 소비자를 대표할 수 있어야 하고, 평가하고자 하는 제품의 잠재적 소비자이어야 한다. 대체적으로 소비자 선정에 많이 고려되는 사항으로는 성별, 나이, 직업, 연봉, 교육 정도, 유사 제품의 사용 빈도 및 경험 등이 활용되며, 지역적 차이도 고려해야 한다. 질문지를 이용하여 최종적으로 소비자를 선별하게 된다. 각 질문마다 선정되지 못하는 조건을 가진 참여자 수를 기록함으로써 선별 과정의 신뢰성을 보장하고 소비자 선정이 어려운 항목을 파악한다. 선정 과정에서 포커스 그룹 인터뷰 경험이 많아 '전문가'가 되어 버린 소비자는 배제하고, 최종 선발 전에 통화를 하여 의사소통 및 언어 능력이 떨어지는 사람도 제외한다. 실험 진행자의 친구, 가족 역시 사회적으로 통용되는 의견만을 제시할 수 있기 때문에 배제한다. 대부분의 경우 참여에 대한 보상으로 사례금을 지급하는데 참여한 시간에 대한 충분한 보상이 되도록 한다.

(3) 포커스 그룹 인터뷰 과정

포커스 그룹은 과정별로 시간을 배분하여 진행하는데 주로 도입, 관계 형성, 주제 토론, 마무리의 순서를 따르게 된다. 90분 정도의 인터뷰에서는 각 10분, 10분, 60분, 10분 정도씩 배분하고, 토론 진행자의 질문지moderator's guide를 바탕으로 유연하게 진행한다. 인터뷰가 시작되기 전이나 도입 초반부에 연구에 대해서 설명하고 연구 참여에 대한 서면 동의를 받아야 한다.

도입(준비ice breaker) 단계에서는 포커스 그룹 진행자를 소개하고, 포커스 그룹 인터뷰의 목적과 진행자의 역할에 대해 알려 준다. 먼저, 비디오 촬영 또는 음성 녹음에 대한 양해를 구하고, 토론 편의상 실명을 사용하지만 결과 보고서 등에는 명기하지 않는다는 사실을 설명한다. 참여자들이 지켜야 할 규칙도 알려 주는데, 전사에 어려움이 없도록 녹음될 수 있을 정도의 목소리 크기를 유지하고 토의 중 옆 사람과의 대화를 자제하도록 당부한다. 옳고 그른 답이 없는 것이므로 솔직한 느낌과 감정을 표현해 줄 것을 부탁한다. 사례비에 대해서도 알려 준 뒤 참여자들이 본인 소개를 하도록 한다(Galves 등, 1992; Resurreccion, 1998).

관계 형성rapport 단계에서 전반적인 주제에 대해서 이야기하면서 참여자들이 토론 진행자를 신뢰하고 편하게 이야기할 수 있는 분위기를 조성하여 토론이 원활하게 진행될 수 있도록 한다. 포커스 그룹 인터뷰의 전체 진행 시간이 2시간 정도로 길 경우에는 관계 형성 단계의 시간을 20~30분 정도로 충분히 할애하여 이후 본격적인 주제 토론이 용이하게 진행될 수 있도록 한다.

주제 토론in-depth investigation 단계에서는 사전에 준비된 질문과 추가 질문probing question 등을 사용하여 연구 의뢰자가 알고 싶어 하는 사항에 대한 토론을 진행한다. 주로 소비자의 필요, 중요한 특성, 제품의 콘셉트나 시제품 등의 잠재적 시장성, 사용 용도 등에 대하여 알아보게 되는데, 참여자의 토론 내용에 따라 추가 질문 등으로 넓은 범위의 아이디어와 반응을 얻을 수도 있다. 정량적 연구 방법과 대비되는 큰 차이점이라 할 수 있다. 특히, 주제 토론 단계에서 토론 진행자가 사용할 수 있는 토론 기법 중 '일시정지'가 있다. 침묵은 참여자들을 불편하게 하기 때문에 토론 진행자가 말을 하지 않고 5초 정도 기다리면서 누군가 추가 의견을 내놓도록 분위기를 이끌어가는 방법이다. 그리고 추가 정보가 필요하여 질문을 할 때에는 '예를 들어 설명해 주시겠습니까?', '저희에게 조금 더 말씀해 주세요', '무엇을 의미하는지 설명해 주세요' 등의 추가 질문을 할 수 있다(Krueger 등, 2009).

마무리 단계에서는 토론을 마쳤다고 가장하고 토론 진행자가 잠시 자리를 비우며 연구 의뢰자에게 추가 질문이 있는지 확인할 수 있다. 이때 보조 진행자는 자리하고 있어야 하며 음성 녹음 또는 녹화가 계속 진행되고 있기 때문에 솔직한 대화 내용을 얻을 수 있다. 연구 의뢰자가 토론을 지켜보고 있었을 경우에는 추가 질문을 받아와서 참가자들에게 물어볼 수 있다. 추가 질문이 끝나면 포커스 그룹을 마무리하고 감사 인사와 함께 사례비를 지급한다. 참가자들이 돌아가면 녹음 또는 녹화 상태를 확인한다.

포커스 그룹 인터뷰를 할 때에는 최소한 세 그룹 이상 진행하도록 하며, 토론 과정에서 얻은 정보를 '정량화'하지 않도록 유의한다. 토론은 주제에 따라 90분에서 120분 정도 진행하는데 2시간은 넘지 않도록 한다. 토론 시간도 참가자들과의 약속이기 때문에 정해진 시간 안에 마치도록 하는 것이 중요하다. 의견 차이가 있었던 것도 중요한 결과의 일부이다. 결과를 분석할 때에 듣고 싶은 내용만 선별해서 듣는 오류를 범하지 않도록 주의해야 한다. 전체 토론 내용을 전사, 분석, 결과 보고서의 작성이 완료되기 이전에는 연구 의뢰인 또는 상부에 보고하지 않는다. 일부 데이터만을 가지고 섣부른 결론을 내리면 전체 데이터와 다른 정보를 전달하는 실수를 범할 수 있기 때문이다. 포커스 그룹 인터뷰의 보조 진행자가 녹음 파일을 전사하고 결과를 분석하여 결과 보고서를 작성하는 것이 좋다. 토론 진행자는 포커스 그룹 인터뷰를 진행하면서 모든 참여자가 고루 의견을 낼 수 있도록, 그리고 질문 주제들이 시간 안에 토론될 수 있도록 하는

표 4-16 포커스 그룹 인터뷰의 준비 점검 목록

사전 공지	• 참여자들에게 편한 장소, 날짜 및 시간 선택 • 토론 전에 적절한 방법으로 모임 일정 상기(문자, 이메일, 전화 등)	• 담당 : 사회자 또는 보조 진행자 • 주의사항 : 참여자를 약간 더 모집(no-show 대비)
사회자 질문	• 질문은 논리적인 순서로 흘러가는가? • 중요 관심 주제에 관한 질문이 있는가? • 추가 질문을 준비하였는가?	• 담당 : 사회자/참여자 확인 • 주의사항 : '왜'라는 질문은 사용 자제 • 각 주제/질문에 사용할 시간을 추정하여 준비
준비물	• 연락처(전화번호)가 있는 참여자 목록 • 참여자의 이름표(삼각명패 등) • 디지털 녹음기, 무선 마이크, 비디오 등 • 여분의 배터리, 충전기 • 시청각 보조 자료 • IRB 설명서 및 동의서 등의 인쇄물 • 펜, 연필, 메모지, 클립보드 등의 필기도구 • 사회자 질문지 인쇄물(여러 부) • 음식(다과) • 잡담을 위한 주제 • 사례비	• 담당 : 보조 진행자 • 주의사항 : 녹음기 등(매번 새 배터리를 사용하거나 완전히 충전하여 사용) 음식(다과)은 녹음에 방해가 되지 않는 것으로 준비 • 사회자 : 잡담 주제는 일찍 도착하는 참여자들과 관계 형성(rapport)에 중요
당일 준비	• 다른 장소에서 한다면 일찍 도착하여 방의 크기, 탁자, 의자의 안락함 등을 확인 • 배경 소음 점검(녹음 테스트) • 무선 마이크, 비디오 녹화 등 테스트 • 시청각 보조 자료 • 적정한 실내 온도(냉·난방)	• 보조 진행자 : 모든 참여자가 서로 볼 수 있도록 탁자와 의자 준비 본인은 진행자 반대편의 문 근처에 참여자들로부터 떨어져 앉기
진행	• 사전 : 사회자 질문지를 참고하지 않고도 토론 요령을 소개하는 연습 질문 연습 및 핵심 질문 숙지 • 참여자 대응 : 환영하고 편안하게 대해 주기 • 진행 : 토론 요령을 충분히 설명하기 모두가 발언할 기회를 골고루 가진다는 것을 확실히 하기 • 시간 관리 : 추가 질문과 '정적'의 불편함을 활용하기	• 책임 : 사회자 • 보조 진행자 : 지정된 위치에 앉아 늦게 도착하는 참여자가 있을 경우 밖으로 데리고 나가서 토론 요령과 현재 토론 주제에 관해 짧게 설명해 주고 들어와서 앉을 자리 알려 주기 토론 내내 메모하기(모든 진술, 어구, 비언어적 행위, 좌석 배치 등) 녹음/녹화 장비의 정상 가동 여부 확인 **[진행 시 주의사항]** • 승인을 나타내는 신체 표현(머리 끄덕이기 등)와 언어 표현 피하기 • 개인적 의견은 제시하지 않기 • 유도 질문하지 않기
토론 직후	• 녹음 또는 녹화가 잘 되었는지 점검 • 녹음/녹화 파일을 컴퓨터에 저장 • 연구팀과 사후 검토회의를 하면서 녹음 • 핵심 사항을 요약, 정리한 서면 보고서 준비	• 보조 진행자 : 사례비 지급 및 참여 감사 인사 사후 검토회의 기록 분석에 대한 피드백 제공

자료 : Krueger RA, Casey MA. *Focus groups: A practical guide for applied research*, 4th edition. Sage Publications, Inc. US. (2009); 민병오, 조대현 옮김. 포커스그룹: 응용조사 실행방법. 명인출판사 (2014)

데에 온통 신경을 써야 하기 때문이다. 결과 보고서의 목적과 연구 방법은 사전에 작성하여 놓고, 포커스 그룹 결과는 토론이 끝나면 기억이 생생할 때에 바로 작성하는 것이 좋다. 토론 진행자와 보조 진행자의 결과 해석에 차이가 있을 경우에는 서로 논의를 하여야 한다. 포커스 그룹 인터뷰의 결과는 소수의 소비자가 참여하기 때문에 전체 소비자에 대하여 일반화하기 어렵다는 것을 유념해야 하지만, 소비자의 태도나 의견을 알아내기에는 좋다. 정성적인 방법이기 때문에 참여자 의견의 빈도를 기입하는 것은 옳지 않다(Resurreccion, 1998).

포커스 그룹 인터뷰는 소비자를 기반으로 하여 용어를 개발할 때 이용할 수 있는데, 예를 들면 커피를 마시는 동안 일어나는 감정적 용어를 개발할 때에 이용하여 총 118개의 용어를 개발하였고 이후 이를 정량적 평가에 이용하여 44개로 줄였다(Bhumiratana 등, 2014).

포커스 그룹 인터뷰를 응용하여 식품 업체에서 사용할 수 있는 방법으로는 Meilgaard 등(2016)이 소개한 소비자·기업 공동개발consumer cocreation이 있다. 포커스 그룹에 참여하는 소비자들이 직접 물리적으로 시제품을 제작하거나 원하는 콘셉트를 회사의 제품 개발 담당자들과 직접 또는 간접적으로 협력하여 개발하는 것을 말한다. 약 4~5시간 정도 팀을 구성하고 같이 협력하여 제품을 구상하거나 초안 시제품을 만드는데, 이 단계에서 제품 개발 담당자들이 직접적으로 관찰자 역할로 참여하면서 질문하거나 아이디어를 기록하기도 한다. 이후 제품 개발 담당자들이 소비자의 아이디어를 재해석해서 제작한 시제품을 보여 주고, 장점과 단점, 개선점 등에 대한 의견을 나누는 방식으로 진행된다. 소비자와 제품 개발 담당자를 직접 연결한다는 장점이 있으며, 회사는 진행 과정을 비밀에 부친다(Meilgaard 등, 2016).

5. 품질관리에서의 감각평가 활용

감각평가는 기기검사보다 시간이 많이 걸리고 경비도 더 든다. 하지만, 제품의 감각적 품질은 식품의 특성뿐만 아니라 식품과 소비자 사이의 상호 작용과도 연관이 있어 품질관리에서는 일차적이고 필수적인 검사라고 할 수 있다. 시장 경쟁이 더욱 치열해지면서 식품 산업에서는 균일한 감각적 품질의 제품을 제조하는 것이 중요하다. 그래서 규모가 큰 식품 가공 업체의 품질관리, 연구 개발, 그리고 마케팅과 같은 부서에서는 감각평가가 일상적으로 수행되고 있으며, 감각평가의 역할은 그림 4-11과 같이 정리할 수 있다. 감각평가가 활용되는 대표적인 경우는 다음과 같다.

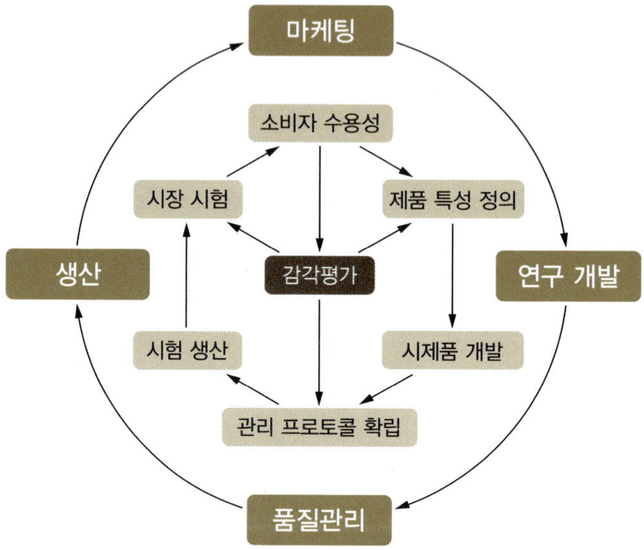

그림 4-11 식품 산업 내에서 감각평가의 역할

1) 신제품 개발에 활용

성공적인 하나의 제품을 개발하여 판매하기까지의 과정은 시간이 상당히 많이 필요하다. 이는 개발될 제품과 관련된 시장조사에서 시작하여 소비자들의 요구조사를 거쳐 무수한 시험이 실시된 뒤에야 제품이 개발되고, 시제품이 제작된 다음 소비자 포커스 그룹 consumer focus group에 의해 이미 시판되고 있는 제품들과의 양적 및 질적 비교 평가(소비자검사)가 수행된 후 보완 과정을 거쳐 판매할 수 있는 완성 제품이 생산되기 때문이다.

제품 개발에서 초기 제품에 대한 원료 및 배합비를 설정하는 매 단계마다 제조된 시험 제품들에 대한 간단한 감각평가가 제품 개발부 사원들과 제품 개발 과제에 참여하는 사원들에 의해 수행된다. 일반적으로 차이식별검사, 순위법 또는 묘사 분석 같은 방법들이 사용되며, 분석된 결과를 바탕으로 최적화된 제품의 원료와 배합비가 결정된다. 또한, 공정 조건을 최적화하기 위한 단계에서도 감각평가에 실시하여 최종 공정 조건을 설정한다.

최적화된 배합비와 공정 조건에 의해 생산된 시제품은 소비자검사로 품질을 평가한다. 그 결과를 바탕으로 제품을 대량 생산하여 시장에 판매를 할 것인지, 아니면 품질 보완을 위해 시간과 자본을 더 투자를 할 것인지, 또는 제품 생산을 포기할 것인지를 결정하게 된다.

2) 제품의 원료, 배합비 또는 제조 공정에서의 변화가 있을 때 활용

품질관리의 목표 중 하나는 생산성 향상이다. 이는 모든 산업에서 동일하며 식품 가공 업체도 이를 위해 지속적인 노력을 하고 있다. 동일한 원료라 할지라도 공급 업체마다 공급하는 가격이 다르므로, 가공 업체는 최고 품질의 원료를 최소의 비용으로 구입하고자 노력한다. 때로는 공급 업체들로부터 원료 공급을 원활하게 받을 수 없는 상황이 발생할 경우에 대비하여 동일한 종류의 원료에 대한 대체 공급 업체를 선별하도록 한다. 이때 대체 공급 업체에서 제공하는 원료에 대한 품질 확인시험은 필수이다.

제조 공정에서 공정 기계를 교체해야 할 경우라든가, 가공 조건을 바꾸어야 할 경우에도 교체 전후에 대조군과의 비교실험을 수행하여야 한다. 동일한 공정 조건하에서 다른 공급 업체가 제공한 원료로 제품을 제조한 경우와, 변화된 제조 공정으로 만든 제품에 대한 감각평가는 대조군과 비교하는 차이식별검사로 삼 점 검사triangle test나 일-이 점 검사duo-trio test가 흔히 사용된다.

식품 가공 업체에 감각평가 부서가 독립적으로 있는 경우 제품의 특성에 따라 가장 중요하다고 생각되는 맛, 향미, 조직감, 또는 색감에 대한 평가표를 작성하여 종합적인 감각평가를 실시하게 된다. 이때 회사에 근무하는 직원들이 평가 요원으로 참여하는 경우가 많다. 이는 평가 요원을 외부에서 모집하는 데 드는 비용을 절감할 수 있을 뿐만 아니라 내부 직원들은 근무 시간 중에 잠시 시간을 내어 감각평가에 참여할 수 있으므로 좀 더 원활하게 검사가 진행될 수 있고, 원하는 만큼의 평가 요원을 어렵지 않게 확보할 수 있으므로 신뢰성 있는 자료를 얻기에 좋기 때문이다.

3) 제품 품질의 균일성 향상에 활용

제품 품질의 균일성은 모든 가공 업체들이 달성하고자 하는 품질관리에서 중요한 하나의 목표이다. 특히, 동일 공장 내에서 정기적으로 생산되는 제품들의 품질 균일성을 향상시키기 위한 품질관리와, 품질 보증 부서에서의 역할 및 지속적인 노력은 매우 중요하다고 할 수 있다. 제품의 품질 균일성을 위해 가장 중요한 품질 특성이 정의되고 이를 위한 측정 방법들이 확립되어야 한다.

품질 보증부/품질관리부에서 제품의 특성에 따른 물리적, 화학적, 미생물학, 그리고 감각적 품질 규격을 설정하고, 그 특성들을 신뢰성 있게 측정할 수 있는 방법들도 확립해야 한다. 대부분의 식품 가공 업체에서는 제조 공장 내에 품질관리부 연구실이 있어 모든 교대 조shift에서 생산되는 제품에 대한 품질검사를 하게 되는데, 설정된 품질 규격에 부합되는지 확인하기 위하여 제품이 시장으로 출하되기 전에 종합적인 검사를 수행한다. 그러한 검사 중의 하나가 제품의 외관, 색감, 조직감, 향미에 대한 검사이며, 일반적으로 소규모 그룹인 품질관리부서의 직원과 생산 라인의 관리자supervisor들이 참여한다. 이때 일반적으로 제품의 외관을 관찰하고 맛본 후 서로의 의견을 교환하는 식으로 간단한 차이식별 평가가 이루어진다. 이때 제품에 문제가 발견되면 그 원인을 찾기 위해 원료부터 생산의 모든 공정까지 점검하고, 제품 출하를 보류하거나 폐기하는 조치를 결정하기도 한다.

동일 공장에서 생산되는 제품들의 품질 균일성 향상과 더불어 같은 회사의 다른 공장에서 생산되는 동일 제품들에 대한 품질 균일성 향상도 매우 중요하다. 식품 가공 업체들은 소비자들이 선호하는 특정 제품들을 시장에 충분히 공급하기 위하여 종종 동일한 제품을 여러 공장에서 제조하기도 한다. 대체로 각 공장마다 설치된 기계와 설비가 동일하지 않고, 제품을 제조할 때 배합비가 다르거나 제조 공정 조건이 달라 품질이 균일하지 않은 제품이 생산되는 경우가 많다.

예를 들어 미국과 같이 영토가 넓은 나라에서는 특정 지역의 공장에서 제조된 제품들은 주로 가까운 지역으로 출하되고, 그 지역에 거주하는 소비자들은 그 제품들을 주로 구입하여 소비하게 된다. 이로 인해 그 공장에서 생산되는 제품의 특성에 익숙해져서 그 특성들을 선호하게 된다. 간혹 멀리 떨어진 지역의 다른 공장에서 생산된 제품을 사용하게 될 때에 제품의 특성이 현저하게 차이 나는 것을 느끼면 다른 공장에서 생산된 제품들의 품질에 대한 부정적 평가를 하게 된다. 따라서 가공 업체들은 가능한 한 모든 공장에서 생산되는 동일한 종류의 제품에 대해 품질 균일성을 유지하려는 노력을 한다. 이를 위해 정기적으로 각 공장에서 생산되는 동일 종류의 제품을 수집하여 함께 품질을 비교 평가한다. 이때 차이식별검사법이나 묘사 분석법이 주로 활용한다.

반면에 공장의 위치가 멀리 떨어져 있지 않은 경우에는 소비자들이 여러 공장에서 생산되는 제품들을 무작위로 소비할 수 있는데, 이때 생산되는 동일 제품들의 품질이 공장별로 균일하지 못하면 제품에 대한 불만족이 많이 표출되어 소비자 클레임이 증가할 수 있다. 식품 가공 업체에서 소비자의 클레임이 많다는 것은 제품에 대한 품질관리가 성공적이지 못한 결과이므로, 이를 줄이려는 노력으로 품질의 균일성 향상을 위해 감각평가를 활발히 활용하고 있다.

4) 제품의 품질 평가 시스템 설정에 활용

일부 식품은 분석 방법으로 품질을 평가할 수 있지만, 어떤 식품들은 품질 자체가 기존의 분석 기술로는 쉽게 측정되지 않아서 감각적 품질로 평가된다. 또한, 일부 제품들의 감각적 품질 측정은 품질관리 시스템과 정기적인 검사 방법을 설정하기 위하여 완전히 숙련된 평가 요원들을 활용하지만, 다른 제품들은 전통적인 상업적 분류와 등급 시스템에 의존하기도 한다.

최근 소비자들의 제품 선택과 밀접한 관계가 있는 감각적 품질의 중요성이 크게 부각되면서 전통적인 방법론을 개선하여 감각적 품질 평가를 적용하고 있다. 대표적인 예로는 커피 제조회사인 네슬레Nestle를 꼽을 수 있다. 이 회사는 개발 단계에서 경쟁사에 비해 최적화되고 독특한 감각 절차를 개발하여 소비자들이 선호하는 커피를 제공할 수 있게 되었다. 원재료부터 완성품까지 포괄하는 객관적인 감각적 분석 방법을 완전히 적용함은 물론이고, 100% 소비자 만족도 및 선호도를 목표로 설계된 전략을 완벽하게 지원하는 감각적 평가 교육 자료도 동시에 개발하였다.

다른 상품의 예로는 쌀을 들 수 있다. 일본에서는 쌀 품질 평가는 외형, 도정 품질 및 식미 품질의 3가지 핵심 요소에 대해서만 수행되었다. 그러나 그 구성 요소들과 감각적 품질의 상관성 때문에 구성 요소들은 잘 훈련된 평가 요원들에 의해 객관적으로 평가되고 있다. 이 때문에 일상적인 품질관리를 위해 물리화학적 성질에 기반한 '맛 분석기'를 감각평가에 보정적으로 감각적 품질 측정에 활용하고 있다.

스페인에서도 올리브유, 초콜릿, 아이스크림, 유제품 제조회사들이 감각평가를 활용하여 품질을 관리함으로써 품질 향상과 함께 소비자의 만족도를 얻는 데 성공하였다.

포도주와 치즈의 경우에도 스페인에서 원산지 보호protected designations of origin, PDO 식품 인증 food certification에 감각평가 방법들이 개발되어 성공적으로 활용되고 있다. 또한, 이탈리아의 PDO Trentingrana 치즈의 품질관리를 위해서도 감각평가가 오랫동안 사용되고 있다.

6. 통계 분석

식품 관련 연구에서 감각평가의 결과 분석을 위해 다양한 통계 분석의 적용은 필수이다. 적합한 통계 분석은 모든 실증적 실험에서 중요한 과정이지만 잘못된 실험을 대체할 수는 없다. 그러나 바른 실험 계획과 수행, 통계 분석의 적용으로 데이터의 효과적인 요약과 정리가 가능하고, 이를 통해 실험자는 합리적인 의사 결정을 할 수 있다. 감각평가의 결과 해석에서 통계 분석은 크게 세 가지의 중요한 정보를 제공한다. 첫 번째 데이터의 기술적 요약 정보를 제공한다. 일반적으로 가장 흔하게 적용하는 평균, 표준편차, 분산 등 다양한 기술통계descriptive statistics 정보를 제공한다. 두 번째로는 다양한 실험적 처리 experimental treatments(원부재료 함량이나 공정 변수 등)가 실제적인 제품의 감각 특성에 영향을 미치는지, 아닌지에 대한 추론을 가능하게 한다. 세 번째는 독립변수independent variable인 실험군이나 처리 조건과, 종속변수dependent variable인 이화학적 분석 항목, 감각 특성이나 기호도 평가 결과 간의 다각적 관계에 대한 파악이 가능하다. 다양한 분석 항목 간의 상관관계를 파악하고, 나아가 실험적 처리 조건과 분석 항목 간의 회귀 분석을 통해 예측 모형도 개발할 수 있다.

여기에서는 대개의 감각평가 분석에서 가장 많이 활용되는 일반적인 통계 분석에 대해 제공하고자 한다. 좀 더 깊이 있고 자세한 통계 분석에 대한 이해를 위해서는 통계 전문서적을 참고하여야 할 것이다. 감각평가 분석에서 통계 분석을 전문적으로 다룬 서적으로 『Sensory evaluation of food: statistical methods and procedures (Mike O'Mahony, 2017)』, 『Statistical methods in Food Research (Gacula and Singh, 1984)』, 『Statistical procedures in food research (Piggot, 1986)』을 참고하길 바란다.

1) 자료의 특성

실험이나 설문조사를 통해 다양한 자료data를 얻게 되는데 이들 자료를 수집하는 데 사용되는 척도scale에 따라 자료의 특성을 나누고 이에 맞는 통계 분석법이 적용된다. 통계 분석에서 다루는 자료는 크게 수적인 개념이 배제된 질적 자료qualitative data와 수적 자료를 얻어 다양한 통계 분석의 적용이 가능한 양적 자료quantitative data로 나눌 수 있다.

질적 자료 중 먼저 명목자료nominal data를 살펴보면, 일반적으로 조사 자료의 분류를 위해 사용되는 척도인 명목척도nominal scale를 이용하여 수집된 자료이다. 성별 구분, 직업 구분, 학력 구분, 지역 구분 등 자료에 이름을 부여하는 역할을 한다. 다른 질적 자료로는 서수자료ordinal data가 있는데 이는 순서를 나타내는 라틴어 'ordinals'에서 유래된 서수(순서 또는 순위)척도ordinal scale를 이용하여 얻은 자료이다. 서수자료에서는 평가하고자 하는 대상의 주어진 항목에서 순위를 측정하게 된다. 예를 들어 감각평가에서 시료의 단맛 강도를 순위로 평가할 수 있고, 기호도 평가에서도 시판되는 불고기 양념장의 기호도를 순위로 평가함으로써 얻는 자료가 이에 해당된다. 일반적으로 감각평가에서 순위법을 통해 얻은 자료는 대개 서수자료라 할 수 있다. 이들 질적 자료는 이름을 부여하거나 순위를 매기는 정도의 수적 개념이 배제된 자료로 일반적으로 비모수 통계 분석non-parametric statistical analysis을 활용하여 분석한다. 비모수 통계 분석법으로는 감각평가에서 많이 사용되는 이항검정binomial test, 카이제곱검정chi-square test이 이에 속한다.

질적 자료에 대비되는 개념인 양적 자료로는 간격자료interval data와 비율자료ratio data가 있다. 이들 자료는 일반적으로 사용하는 수 개념이 들어간 것으로 모수 통계 분석parametric statistical analysis을 활용한 다양한 분석(t-test, 분산 분석, 상관 분석, 회귀 분석, 다변량 분석 등)을 적용할 수 있는 장점이 있다. 간격자료는 측정 대상을 일정한 간격으로 나눈 간격척도(또는 등간척도)에 의해 평가한 자료로 척도상의 강도 간격이 같다는 가정하에 평가한다. 묘사 분석에서 사용하는 대부분의 자료가 간격자료라 할 수 있는데, 이는 절대적인 0은 존재하지 않지만 평가한 강도척도 간의 등간격이 존재한다는 가정하에 강도를 측정하게 된다. 가장 많이 사용하는 간격척도로 9점 강도척도, 15 cm 선척도, 기호도 평가에 사용되는 9점 기호척도가 있다. 감각평가에서 사용하는 대개의 강도와 기호도 자료가 이에 해당된다고 볼 수 있다. 비율자료는 절대적인 0이 존재하는 자료로 신장, 체중, 길이 측정이 이에 속하며, 각 자료 간의 차이와 비율을 계산할 수 있는 비율척도를 이용하여 분석한 자료이다. 감각평가에서는 크기 추정척도magnitude estimation를 적용한 평가 방법이 이에 속한다. 예를 들어 기준 시료의 주어진 항목의 강도를 1로 하였을 때 평가하는 시료

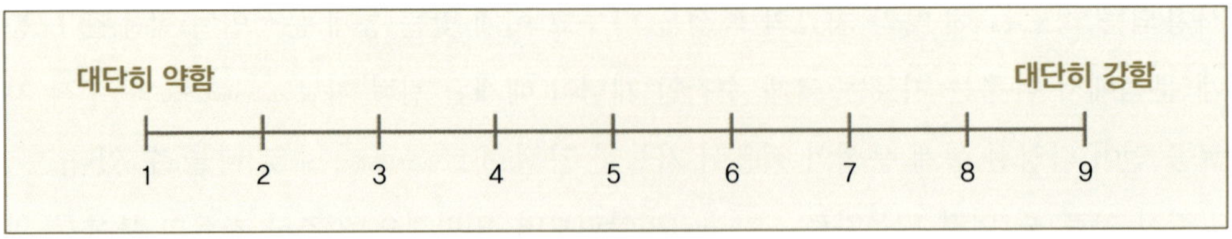

그림 4-12 9점 강도 항목 척도

9점 기호 항목 척도

☐	1	dislike extremely	(대단히 싫음)
☐	2	dislike very much	(매우 싫음)
☐	3	dislike moderately	(싫음)
☐	4	dislike slightly	(약간 싫음)
☐	5	neither like nor dislike	(좋지도 싫지도 않음)
☐	6	like slightly	(약간 좋음)
☐	7	like moderately	(좋음)
☐	8	like very much	(매우 좋음)
☐	9	like extremely	(대단히 좋음)

그림 4-13 9점 기호 항목 척도

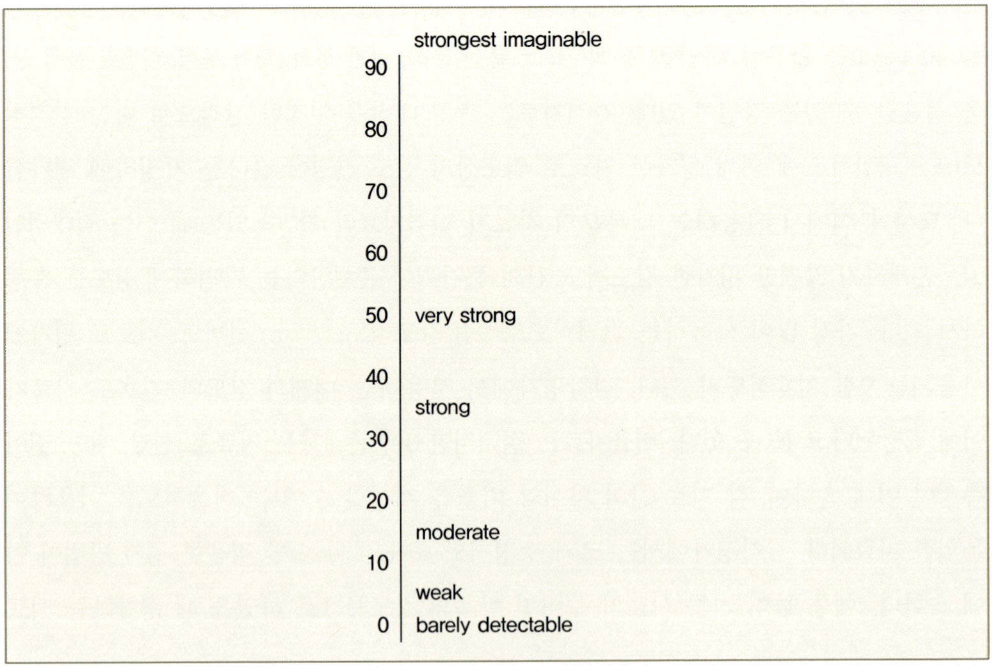

그림 4-14 크기 추정척도

의 강도를 이와 비교하여 비율로 세 배 강하면 3으로, 반 정도이면 0.5로 평가한다.

2) 기초 통계

먼저 감각평가나 이화학적 분석 또는 설문조사를 통해 다양한 자료를 확보할 수 있는데 이들 자료는 위의 4가지 분류로 나눌 수 있다. 일반적으로 설문지조사를 통해 얻은 자료는 명목자료로 카이제곱검정을 이용해 분석하게 된다. 순위법을 통해 얻은 자료는 일반적으로 Basker의 순위합 유의성 검정표를 이용하여 분석한다. 일반적인 감각평가 및 묘사 분석을 통해 얻은 감각 특성의 강도나 기호도 평가를 통한 기호도 정도 결과는 간격척도를 이용한 자료로 가장 보편적으로 많이 다루는 자료이며, 이는 다양한 통계 분석을 적용할 수 있다. 대개 시료의 개수에 따라 t-검정이나 분산 분석을 이용하여 분석한다. 각 분석법을 소개하기 전에 간단한 통계 분석 이론을 소개하기로 한다.

(1) 기술 통계

일반적으로 양적 자료를 활용한 통계 분석에서는 먼저 자료의 전반적인 분위기를 파악하기 위해 기술 통계 분석이 이루어진다. 기술 통계에서 가장 많이 사용되는 것이 자료를 대표하는 중앙 집중 경향에 대한 측정으로 평균값mean, 중앙값median, 최빈값mode이 널리 쓰인다. 평균은 자료의 총합을 표본의 크기로 나눈 값, 중앙값은 자료를 크기순으로 나열하였을 때 중간에 해당되는 값, 최빈값은 가장 많은 빈도를 나타낸 값을 말한다. 자료의 중앙 경향을 파악한 후 대개 자료가 대푯값으로부터 흩어진 정도dispersion를 파악한다. 범위range, 분산variance과 표준편차standard deviation, 표준오차standard error, 변이 계수coefficient of variation 등이 사용된다. 범위는 자료의 최솟값과 최댓값의 차이이다. 분산은 각 원 데이터와 평균값의 차이인 편차를 제곱한 값의 평균으로, 이의 제곱근이 표준편차이다. 표준오차는 모평균과 표준 평균이 얼마나 차이가 나는지 나타내는 수치로, 표본 평균의 표준편차이다. 변이 계수는 실험 자료의 상대적 변이성을 측정하는 방법으로 표준편차를 평균값으로 나눈 상대적인 값이다. 표준오차 수식과 변이 계수 수식은 다음과 같다.

$$\text{표준오차(standard error, SE)} = \frac{S}{\sqrt{N}}$$

S : 표본의 표준편차

$$\text{변이 계수(coefficient of variation, CV)} = \frac{S}{\bar{x}}$$

$\bar{x}$: 평균값

(2) 가설 검정의 이해

자료의 기술 통계량을 파악한 후에는 분석한 시료 간의 차이가 있는지 없는지 파악하는 과정이 이루어지는데, 이를 통계적 가설 검정statistical hypothesis testing 과정이라 한다. 일반적으로 분석이나 조사를 수행할 때 관련 대상 전체를 조사하는 것이 바람직하지만 비용이나 시간 등 여러 가지 제약으로 대상이 되는 집단 전체를 의미하는 모집단population의 일부를 추출하게 되는데 이를 표본sample이라고 한다. 통계적 가설 검정 과정은 표본을 추출하여 얻은 결과를 실제 모집단에 적용하여 결론을 낼 수 있는지 가설을 세우고 추론하는 과정이다. 따라서 가설 검정의 과정에서는 오차나 오류가 존재할 수 있으므로 통계 분석 결과의 해석은 항상 주의해야 한다.

이러한 가설 검정 전에 대상 자료는 모집단이 정규분포normal distribution를 따른다는 가정하에 이루어지게 된다. 표본을 이용한 통계적 추정이나 가설 검정의 기본 분포이다. 정규분포는 평균(μ)을 중심으로 좌우대칭의 종 모양 분포로 연속 확률 분포 중 가장 중요하다. 표본의 평균(x)과 표준편차(s)로 모양이 결정되고 분포 아래의 전체 면적(확률)은 1이 된다.

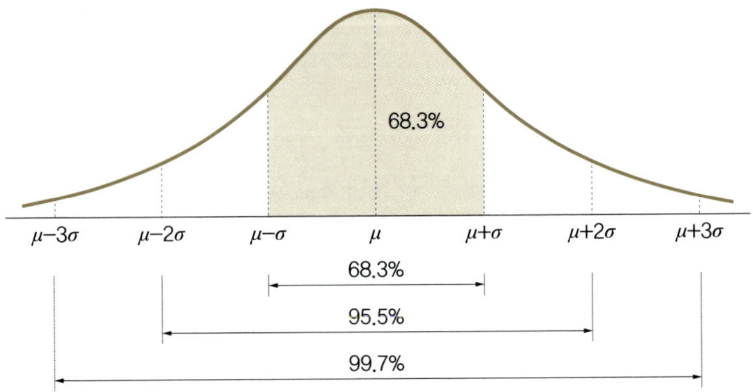

그림 4-15 정규분포 곡선 및 확률분포

가설 검정 과정에서 먼저 세우는 가설을 귀무가설(H_0)이라고 한다. 이는 차이가 없거나 의미 있는 차이가 없는 경우의 가설이며 귀무가설이 맞거나 맞지 않는다는 통계학적 증명을 하는 과정이 가설 검정의 과정이라고 할 수 있다. 차이식별검사에서는 패널이 시료 간의 차이를 인식할 수 없다는 가설을 귀무가설로 세우고 일반적인 평점법을 이용한 감각평가(묘사분석 포함)에서는 분산 분석에서 시료 간의 평가 항목에 유의적 차이가 없다는 가설을 세운다. 귀무가설에 반대되는 가설이 대립가설(H_1)로 시료 간의 유의적 차이가 있다거나 또는 패널이 시료 간의 차이를 인지할 수 있다는 가설이 된다. 대립가설은 귀무가설처럼 가설 검정을 직접 수행하지는 못 하고 귀무가설을 기각함으로써 받아들여지는 가설이다. 가설 수립 후에는 가설 검정에 사용되는 기준값을 결정하는데 이를 유의수준이라고 한다. 일반적으로 유의수준은 α로 표시하고 95% 신뢰도를 가정하였을 때 $\alpha=0.05$가 된다. 가설 검정의 절차에서 유의수준(α)값과 유의확률(p)값을 비교하여 통계적 유의성을 검정하게 된다. 유의확률significant probability, p-value은 귀무가설이 맞는다고 가정할 때 얻은 결과로 일반적으로 유의수준 5%에서 p값이 0.05보다 같거나 작은 경우 귀무가설을 기각한다.

이러한 가설 검정 과정에서는 표본의 추출에 따른 오류가 발생할 수 있는데 이를 표 4-17과 같이 나눌 수 있다. 제1종 오류type I error가 발생하는 확률을 유의수준(α)이라 하고, 가설검정 과정은 귀무가설이 옳다는 가정하에 발생한 통계량인 유의확률이 제1종 오류를 발생할 확률인 유의수준과의 비교를 통해 결정된다. 따라서 p-값이 유의수준보다 같거나 작으면 귀무가설이 기각되고, 그렇지 않으면 귀무가설을 채택하는 것으로 통계 검정 결론을 내리게 된다.

표 4-17 가설 검정의 오류

실제 상황 / 의사 결정	귀무가설(H_0 : A=B)	
	참	거짓
H_0 기각 (H_1 : A≠B 채택)	Type I error(α) '실제 차이가 없는데도 차이가 있다는 결론이 내려질 확률'	올바른 결정(1-β : power)
H_0 채택	올바른 결정	Type II error(β) '실제 차이가 있는데도 차이가 없다는 결론이 내려질 확률'

(3) t-검정

감각평가에서 "은 두 집단(또는 시료) 간의 표본 평균 차이를 검정할 경우에 사용한다. 일반적으로 동일한 평가 요원이 두 개의 다른 시료에 대한 감각 특성(또는 기호도)을 평가한 후 이들 특성 강도(또는 기호도)에 대한 평균값에 유의적 차이가 있는지 검정한다. 이를 짝지어진 표본paired t-test이라 한다. 만일 두 그룹의 다른 평가 요원이 서로 다른 시료에 대해 하나씩만 평가한 경우는 독립표본independent t-test을 사용하여 분석하면 된다.

(4) 분산 분석

감각평가와 일반 이화학적 분석 결과에서 시료 간의 유의적 차이를 파악하기 위해 가장 많이 사용되는 중요한 분석 방법이다. 분산 분석ANOVA은 집단 내의 분산within group variation과 각 집단의 차이에 의해 생긴 집단 간 분산between group variation의 비교를 통해 만들어진 F-분포를 이용하여 가설 검정을 하는 방법이다. 독립변수의 개수에 따라 적용되는 분산 분석법이 다르게 불리는데, 독립변수(또는 요인)가 1개인 경우 일원 분산 분석법one-way ANOVA, 2개인 경우 이원 분산 분석법two-way ANOVA, 3개인 경우 삼원 분산 분석법three-way ANOVA이라고 한다. 분산 분석은 결국 분산을 여러 가지 실험적 처리 효과별로 나누어 보고 이를 오류에서 오는 집단 내 분산과 비교하여 실제 처리에 의한 효과인지 단지 오류에서 오는 것인지 비교한다. 이로써 각각 처리의 효과가 실제 있는지 아니면 오류에서 오는지를 가설 검정을 통해 추론하게 된다. 이화학적 분석 자료와 다르게 감각평가 분석 시 평가 요원 효과를 포함하지 않는다면 시료에 의한 차이가 실제 있다고 하더라고 시료 효과가 없는 것으로 분석될 수 있으므로 반드시 평가 요원 효과를 함께 분석해야 한다.

(5) 상관관계와 회귀 분석

상관 분석correlation analysis은 두 변수(X, Y) 간에 어떤 선형적 관계가 있는지 분석하는 방법으로, 이화학적 분석이나 감각평가에 두루 사용되는 분석법이다. 상관관계correlation는 두 변량 중 한 쪽이 증가함에 따라 다른 한 쪽이 증가 또는 감소할 때의 두 변량 관계를 말한다. 증가할 때를 양의 상관관계, 감소할 때를 음의 상관관계라고 한다. 이러한 두 변량 X, Y 사이의 상관관계의 정도를 나타내는 수치(계수)가 상관 계수correlation coefficient, r이다. 상관계수는 $-1 \leq r \leq 1$로 양의 상관관계가 있을 때는 $r > 0$, 음의 상관관계가 있을 때는 $r < 0$, 또 상관이 없을 때는 $r \sim 0$으로 나타낸다. 일반적으로 상관 계수의 절댓값이 높을수록 두 변수 간의 관계가 높다. 한 가지 주의할 점은 상관계수는 두 변수 간의 연관된 정도를 나타낼 뿐 인과 관계causality를 설명하는 것이 아니므로 해석에 주의해야 한다. 일반적으로 피어슨 상관관계Pearson correlation coefficient가 가장 많이 사용되는데 이는 두

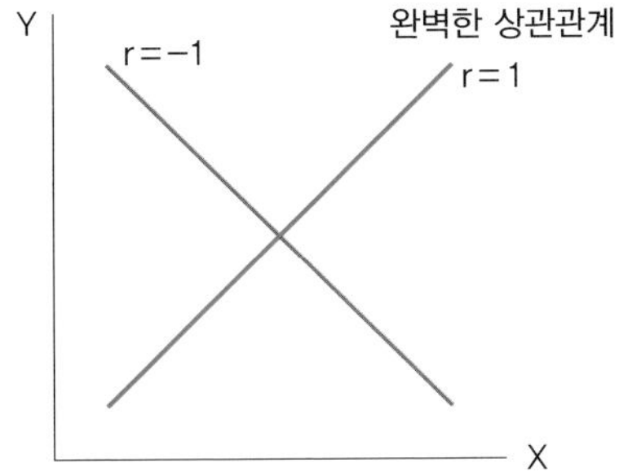

그림 4-16 양의 상관관계와 음의 상관관계

변수가 등간척도 이상이며 직선의 관계가 있어야 하고, 적어도 하나의 변수가 정규분포를 이룬다는 가정하에 이루어진 분석이므로 유의해야 한다. 또한 사례 수가 적을수록 신뢰도가 떨어지므로 신뢰도를 높이는 적절한 자료 수집이 필요하다.

두 변수 간에 원인과 결과의 인과 관계가 있는지에 대한 것은 회귀 분석regression analysis을 통해 인과 관계의 방향, 정도와 수학적 모델을 확인할 수 있다. 회귀 분석은 두 변수 간의 인과 관계 규명으로, 예를 들어 향미 증진제 A 첨가(X)에 따른 이미 감소 효과(Y)나 감미료 A 농도(X)에 따른 단맛의 변화(Y)와 같은 경우에 적용할 수 있다.

3) 다변량 통계 분석

식품은 다양한 성분 및 품질 특성과 이들의 상호 작용으로 인해 비선형적이고 복잡한 특징을 가진다. 따라서 일반적인 이화학적 분석이나 일부 감각평가 결과만으로는 적절한 품질 평가나 기준 설정에 어려움이 있다. 식품 관련 분야에서는 이들 결과 간의 상관관계를 탐색하고 예측하는 다양한 연구가 시도되고 있다. 이를 위해 식품분야뿐 아니라 일반적으로 많이 적용되는 방법으로 주성분 분석, 판별 분석discriminant analysis, 군집 분석cluster analysis, 일반적 프로크푸스테스 분석generalized Procrustes analysis, GPA, 부분 최소 제곱 회귀법partial least squares regression, PLS 등을 이용하는 다변량 통계 분석multivariate statistical analysis이 있다. 이러한 분석 방법은 주어진 많은 정보(예를 들면 이화학적 및 감각평가 자료)로 손실을 최소화하면서 자료의 여러 특성(분산 정도, 상관성, 판별, 유사성 검정)을 분석하는 방법이다. 최근에는 변수들이 정규분포를 보이고 서로 선형적 관계를 가진다는 제한에서 자유롭고, 인간의 신경세포 조직망을 본 따서 인위적인 수학적 모델을 만들어 내는 인공지능

기법인 퍼지fuzzy 추론과 인공신경망artificial neural networks을 이용한 분석도 적용되고 있다.

대개 다변량 분석을 위해서는 변수variables와 시료samples의 개수가 중요하다. 분석 결과의 폭넓은 해석과 타당성을 위해서는 일반적으로 변수의 개수보다 시료의 개수가 많아야 한다. 그러나 이화학적 분석이나 묘사 분석 결과 다수의 변수(감각 또는 도구 변수)가 생기므로 대개 변수의 개수가 시료 수에 비해 몇 배에서 몇 백 배까지 많을 수도 있다. 이러한 경우 자료의 변수를 축소해야 하며, 이를 통해 안정적인 자료 분석과 의미 있는 결과의 도출이 가능하다. 변수 축소를 위해서는 분산 분석을 통해 유의적 종속 변수를 선발하거나, 주성분 분석을 통해 전체 자료의 유형을 파악하여 전체 자료 변동에 크게 영향을 주지 않는 변수를 제거할 수도 있다.

이들 통계 분석에 사용되는 프로그램으로는 「SASStatistical Analysis Systems for Windows 7.2, Unscrambler 9.1(Camo, Norway)」, 「XL stat pro(Addinsoft, New York, USA)」, 「Statistica Neural Networks 6.0 program package(StatSoft Inc., Tulsa, USA)」 등이 다양하게 적용되고 있으며, 자세한 사항은 참고문헌을 확인하기 바란다.

(1) 주성분 분석

다변량 분석에서 모든 분석의 기초가 되는 분석이라 할 수 있는 것이 주성분 분석PCA이다. 특히 묘사 분석 결과의 해석에 가장 많이 사용되는 방법이다. 주성분 분석은 요인분석factor analysis의 일종으로 선형 조합linear combination을 이용하여 서로 상관관계가 높은 다수의 변수를 줄여 2~3개의 주성분principal component으로 요약(축약)하게 된다. 이를 통해 여러 가지 변수(감각 특성) 간의 관계를 파악하고 원 변수(감각 특성)의 새로 생긴 변수인 주성분에 대한 중요도를 파악하며, 변수에 따른 시료 간의 분류도 파악할 수 있다. 묘사분석에서 여러 개의 시료와 여러 가지 감각 특성(sensory attributes = 변수 = variables) 간의 특성을 전반적으로 한눈에 하나의 도표로 제시해 줌으로써 자료의 특성을 한 눈에 파악할 수 있다.

추출된 첫 번째 주성분(1st PC)은 전체 데이터의 변동(분산 또는 정보)을 가장 많이 설명하고 원 자료와 선형적 관계를 갖는다. 두 번째 주성분(2nd PC)은 1st PC 추출 후 남은 데이터의 변동을 설명하는 것으로, 첫 번째 PC와 직각의 관계를 가지며 상관관계가 없다. 계속적으로 주성분이 변수의 개수만큼 추출되나 3번째 주성분 이후는 대개 잘 해석되지 않는다. 고윳값eigenvalue은 각 주성분의 고윳값으로 설명된 총 분산과 같이 표시된다. 전반적으로 각 주성분의 전체 자료의 설명 정도(중요도)를 표시하는 수치로, 결과 해석을 위해 타당한 자료인지 살펴볼 수 있다. 성분 행렬factor loadings은 원래 변수의 각 주성분과의 관계(+1~-1)를 나타낸 값으로 각 주성분이 원래 변수들에 어느 정도 영향을 받는지를 나타내는 수치(가중치)이다. 요인 점수factor scores는 추출된 주성분 좌표상의 시료 위치를 나타낸다.

주성분 분석은 많은 자료를 요약하는 데 매우 유용한 방법이나 분석의 전제 조건이나 해석에 유의해야 한다. 일반적으로 묘사 분석 결과 분석할 때 시료 간의 유의적 차이가

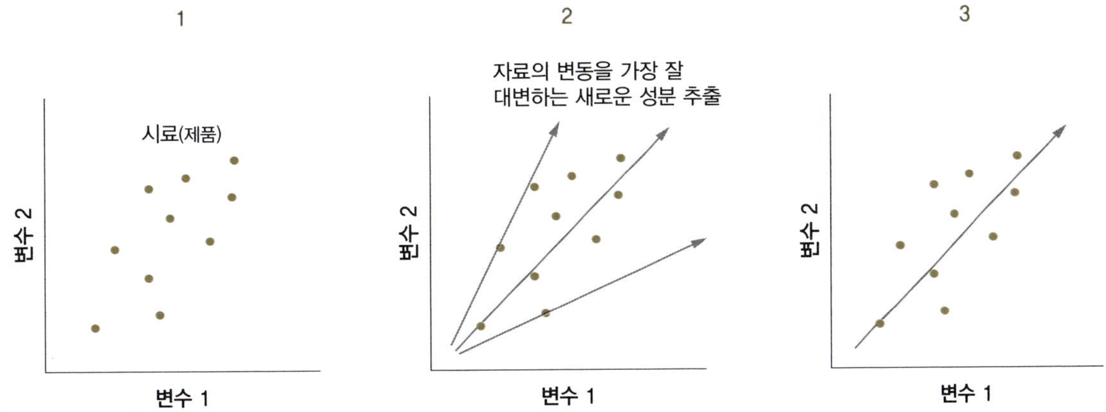

그림 4-17 주성분 분석 요인의 추출 과정

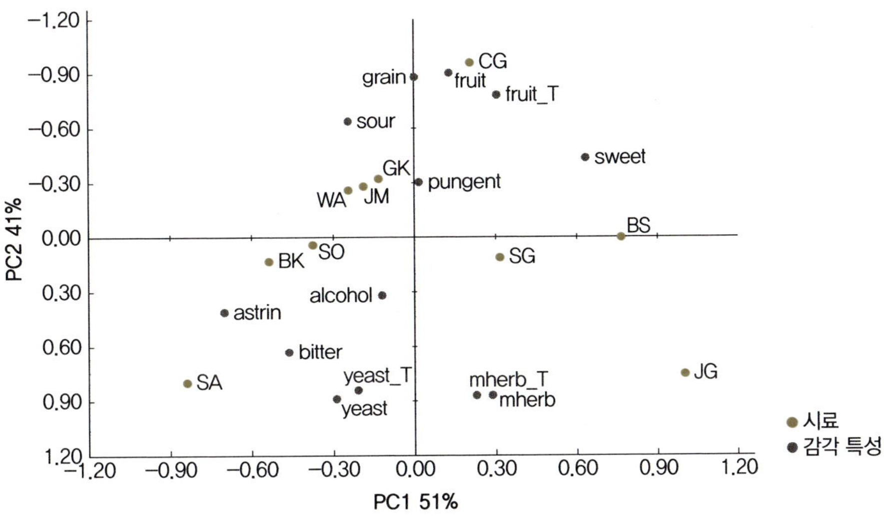

그림 4-18 국산 약주 10종의 주성분 분석 예시

자료 : Lee SJ, Lee KG. Understanding consumer preferences for rice wines using sensory data. *J. Sci. Food & Agric.* *88*, 690–698 (2008)

확인된 감각 특성을 대상으로 실시하며, 기본적으로 변수(감각 특성)보다 시료가 많아야 한다. 그러나 실제로는 많은 분석에서 이를 지키기 어렵기 때문에 일반적으로 적절한 해석을 위해 적어도 7~8 이상의 시료가 필요하다. 추출되는 주성분은 변수의 수와 같으나 실제 해석에는 2~3개 정도의 주성분을 사용하게 된다. 또한, 주성분 분석은 유의성 검정을 하지 않으므로 해석하는 실험자에 따라 다른 해석을 할 수 있다. 원 자료의 충분한 설명력을 바탕으로 한 해석인지 확인해야 한다.

(2) 군집 분석

관측 대상을 유사한 성향의 그룹으로 분류하고자 할 때 사용하는 분석법이다. 군집 분석에서는 관찰 대상이 가장 하위에 존재하며 하위에서부터 종속 변수의 경향이 유사한 개체끼리 군집을 이루며 상위 군집을 형성하여 상위로 이동하고, 가장 상위에는 모든 관측 시료가 한 개의 군집을 이루게 된다. 군집 분석 알고리즘은 두 가지로 계층적 군집 분석hierarchical cluster analysis과 비계층적 군집 분석nonhierarchical cluster analysis이다. 계층적 군집 분석에서 군집 형성의 기준은 군집 내부의 개체 간 유사한 동질성internal homogeneity이며, 다른 군집 간에는 이질성external heterogeneity이 있어야 한다. 개체와 개체 간의 매우 높은 상관성은 유사성을 의미하며, 낮은 상관관계는 이질성을 의미한다. 이러한 유사성을 측정하는 기준은 여러 가지가 있는데, 유클리드 거리Euclidean distance와 마하라노비스 거리Mahalanobis distance 등이 있다. 일반적으로 유클리드 거리가 많이 사용된다. 계층적 군집 분석 방법은 최단 연결single linkage, 최장 연결complete linkage, 중심점 연결average linkage, 중위수 방법centroid method, 워드 방법Ward's method 등 분류 방법에 따라 다른 군집을 생성할 수 있으므로 다양한 군집 분석을 적용할 수 있도록 유사한 군집이 찾아지는지 확인해야 한다. 비계층적 군집 분석 방법으로는 k-평균 방법과 퍼지 방법이 있는데, 사용자가 목적하는 군집의 수를 지정하여 분석을 진행한다.

다양한 제품에 대해 소비자의 기호도를 조사하였을 때 유사한 기호도 경향을 보이는 소비자들을 각각의 군집으로 분류하는 경우에 많이 적용하는 방법이다. 소비자조사 자료에 대해 군집 분석을 수행할 때 유의해야 할 한 가지는 소비자들 간의 기호척도 사용 경향이 다르기 때문에 이에 대해 자료를 표준화시킨 후 군집 분석을 수행해야 하는 것으로, 이렇게 해야 보다 올바른 결과를 도출할 수 있다. 같은 군집 안에서 인구 통계학적 공통점을 확인할 수도 있고, 이를 다양한 타깃 마케팅에 적용할 수 있다.

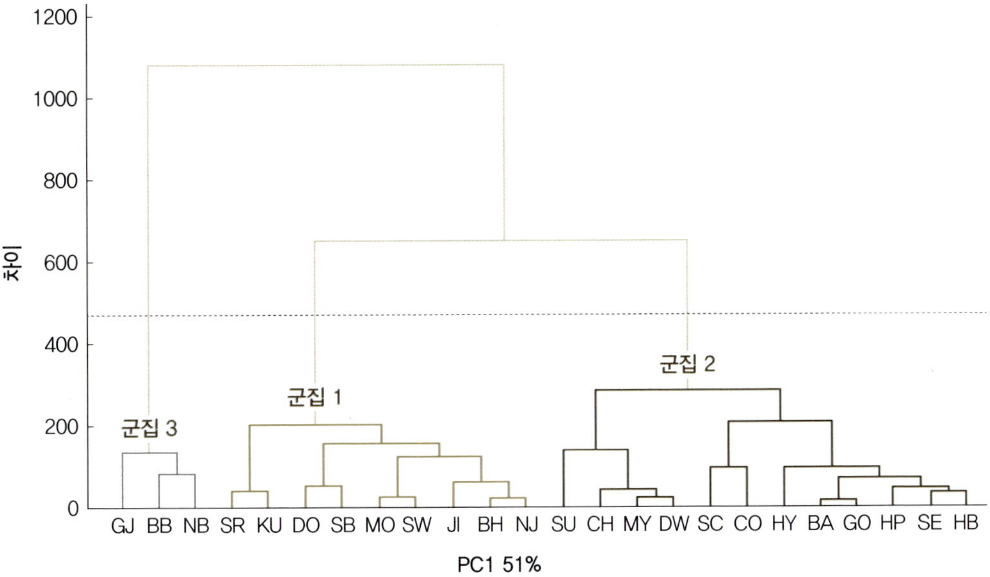

그림 4-19 복분자주 24종의 기호도 분석 결과를 바탕으로 한 군집 분석 계통수 그래프
자료 : Lee SJ. Exploratory study on the quality grade of Korea black raspberry wines by using consumer preference data. *J. Food Sci. Technol.* *46*: 352-357 (2014)

(3) 부분 최소 제곱 회귀법

부분 최소 제곱 회귀법*PLS*은 두 개의 다른 자료 세트 간의 관계를 파악하는 데 광범위하게 적용되는 분석법이라 할 수 있다. PLS는 1차원적인 회귀 분석 기법을, 다변량 구조를 가진 2개의 자료에 대해 다차원적으로 분석할 수 있도록 한 것이다. PLS는 우선 원인이 되는 다변량 데이터(X)에 대해 PCA를 실시하여 소수의 주성분으로 축약한 후 이 주성분으로 결과 데이터(Y)를 회귀 분석하는 방법이다. 이때 X 자료에서 추출된 주성분은 Y 자료에 대한 설명력을 최대화시킬 수 있도록 도출되지만 유의성은 검증되지 않는다. 제품의 이화학적 특성으로 감각 특성을 설명하고자 할 때 많은 경우 PLS 기법을 이용하여 분석하며, 제품의 감각 특성을 바탕으로 소비자 기호도를 예측하고자 할 때에도 유용하게 사용되는 분석 기법이다. 제품의 이화학적 분석 결과(또는 감각 특성 결과)를 바탕으로 감각 특성(또는 소비자 기호도)을 예측하고자 할 때 적용할 수 있다. 다중 회귀 분석과 같은 전통적인 다변량 분석의 경우에 다수의 변수 간 상관성이 높을 때는 두 자료 간의 관계를 찾는 데 부적합하지만, PLS의 경우 시료의 수가 적거나 상관성이 높은 다수의 변수가 포함되어도 두 자료 세트 간의 관계 파악이 자유로운 소프트 모델링 방법

이다(Martens H 등, 2001).

실제 적용 예를 살펴보면 미국 캘리포니아의 주요 와인 산지의 샤도네 와인의 묘사 분석과 가스 크로마토그래피 후각 측정법-질량 분석법gas chromatography-Olfactometry-mass spectrometry, GC-O-MS을 활용한 기기분석 결과의 상관관계를 PLS 분석을 이용하여 향 성분 중 실제 어떠한 성분이 특정 감각 특성과 연관이 있는지를 파악할 수 있다(Lee SJ 등, 2003; 그림 4-20). 또한, 실제 아로마 모델 개발과 이의 감각평가를 통해 주요 향기 활성 성분의 향기 특성에 대한 기여도를 PLS 분석으로 확인한 바 있다(Lee SJ 등, 2006). 그 외에도 사과의 기기분석, 감각 특성, 소비자 특성 간의 관계 파악(Thybo A 등, 2004), 식육 및 치즈의 감각 특성과 이화학적 특성 간의 상관관계 파악에도 적용되어(Byrne DV 등, 2001; Adhikari K 등, 2003) 다양한 식품군에 폭넓게 자료 간의 관계 파악에 활용되고 있다.

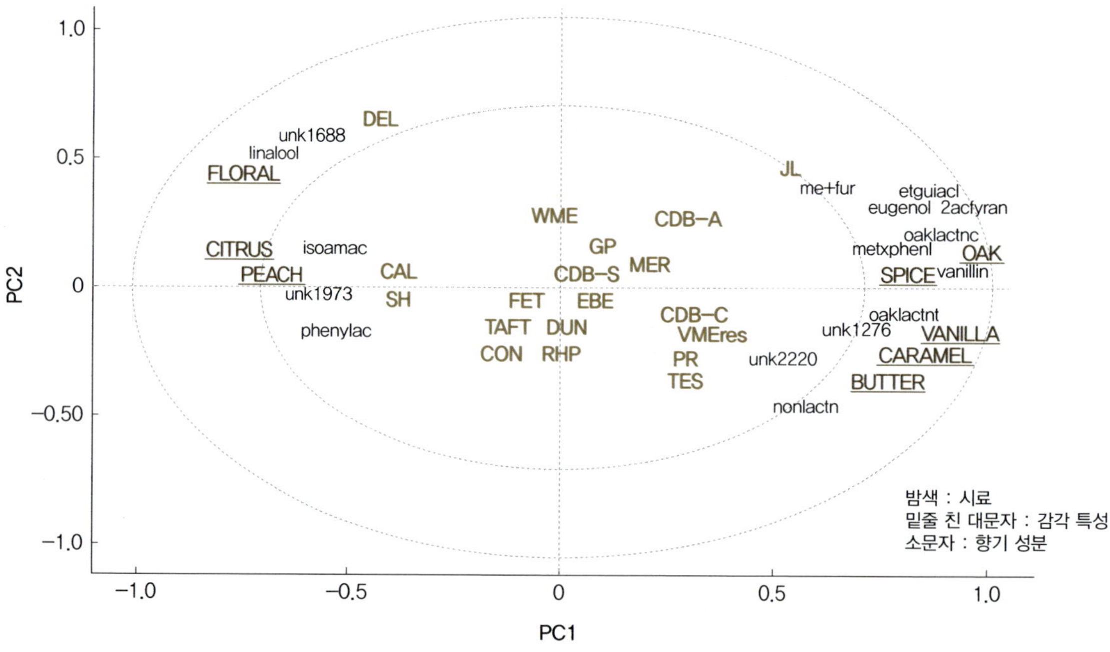

그림 4-20 캘리포니아산 샤도네 와인 19종의 향기 감각 특성(Y=8개 감각 특성)과 향기 활성 성분 간(X=16개 향기 성분)의 PLS 분석 결과 예시
(X(GC data) 자료의 설명력은 PC1과 PC2에서 각각 총 분산의 47%와 8%, Y 자료(Sensory data)는 각각 64%와 6%를 나타냄)
자료 : Lee SJ, Noble AC. Characterization of odor-active compounds in Californian Chardonnaywines using GC-Olfactometry and GC-Mass Spectrometry. *J. Agri. Food Chem. 70*: 8036-8044 (2003)

참고문헌

구난숙, 김향숙, 이경애, 김미정. **식품관능검사 : 이론과 실험**. 교문사 (2014)

김광옥, 김상숙, 성내경, 이영춘. **관능검사 방법 및 응용**. 신광출판사 (1993)

김우정, 구경형. **식품관능검사법**. 효일출판사 (2001)

대한질적연구간호학회. **질적연구로서의 포커스그룹**. 군자출판사 (2007)

류기형, 권미라, 김병기, 김병용, 박양균, 양지영, 은종방, 이승주, 이재권, 정헌상, 최원석. **실무를 위한 식품품질관리)**. 수학사 (2016)

민병오, 조대현 옮김. **포커스그룹: 응용조사 실행방법**. 명인출판사 (2014)

정서진. 관능검사 data에 대한 다변량 분석기법 적용. **식품과학과 산업, 38** (1) 15-21 (2005)

황인경. 묘사분석 : 정량적 묘사분석, 2002년도 식품관능검사 워크샵 -묘사분석: 이론, 실습 및 사례발표, 서울대학교, 사단법인 한국식품과학회 (2002)

황인경, 김미라, 송효남, 문보경, 이선미. **식품품질관리 및 관능검사**, 교문사 (2014)

Adhikari K, Heymann H, Huff HE. Textural characteristics of lowfat, fullfat and smoked cheeses: sensory and instrumental approaches. ***Food Quality and Preference 14***: 211-218 (2003)

ASTM(American Society for Testing and Materials). Manual on descriptive analysis testing, ASTM manual series, ***American Society for Testing and Materials***, p.1 (1992)

Bhumiratana N, Adhikari K, Chambers IVE. The development of an emotion lexicon for the coffee drinking experience. ***Food Res. Int'l. 61***:83-92 (2014)

Bi J. ***Sensory Discrimination Tests and Measurements: Sensometrics in Sensory Evaluation***. John Wiley & Sons, New York, NY, USA. (2015)

Bi J, Lee HS, O'Mahony M. A Thurstonian Model and Statistical Inference for the 2-Alternative Choice Test with Both Test Pairs and Placebo Pairs. ***J. Sens. Stud. 30***: 10-20 (2015)

Bi J, Lee HS, O'Mahony M. Estimation of Thurstonian Models for Various Forced-Choice Sensory Discrimination Methods as a Form of the "M+N" Test. ***J. Sens. Stud. 29***: 325-338 (2014)

Byrne DV, Bredie W, Bak LS, Bertelsen G, Martens H, Martens M. Sensory and Chemical Analysis of Cooked Porcine Meat Patties in Relation to Warmed-Over Flavour and Pre-Slaughter Stress. ***Meat Sci. 59***: 229-49 (2001)

Carbonell-Barrachina ÁA. Application of sensory evaluation of food to quality control in the Spanish food industry. ***Pol. J. Food Nutri. Sci. 57***: 71-76 (2007)

Chambers E. IV, Bowers JR, Smith EA. Flavor of cooked, ground turkey patties with added sodium tripolyphosphate as perceived by sensory panels with differing phosphate sensitivity. ***J. Food Sci. 57***: 521-523 (1992)

Chung S, Han J. Utilizing psychological distances of hedonic phrases to develop a Korean hedonic scale. ***Food Qual. Prefer. 28***: 188-192. (2013)

Civille GV. ***Descriptive Analysis, Course notes for IFT short course in sensory analysis***, Institute of Food Technology, Chicago, Chapter 6. (1979)

Civille GV. & Liska IH. Modifications and applications to foods of foods of the General Foods sensory texture profile technique, ***J. Texture Stud. 6***: 19-31 (1975)

Creswell JW. 30 ***Essential skills for the qualitative researcher***. Sage Publications, Inc., Thousand Oaks, CA. (2016)

Desmet PMA, Schifferstein HNJ. Sources of positive and negative emotions in food experience. ***Appetite, 50***: 290-301. (2008)

Endrizzi I, Aprea E, Biasioli F, Corollaro ML, Demattè ML, Penasa M, Bittante G, Gasperi F. Implementing sensory analysis principles in the quality control of PDO products: A critical evaluation of a real-world case study. ***J. Sensory Stud. 28***:14-24 (2013)

Ennis DM. The power of sensory discrimination methods. ***J. Sens. Stud. 8***: 353-370 (1993)

Ennis JM, Rousseau B, Ennis DM. Sensory difference tests as measurement instruments: A review of recent advances. ***J. Sens. Stud. 29***: 89-102 (2014)

Epler S, Chambers E. Kemp K. Hedonic scales are a better predictor than just-about-right scales of optimal sweetness in lemonade. ***J. Sensory Stud. 13***: 191-197. (1998)

Etaio I, Albisu M, Ojeda M, Gil PF, Samerón J, Pérez Elortondo FJ. Sensory quality control for food certification: A case study on wine. ***Food Control 21***. (2010)

Frijters JER. The paradox of discriminatory nondiscriminators resolved. ***Chem. Senses. 4***: 355-358 (1979)

Gacula MC, Singh J. ***Statistical methods in food and consumer research***. Academic, Orlando, FL. (1984)

Galves FCF, Resurreccion AVA. Reliability of the focus group technique in determining the quality characteristics of mungbean noodles. ***J. Sensory Stud. 7***:315-326 (1992)

Handerson N. ***Fundamentals of moderating***. RIVA training institute, Bethesda, MD.

Jesionka V, Rousseau B, Ennis JM. Transitioning from proportion of discriminators to a more meaningful measure of sensory difference. ***Food Qual. Prefer. 32***: 77-82 (2014)

Keane P. The flavor profile, Manual on descriptive analysis testing, ASTM manual series, ***American Society for Testing and Materials***, pp. 5-14 (1992)

Kemp SE, Hollowood T, Hort J. Chapter 5. Sensory test methods-5.4. Affective/consumer tests. In: ***Sensory evaluation, a practical handbook***. Wiley-Blackwell, Chichester, UK. (2009)

Kim MA, Sim HM, Lee HS. Affective discrimination methodology: Determination and use of a consumer-relevant sensory difference for food quality maintenance. ***Food. Res. Int. 70***: 47-54 (2015)

Kim MA, Sim HM, Lee HS. Idiographic duo-trio tests using a constant-reference based on preference of each consumer: Sample presentation sequence in difference test can be customized for individual consumers to reduce error. ***Food. Res. Int. 89***: 454-462 (2016)

Krueger RA, Casey MA. ***Focus groups: A practical guide for applied research***, 4th edition. Sage Publications, Inc. US. (2009)

Lawless H. ***Quantitative sensory analysis: Psychophysics, models and intelligent design***. Wiley-Blackwell, Hoboken, NJ, USA. (2013)

Lawless HT, Heymann H. ***Sensory evaluation of food: Principles and practices*** 2nd edition. Springer, NewYork, NY. (2010)

Lawless HT, Heymann H. ***Sensory evaluation of food: principles and practices***, Aspen Publishers, Inc.. (1999)

Lee J, Chambers DH. Descriptive analysis and US consumers acceptability of 6 green tea samples from China, Japan, and Korea. ***J. Food Sci. 75***(2), S141-S147 (2010)

Lee SJ. Exploratory study on the quality grade of Korea black raspberry wines by using consumer preference data. ***Korean J. Food Sci. Technol. 46***: 352-357 (2014)

Lee SJ, Kwon YH, Kim HR, Ahn BH. Chemical and sensory characterization of Korean commercial rice wines(*Yakju*). ***Food Sci. Biotechnol. 16***: 374-380 (2007)

Lee SJ, Lee KG. Understanding consumer preferences for rice wines using sensory data. ***J. Sci. Food & Agric. 88***, 690-698 (2008)

Lee SJ, Noble AC. Characterization of odor-active compounds in Californian Chardonnay wines using GC-Olfactometry and GC-Mass Spectrometry. ***J. Agric. Food Chem. 70*** : 8036-8044 (2003)

Lee SJ, Noble AC. Use of Partial Least Squares Regression and Multidimensional Scaling on Aroma Models of California Chardonnay Wines, ***Am. J. Enol. Viticul. 57***: 363-370 (2006)

Lim J. Hedonic scaling: A review of methods and theory. ***Food Qual. Prefer. 22***(8): 733-747 (2011).

Lim J, Fujimaru T. Evaluation of the labeled hedonic scale under different experimental conditions. ***Food Qual. Prefer. 21***(5): 521-530. (2010).

Martens H, Martens M. ***Multivariate analysis of quality: an introduction***; J. Wiley: Chichester England; New York (2001)

Meilgaard M, Civille GV, Carr BT. ***Descriptive analysis techniques, Sensory Evaluation Techniques*** (3rd ed.), CRC Press, Inc. (1999)

Meilgaard MC, Civille GV, Carr BT. ***Sensory evaluation techniques***, 5th edition. CRC Press, BocaRaton, FL. (2016)

Morgan DL. ***Focus groups as qualitative research***. Sage Publications, Inc. (1997)

Morrison MA, Haley E, Sheehan KB, Taylor RE. ***Using qualitative research in advertising*** 2nd edition.

Sage Publications, Inc., Thousand Oaks, CA. (2012)

Moskowitz HR, Beckley JH, Resurreccion AV. ***Sensory and consumer research in food product design and development***. Wiley-Blackwell, Hoboken, NJ, USA. (2012)

Muier DD, & Hunter EA. Sensory evaluation of cheddar cheese: the relation of sensory properties to perception of maturity, ***J. Soc. Dairy Technol. 45***: 23-30 (1992)

Muñoz AM. Sensory evaluation in quality control: an overview, new developments and future opportunities. ***Food Qual. Prefer. 12***: 329-339 (2002)

Muñoz AM. & Civille GV. The spectrum descriptive analysis method, Manual on descriptive analysis testing, ASTM manual series, ***Am. Soc. Test. Materials***, pp. 22-34 (1992)

Muñoz AM, Szczesniak AS, Einstein MA, Schwartz NO. The texture profile, Manual on descriptive analysis testing, ASTM manual series, ***Am. Soc. Test. Materials***, pp.35-50 (1992)

Murray JM, Delahunty CM, Baxter IA. Descriptive sensory analysis: past, present and future, ***Food Res. Inter. 34***: 461-471 (2001)

Noble AC, Arnold RA, Buechsenstein J, Leach EJ, Schmidt JO, Stern PM. Modification of a Standardized System of Wine Aroma Terminology. ***Am. J. Enol. Viticul. 38***: 143-146 (1987)

Noble AC, Ebeler SE. Use of multivariate statistics in understanding wine flavor. ***Food Rev. Inter. 18***: 1-21 (2002).

O'Mahony M, Masuoka S, Ishii R. A theoretical note on difference tests: models, paradoxes and cognitive strategies. ***J. Sens. Stud. 9***: 247-272 (1994)

O'Mahony M, Rousseau B. Discrimination testing: a few ideas, old and new. ***Food Qual. Prefer. 14***: 157-164 (2003)

O'Mahony M, Thieme U, Goldstein LR. The Warm-up Effect as a Means of Increasing the Discriminability of Sensory Difference Tests. ***J. Food. Sci. 53***: 1848-1850 (1988)

Pérez Elortondo FJ, Ojeda M, Albisu M, Salmerón J, Etayo I, Molina M. Food quality certification: An approach for the development of accredited sensory evaluation methods. ***Food Qual. Prefer. 18***: 425-439 (2007)

Peryam DR, Girardot NF. Advanced taste-test method. ***Food Engineering, 24***(7): 58-61 (1952).

Peryam DR, Pilgrim FJ. Hedonic scale method of measuring food preferences. ***Food Technol. 11***: 9-14 (1957).

Pfaffmann C. Variables affecting difference tests. In: Peryam DR, Pilgrim FJ, Peterson MS (Eds.). ***Food acceptance testing methodology: A symposium***, Washington, DC.: Natl. Acad. Sci. -Nat. Res. Council. (1954)

Piggott JR, Simpson SJ, Williams SAR. Sensory analysis. ***Inter. J. Food Sci. & Technol. 33***: 7-8 (1998).

Popper R, Rosenstock W, Schraidt M, Kroll B. The effect of attribute questions on overall liking ratings. ***Food Qual. Prefer. 15***(7): 853-858. (2004).

Resurreccion AVA. ***Consumer sensory testing for product development***. An Aspen Publication, Gaithersburg, MD. (1998)

Rousseau B, Stroh S, O'Mahony M. Investigating more powerful discrimination tests with consumers: Effects of memory and response bias. ***Food Qual. Prefer. 13***: 39-45 (2002)

Stampanoni CR. The use of standardised flavour languages and quantitative flavour profiling technique for flavoured dairy products, ***Journal of Sensory Studies, 9***: 383-400 (1994)

Statistical Procedures in Food Research; J. R. Piggot, Ed.; ***Elsevier Applied Science***: London, pp 401-418 (1986)

Stone H, Bleibaum R, Thomas HA. ***Sensory evaluation practices***. Academic press, San Diego, CA, USA. (2012)

Stone H, Sidel JL, Bloomquist JL. Quantitative descriptive analysis, ***Cereal Foods World, 25***: 53-69 (1980)

Tedesco D, Tranquada F. ***The moderators' survival guide, Handling common, tricky, and sticky situations in user research***. Morgan Kaufmann, Waltham, MA. (2014)

Thieme U, O'Mahony M. Modifications to sensory difference test protocols: The warmed up paired comparison, the single standard duo-trio and the A-not A test modified for response bias. ***J. Sens. Stud. 5***: 159-176 (1990)

Thybo A, Kühn BF, Martens H. Explaining Danish children's preferences for apples using instrumental, sensory and demographic/behavioural data. ***Food Quality and Preference 15***: 53-63 (2004)

van Hout D. Measuring meaningful differences: Sensory Testing Based Decision Making in an Industrial Context; ***Applications of Signal Detection Theory and Thurstonian Modelling***. PhD thesis, Erasmus Research Institute of Management, Rotterdam, Netherlands (2014)

Vasconcellos JA. Total quality management. pp.19-78. In: ***Quality Assurance for the Food Industry: A Practical Approach***. Vasconcellos JA(ed). CRC Press LLC., Boca Raton, FL, USA (2005)

Villanueva ND, Petenate AJ, Da Silva MA. Performance of the hybrid hedonic scale as compared to the traditional hedonic, self-adjusting and ranking scales. ***Food Qual. Prefer. 16***(8): 691-703. (2005).

Yang J. ***Korean consumers' acceptability of commercial food products and usage of the 9-point hedonic scale. Master thesis***. Pusan National University, Busan, Korea (2016)

Yao E, Lim J, Tanaki K, Ishii R, Kim K, O'Mahony M. Structured and unstructured 9-point hedonic scales: A cross cultural study with American, Japanese and Korean consumers. ***J. Sensory stud. 18***(2): 115-139. (2003).

Yoon E, Kim J, Lee J. The US consumers' acceptability and emotion measures when consuming novel Korean traditional non-alcoholic beverages. ***J. Sensory Stud. 31***: 256-271 (2016)

웹 사이트

기관생명윤리위원회 정보포털 http://www.irb.or.kr/

대한기관윤리심의기구협의회 http://www.kairb.org/

질병관리본부 교육시스템 https://edu.cdc.go.kr/index.jsp

국가생명윤리정책원 https://www.nibp.kr:5002/xe/

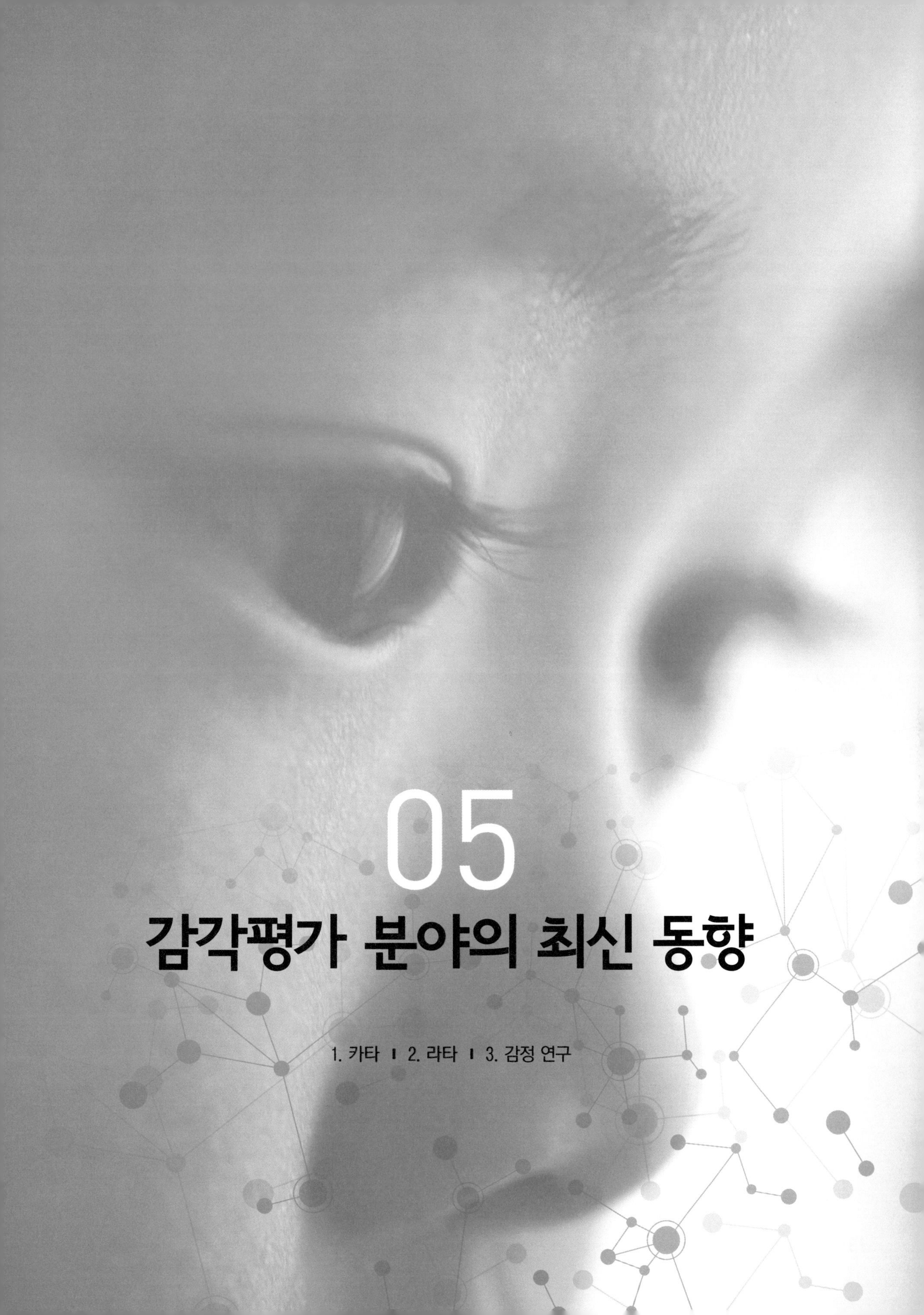

05
감각평가 분야의 최신 동향

1. 카타 | 2. 라타 | 3. 감정 연구

1. 카타Check-all-that-apply, CATA

감각평가의 방법 중 묘사 분석의 경우 정성적으로 외관, 향, 향미, 조직감, 후미 등을 표현하는 용어가 있다(Murray 등, 2014). 사용되는 묘사 분석의 방법에 따라 정도는 다르지만 참여하는 평가 요원을 대상으로 많은 훈련이 필요하기 때문에 묘사 분석 평가 요원의 유지에 비용과 시간이 많이 드는 단점이 있다(Cruz 등, 2014; Lawless 등, 2010). 다양한 제품군을 평가해야 하는 경우 묘사 분석 평가 요원을 여러 그룹으로 나눠 병행해서 진행해야 하는 경우 훈련에 소요되는 기간은 상대적으로 길어질 수도 있다(Valentin 등, 2012). 상대적으로 비용이 저렴하고 시간이 짧게 걸리는 방법에 대한 요구가 지속되면서 훈련받지 않은 소비자를 대상으로 하는 방법으로 묘사 분석을 대체하는 접근 방법이 개발되어 평가, 사용되었다(Valentin 등, 2012; Worch 등, 2010).

이러한 대체 방법은 훈련 기간이 필요 없어, 평가하고자 하는 제품군의 상대적인 비교에 유용하다(Valentin 등, 2012). 감각평가에 훈련된 패널이 평가한 묘사 분석과 소비자 기반 평가법을 비교한 연구에서 결과 간 유의성이 높았으며 신뢰할 수 있는 결과가 도출된다고 하였다(Ares 등, 2011; Dooley 등, 2010). 특히, 소비자 기반 조사 방법 중 카타check-all-that-apply, CATA 기법이 많이 활용되고 있다.

CATA는 특정 제품에 대해 소비자들이 인식하는 감각 특성에 대해 알아보는 소비자 연구 방법(Meyners 등, 2013)으로, 해당 시료에서 인지되는 특성 한 가지나 몇 가지에 대해서만 평가하기보다는(Dos Santos 등, 2015) 인지되는 특성을 모두 선택하게 하여(Adams 등, 2007; Jaeger 등, 2015) 소비자들이 느끼는 모든 감각 특성에 대한 정보를 얻기 쉽다. 평가 과정이 단순하고 쉽기 때문에 짧은 시간에 마칠 수 있다(Lancaster 등, 2007). 이러한 장점 때문에 CATA법은 아이스크림, 오렌지 주스, 우유 디저트, 두유, 요구르트 등의 식품 평가에 널리 이용되고 있다(Dooley 등, 2010; Lee 등, 2013; Bruzzone 등, 2015; Hwang 등, 2015; Cruz 등, 2014). CATA를 활용하여 조직감texture을 평가하는 설문지의 예를 그림 5-1에 나타내었다(Kim 등, 2016). 뒤에 설명할 '3. 감정 연구' 평가 부분에서도 CATA를 활용하여 감정을 평가하는 설문지의 예시가 있으니 참고할 수 있다.

반면에 몇 가지 단점이 제시되는데, CATA로 평가한 자료는 2진법을 사용하여 표시되었을 때에는 1, 표시되지 않았을 경우 0을 입력한다(Ares 등, 2014 b). 이는 인지된 특성의 강도에 대한 직접적인 측정이 아니므로 강도의 차이는 약간 있으나 비슷한 감각 특성을

Consumer No. : ______ Consumer Test - Texture terms Date: __________

Sample Code: ____

Please answer the following questions after consuming the samples provided.

1. How much do you like the provided sample? (Please check your answer among the boxes below.)

☐	☐	☐	☐	☐	☐	☐	☐	☐
Dislike extremely	Dislike very much	Dislike moderately	Dislike slightly	Neither like nor dislike	Like slightly	Like moderately	Like very much	Like extremely

2. Check all the texture terms that apply of the evoked texture attributes while consuming the provided sample.

adhesive	ductile	gummy	rigid	thick
body	elastic	hard	rubbery	thin
brittle	firm	juicy	short	tough
chewy	flaky	liquid	slimy	viscous
cohesive	fleshy	long	soft	watery
compact	flexible	loose	spongy	weak
compressible	fluffy	mealy	spreadable	
creamy	fluid	oily	springy	
crisp	friable	pasty	sticky	
crumbly	gelatinous	plastic	stiff	
crunchy	gooey	pliable	tacky	
dry	greasy	pulpy	tender	

그림 5-1 CATA 방법을 사용한 조직감 특성 평가 설문지의 예시

자료 : Kim J, Lee J. Korean consumer evaluation of various foods using four different texture lexicons. *J Sensory Stud. 31*(4): 314-327 (2016)

가진 식품을 평가할 경우 변별력이 떨어질 수도 있다고 하였다(Reinbach 등, 2014).

CATA법의 자료는 표시된 빈도로 나타낸다. 유의성 평가는 코크런 Q검사Cochran's Q test를 시행하고, 시료 간 유의성을 평가하기 위해서는 Marascuilo's 절차Marascuilo's procedure를 사용한다(Gallo 등, 2017). 시료 간의 관계를 시각적으로 나타내고 싶을 때에는, 비모수 자료의 다변량 분석 방법인 대응 분석correspondence analysis을 사용한다. 만약 묘사 분석으로 평가한 자료와 비교하고 싶을 경우에는 묘사 분석의 주성분 분석과 제품의 상대적 위치인 행렬도를 비교하는 RV 계수RV coefficient로 평가할 수 있다(Antúnez 등, 2017; Cadoret 등, 2013; Reis 등, 2017).

대응 분석의 예는 그림 5-2에서 찾아볼 수 있다(Kim 등, 2016). 영어로 개발된 조직감 관련 용어를 한국어로 번역하여 CATA법 용어로 사용하였고, 소비자를 대상으로 12가지 식품의 조직감을 평가하게 하였다. 식품과 조직감 특성 간의 관계를 살펴보기 위하여 대응 분석을 실시하였다. 행렬도Biplot는 전체 자료의 약 51.9%를 대표하였다. Dimension 1은 식품을 씹을(저작) 때 나는 소리의 정도를 대표하는 특성들이 대체적으

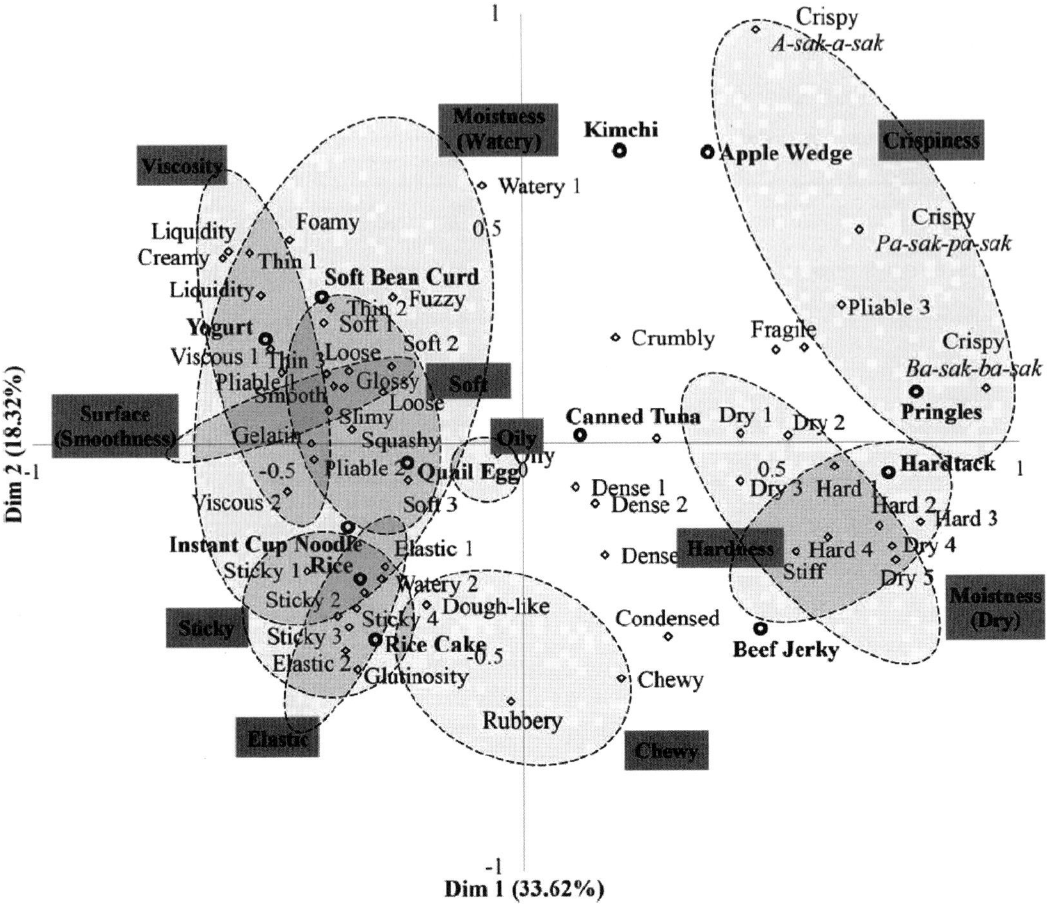

그림 5-2 CATA법을 이용한 12가지 식품의 조직감 특성의 대응 분석

자료 : Kim J, Lee J. Korean consumer evaluation of various foods using four different texture lexicons. *J Sensory Stud.* *31*(4): 314-327 (2016)

로 설명되었다. 씹을 때에 소리가 거의 나지 않는 순두부, 요구르트, 떡, 메추리알, 컵라면의 면, 쌀, 참치, 육포가 (−)축 방향에 위치하고, (+)의 방향으로는 씹을 때에 소리가 많이 나는 식품인 건빵, 감자 칩, 사과 조각과 김치가 위치하였다. Dimension 2는 식품의 수분과 씹힘성으로 발현되는데, 수분이 많고 씹기 쉬운 시료는 양의 방향으로 위치하였고(순두부, 요구르트, 사과, 김치), 상대적으로 수분이 적게 느껴지고 씹힘성이 높은 시료는 음의 방향으로 위치하는데 육포, 쌀밥, 떡이 이에 해당된다.

2. 라타Rate-all-that-apply, RATA

앞에서 서술한 대로 CATA법을 이용하여 평가한 자료는 2진법을 사용하여 '있다(1)', '없다(0)'로 처리되기 때문에(Ares 등, 2014 b) 인지된 특성의 강도에 대한 직접적인 측정이 될 수 없으며, 강도 차이는 약간 있으나 비슷한 감각 특성을 가진 식품을 평가할 경우 변별력이 떨어질 가능성이 있다. 이러한 제한점을 극복하기 위해서 CATA법에 강도 평가를 더한 실험법이 제안되어(Reinbach 등, 2014) CATA 강도CATA-intensity라고 불렸으며, 이후 라타Rate-all-that-apply, RATA라고 명명되었다(Ares 등, 2014 a).

RATA법을 이용하게 되면 소비자가 먼저 CATA법으로 제시된 감각 특성 중 평가 중인 제품에 해당되는 것만 모두 고른 후, 선택된 특성에 대해서만 강도척도를 이용하여 강도를 평가한다(Waehrens 등, 2016). 강도척도는 3점 강도척도에서 15점 강도척도까지 다양하게 사용되었다. CATA법과 비교하여 RATA법을 이용하였을 때에 상대적으로 감각 특성의 사용이 늘었고, 시료 간 분별력도 향상되었다고 한다(Ares 등, 2014 a). 특히, 감각 특성의 작은 강도 차이만 있을 경우에 시료 분별력 향상이 기대되고(Giacalone 등, 2016), 모수 통계 분석이 가능하다는 장점이 있다(Ng 등, 2013).

RATA법을 사용하게 되면 통계 분석을 할 때에 CATA법 단계에서 선택되지 않은 감각 특성에 대한 자료 처리에 대한 이견이 있을 수 있다. 선택되지 않은 특성의 경우 강도를 모두 '0'으로 간주할 것인지, 그리고 CATA법 단계에서 선택되어 RATA 단계에서 강도를 평가할 때에 1이 '전혀 없다not at all'인지, '매우 약하게very weak'인지에 대한 혼란이 있을 수 있어서 선택되지 않은 감각 특성을 0으로 처리하는 대신 처음부터 강도 평가에 '0'을 도입하자고 제안하였다(Meyners 등, 2016).

이런 여러 가지 제한점을 고려하여, 소비자를 대상으로 하여 제품 간의 관계와 특성을 알고자 하면 CATA법을 사용하고, 중요한 특성의 강도 평가도 필요하다면 몇 가지 특성에 대해서 강도척도를 이용하는 것을 추천한다.

3. 감정 연구

정서mood와 감정emotion은 개인의 식품 선택에 영향을 미치는 중요한 요인으로 간주된다. 섭취 동기, 섭취량, 섭취 빈도, 식품 선택 등은 생리적 필요성이나 식품의 영양학적 조성보다는 개인의 정서나 감정에 의해 영향을 받는다(Desmet 등, 2008). 식품 선택에 영향을 미치는 9가지 인자 가운데 정서가 결정 요인으로 분류된 바 있다(Steptoe 등, 1995). 정서는 직접적인 자극 없이 서서히 형성되어 관찰자가 알아채지 못할 수 있는 반면, 감정은 특정한 자극에 대한 반응으로 형성되어 잠시 동안 지속된다(Gibson, 2006; King 등, 2010). 정서와 감정이 식품의 선택에 영향을 미치는 것처럼, 식품의 섭취도 정서와 감정에 영향을 끼치기 때문에 소비자가 식품을 선택할 때에 바람직한 감정적 경험을 할 수 있는 제품을 만드는 것이 제품의 경쟁력 향상에 도움이 될 수 있다.

최근 식품 소비와 관련된 감정 연구가 급증하였으며, 예전의 감정 연구에 비해 긍정적인 용어는 늘리면서 용어의 수 자체는 줄이는 추세이다(Meiselman, 2015). 초기에 개발된 Profile of Mood States$_{\text{POMS}}$은(McNair 등, 1971) 임상 연구용이었기 때문에 정서의 관점을 6분류로 나누었을 때 긍정적인 관점은 '활기-활동$_{\text{vigor-activity}}$'과 한 가지였다. Chrea 등(2009)은 총 36개의 감정 용어가 포함되어 있는 GEOS를 개발하였고, 식품을 소비할 때에 유발되는 감정을 연구하기 위하여 개발된 도구 중 보편적으로 사용될 수 있

표 5-1 EsSense Profile®과 EsSense25*의 용어

긍정적 감정 (Positive Emotion)		분류되지 않은 감정 (Unclassified Emotion)	부정적 감정 (Negative Emotion)
Active(활동적인)	Loving(애정 깊은)	Aggressive(공격적인)	Bored(지루한)
Adventuruous(모험적인)	Merry(명랑한)	Daring(용감한)	Disgusted(역겨운)
Affectionate(애정 깊은)	Nostalgic(향수를 느끼는)	Guilty(죄책감을 느끼는)	Worried(걱정하는)
Calm(침착한)	Peaceful(평온한)	Mild(부드러운)	
Eager(열광하는)	Pleasant(즐거운)	Quiet(조용한)	
Energetic(원기 왕성한)	Pleased(기뻐하는)	Tame(유순한)	
Enthusiastic(열성적인)	Polite(공손한)	Wild(거친)	
Free(자유로운)	Satisfied(만족한)		
Friendly(친절한)	Secure(안전한)		
Glad(기쁜)	Steady(안정된)		
Good(좋은)	Tender(부드러운)		
Good natured(온화한)	Understanding(이해하는)		
Happy(행복한)	Warm(따뜻한)		
Interested(흥미있는)	Whole(완전한)		
Joyful(즐거운)			

*음영으로 표시한 용어는 EsSense25 포함 용어

※ 괄호 안의 한글 용어는 소비자에게 영어 단어를 제공하고 그 뜻을 선택하게 한 것으로 일부 영어 단어는 같은 한글 용어로 번역되었다. 'Affectionate'와 'loving'이 '애정 깊은'으로, 'tender'와 'mild'가 '부드러운'으로 번역되어 한글 용어로 평가할 때에는 용어의 개수가 줄어든다(Hu 등, 2016). Essense25에는 의미가 비슷한 단어가 하나씩만 포함된 것을 알 수 있다.

는 EsSense Profile®(King 등, 2010)은 총 39개의 감정 용어로 구성되어 있다. 이는 제품을 이용하고 대체적으로 좋아하는 소비자를 대상으로 만들어졌으며, 이후 최신 논문에서는 분류 방법을 이용하여 기존에 개발된 감정 용어 39가지를 25개의 용어로 줄였다(Nestrud 등, 2016). 표 5-1에 EsSense Profile®과 EsSense25의 용어를 긍정적 감정, 명확하게 구분되지 않는 감정, 부정적 감정으로 구분하여 나타내었다. 각각의 감정 용어가 EsSense Profile®에서는 29개, 3개, 6개로, EsSense25에는 17개, 5개, 3개가 있다.

또한, 감정을 평가하면서 9점 기호척도를 같이 사용하여 전체적인 기호도 외에도 감정에 대한 정보를 얻을 수 있도록 하였다. 감정 평가의 경우, 앞에서 소개된 용어 가운데 해당되는 것은 모두 선택하는 비모수적 방법인 CATAcheck-all-that-apply 방법을 사용하여(그림 5-3) 소비자가 느끼는 감정을 모두 선택하게 하여 선택된 감정 용어별로 빈도를 결과로 나타낼 수 있다(그림 5-4).

또는 5점 강도척도를 이용하여 감정의 정도를 평가하고(그림 5-5), 그 결과는 분산 분

Please taste (*product name*) # xxx now.

How much you LIKE or DISLIKE (*product*)?

Dislike extremely	Dislike very much	Dislike moderately	Dislike slightly	Neither like nor dislike	Like slightly	Like moderately	Like very much	Like extremely
□	□	□	□	□	□	□	□	□

Please select the words which describe how you **FEEL RIGHT NOW**. *Select all that apply.*

□ Active	□ Glad	□ Pleasant
□ Adventurous	□ Good	□ Polite
□ Affectionate	□ Good-natured	□ Quiet
□ Aggressive	□ Guilty	□ Satisfied
□ Bored	□ Happy	□ Secure
□ Calm	□ Interested	□ Steady
□ Daring	□ Joyful	□ Tame
□ Disgusted	□ Loving	□ Tender
□ Eager	□ Merry	□ Understanding
□ Energetic	□ Mild	□ Warm
□ Enthusiastic	□ Nostalgic	□ Whole
□ Free	□ Peaceful	□ Wild
□ Friendly	□ Pleased	□ Worried

그림 5-3 CATA 방법을 이용한 EsSense Profile® 설문지 예시

자료 : King SC, Meiselman HL Development of a method to measure consumer emotions associated with foods. *Food Qual. Prefer.* *21*(2): 168-177 (2010)

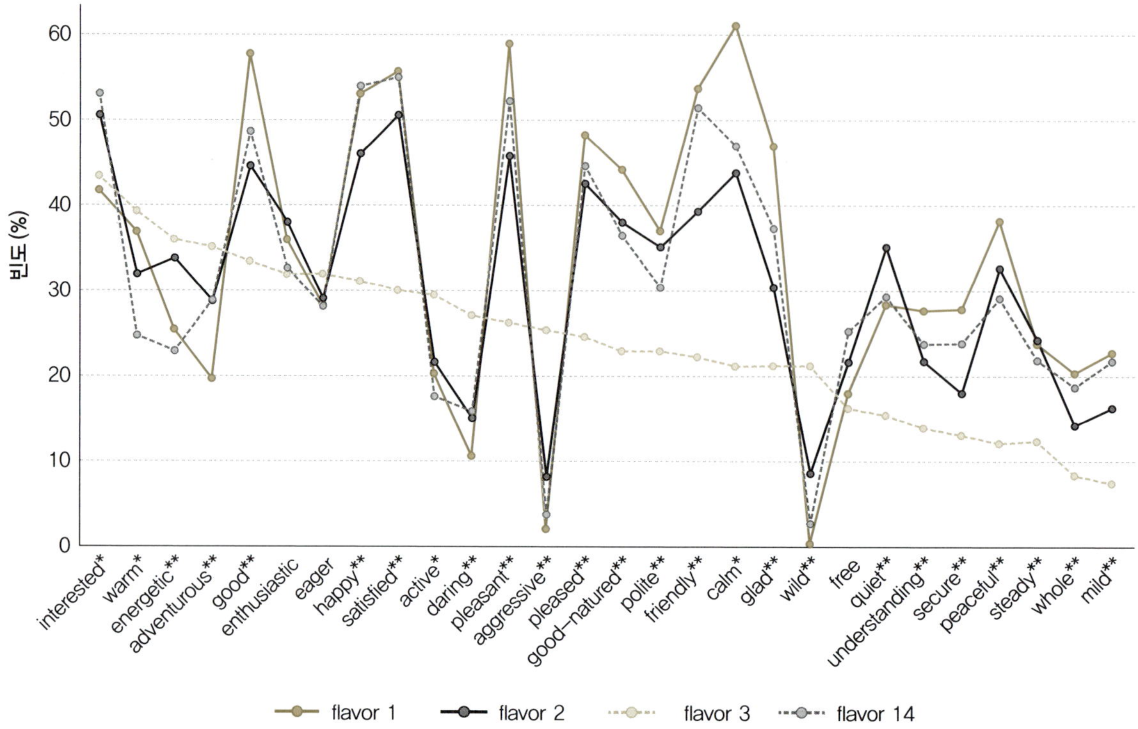

그림 5-4 향미가 다른 4제품의 감정 빈도 결과

(*, **는 각각 p-value < 0.05, 0.01에서의 유의성을 나타냄.)

자료 : King SC, Meiselman HL Development of a method to measure consumer emotions associated with foods. *Food Qual. Prefer.* *21*(2): 168-177 (2010)

석 등을 이용해 분석하여 거미줄 도표(그림 5-6), 주성분 분석 행렬도(그림 5-7) 등으로 나타내는 방법이 있다.

그림 5-6은 다섯 가지 식품에 대해 연관된 감정을 인터넷으로 조사한 결과를 나타낸 것으로, 유의적 차이가 있었던 감정 용어의 결과만 거미줄 도표로 나타내었다(King 등, 2010).

그림 5-7은 한국 전통음료 6가지에 대한 소비자의 기호도와 감정 변화를 살펴본 연구의 결과이다. 평가를 시작하기 전에 감정을 먼저 조사하고, 각 음료를 평가한 후에 기호도와 감정을 5점 강도척도를 이용하여 평가하였다. 주성분 분석을 이용하여 감정과 음료의 관계를 살펴보았을 때, 감정 용어가 2사분면의 부정적인 감정과 1, 4사분면의 긍정적인 감정으로 나뉘고, 전통음료에 대한 정보를 제공받은 소비자군과 제공받지 못한 소

Please taste (product name) # xxx now.

Below you will find words which describe different kinds of moods and feelings.
Using the terms listed, please describe how you ***FEEL RIGHT NOW***. Please rate each feeling.

Feeling	Not at all	Slightly	Moderately	Very	Extremely
Active	1	2	3	4	5
Adventurous	1	2	3	4	5
Affectionate	1	2	3	4	5
Aggressive	1	2	3	4	5
Bored	1	2	3	4	5
Calm	1	2	3	4	5
Daring	1	2	3	4	5
Disgusted	1	2	3	4	5
Eager	1	2	3	4	5
Energetic	1	2	3	4	5
Enthusiastic	1	2	3	4	5
Free	1	2	3	4	5
Friendly	1	2	3	4	5
Glad	1	2	3	4	5
Good	1	2	3	4	5
Good-natured	1	2	3	4	5
Guilty	1	2	3	4	5
Happy	1	2	3	4	5
Interested	1	2	3	4	5
Joyful	1	2	3	4	5
Loving	1	2	3	4	5
Merry	1	2	3	4	5
Mild	1	2	3	4	5
Nostalgic	1	2	3	4	5
Peaceful	1	2	3	4	5
Pleased	1	2	3	4	5
Pleasant	1	2	3	4	5
Polite	1	2	3	4	5
Quiet	1	2	3	4	5
Satisfied	1	2	3	4	5
Secure	1	2	3	4	5
Steady	1	2	3	4	5
Tame	1	2	3	4	5
Tender	1	2	3	4	5
Understanding	1	2	3	4	5
Warm	1	2	3	4	5
Whole	1	2	3	4	5
Wild	1	2	3	4	5
Worried	1	2	3	4	5

그림 5-5 5점 강도척도를 이용한 EsSense Profile®의 설문지 예시

비자군의 감정에 차이가 있음을 알 수 있다. 정보가 제공되었을 때에 감정이 긍정적으로 변화하였다(Yoon 등, 2016).

연구 과정에서 '기호적 비대칭hedonic asymmetry'이 관찰되는데(King 등, 2010), 이는 식품을 섭취한 반응에 대해서 부정적 감정보다는 긍정적 반응을 더 많이 보인다는 긍정적 오류

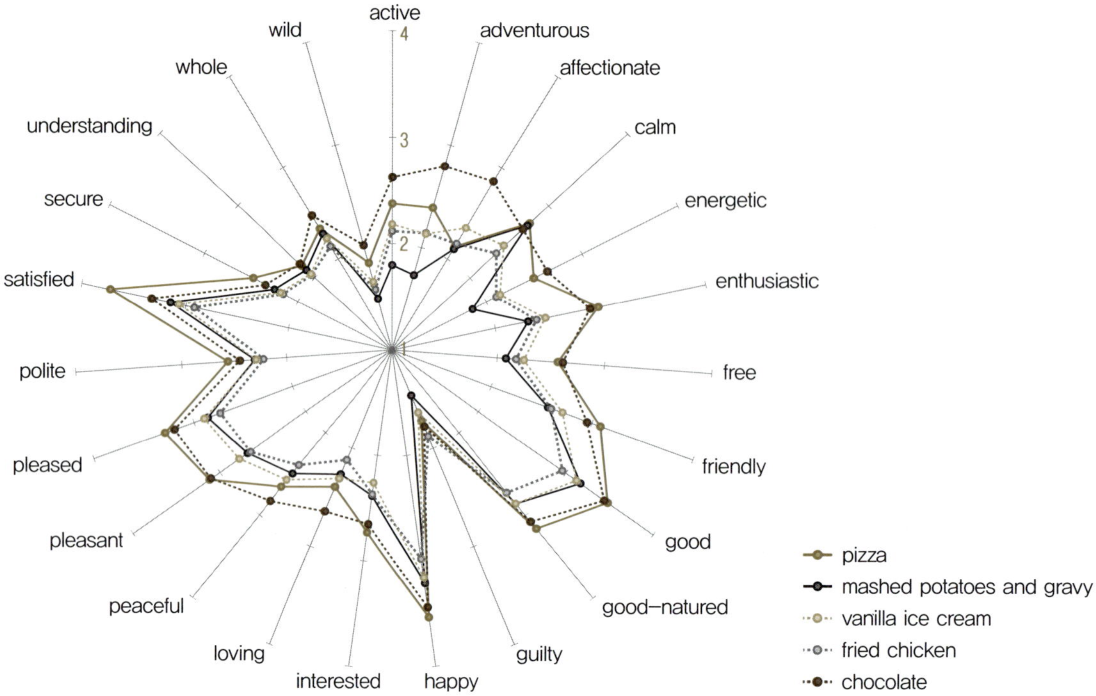

그림 5-6 EsSense Profile로 평가한 식품과 연관된 감정 거미줄 도표

자료 : King SC, Meiselman HL. Development of a method to measure consumer emotions associated with foods. *Food Qual. Prefer.* *21*(2): 168–177 (2010)

를 뜻한다(Desmet 등, 2008). 이는 소비자가 건강하지 못한 경우나 스트레스를 받는 경우를 제외하고는 대체적으로 식품 소비를 긍정적인 경험으로 판단하기 때문이라고 하였다(Gibson, 2006). EsSense Profile®(King 등, 2010)이 감정 연구의 시작점이 될 수 있어 특정한 제품의 용도에 따라 감정 용어가 더해지거나 줄어들 수 있다고 하였다. 특정 제품에 관한 감정 용어도 개발되어 있는데, 식품으로는 초콜릿(Pineau 등, 2010; Thomson 등, 2010), 초콜릿 헤이즐넛 스프레드(Spinelli 등, 2014), 블랙커런트 스콰시(Ng 등, 2013), 음료로는 커피(Bhumiratana 등, 2014), 맥주(Chaya 등, 2015), 와인(Ferrarini 등, 2010)이 있으며, EsSense Profile®과 비교하는 연구를 하였다.

이들 연구 중에서 커피를 마실 때 느끼는 감정에 대한 연구를 예로 들어 살펴보면(Bhumiratana 등, 2014), 커피마시기 경험Coffee Drinking Experience, CDE에는 총 44개 용어가 포함되어 있다. EsSense Profile®을 기본으로 하여 소비자 포커스 그룹 인터뷰를 수행하여 47개의 감정 용어를 추가로 개발하였다. 이후 커피를 마시기 전과 후에 느끼는 감정의

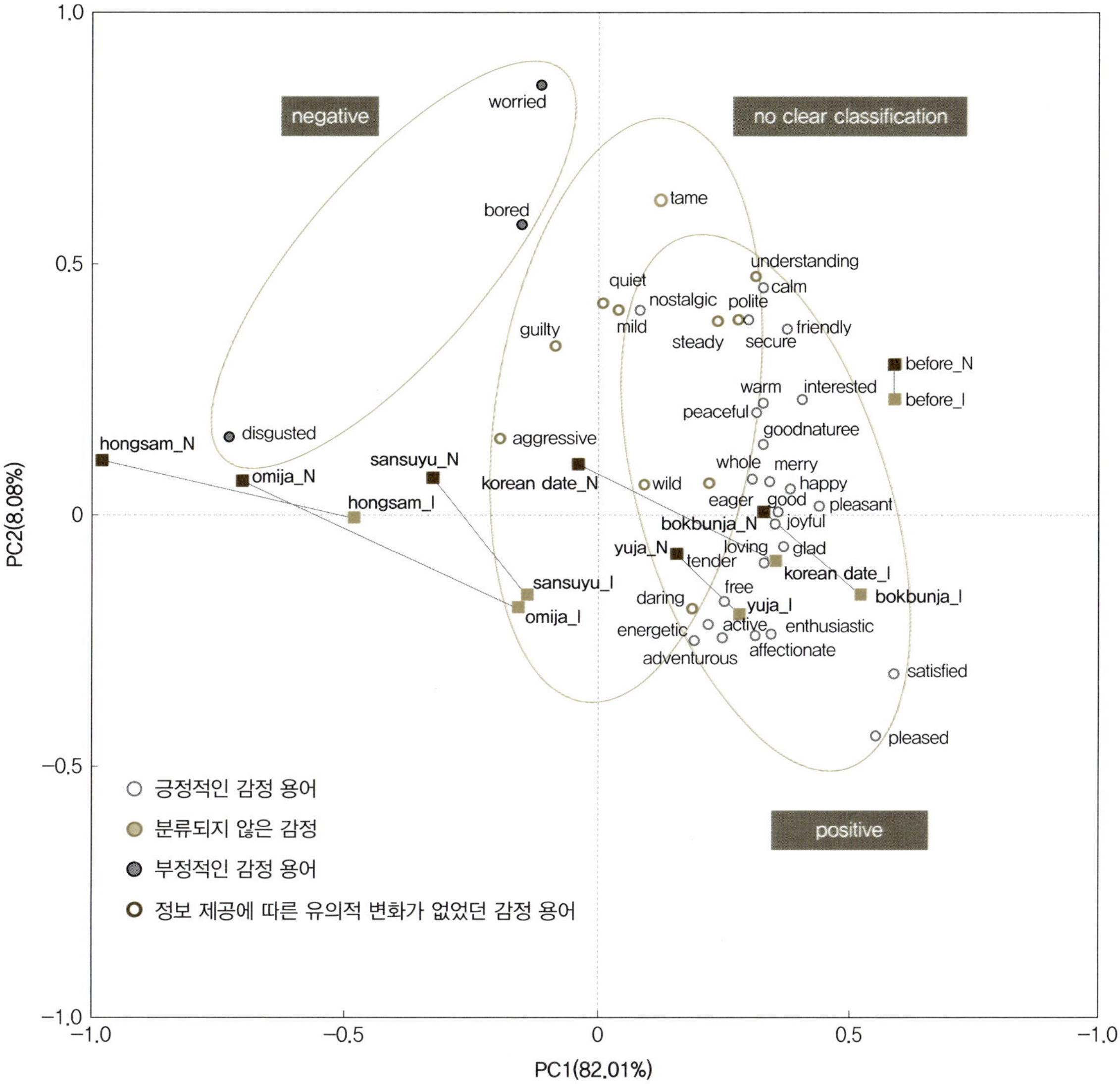

그림 5-7 한국 전통음료 소비 전후의 감정 변화에 대한 주성분 분석

자료 : Yoon E, Kim J, Lee J. The U.S. consumers' acceptability and emotion measures when consuming novel Korean traditional non-alcoholic beverages. *J Sensory Stud.* *31*(3): 256–271 (2016)

강도를 표기하도록 하는 정량적 평가를 하여 통계 분석으로 최종 44개의 용어가 포함된 CDE를 개발한 것이다. CDE에는 EsSense Profile®의 감정 용어 중 17개가 포함되어 있다. 특히, CDE에는 커피와 같이 카페인을 함유하는 음료를 소비할 때에 기대할 수 있는 효과와 관련된 감정이 포함되어 있었다. 예를 들면 통제하는in control, 자극받은motivated,

생산적인productive, 뚜렷한clear-minded 등 정신적 집중을 나타내는 용어들이다. 이후 EsSense Profile®과 CDE를 비교한 연구에서 커피를 마실 때 일어나는 감정 변화는 활기 있는energetic, 만족하는satisfied, 기뻐하는pleased에서 유사하게 관찰되었지만, CDE를 이용한 평가에서 북돋우는boosted과 요동치는jolted, 활기를 불어넣는jump start 용어가 추가적으로 유의적인 변화를 보였다(Kanjanakorn 등, 2017).

참고문헌

Antúnez L, Vidal L, de Saldamando L, Giménez A, Ares G. Comparison of consumer-based methodologies for sensory characterization: Case study with four sample sets of powdered drinks. ***Food Qual. Prefer. 56***: 149-163 (2017)

Ares G, Bruzzone F, Vidal L, Cadena RS, Giménez A, Pineau B, Jaeger SR. Evaluation of a rating-based variant of check-all-that-apply questions: Rate-all-that-apply (RATA). ***Food Qual. Prefer. 36***: 87-95 (2014 a)

Ares G, Dauber C, Fernández E, Giménez A, Varela P. Penalty analysis based on CATA questions to identify drivers of liking and directions for product reformulation. ***Food Qual. Prefer. 32***: 65-76 (2014 b)

Bhumiratana N, Adhikari K, Chambers IV E. The development of an emotion lexicon for the coffee drinking experience. ***Food Res. Int'l. 61***: 83-92 (2014)

Bruzzone F, Vidal L, Antúnez L, Giménez A, Deliza R, & Ares G. Comparison of intensity scales and CATA questions in new product development: Sensory characterisation and directions for product reformulation of milk desserts. ***Food Qual. Prefer. 44***: 183-193. (2015)

Cadoret M, Husson F. Construction and evaluation of confidence ellipses applied at sensory data. ***Food Qual. Prefer. 28***(1): 106-115 (2013)

Chaya C, Pacoud J, Ng M, Fenton A, Hort J. Measuring the emotional response to beer and the relative impact of sensory and packaging cues. ***J Am Soc. Brewing Chemists 73***(1): 49-60 (2015).

Chrea C, Grandjean D, Delplanque S, Cayeux I, Le Calve B, Aymard L, Velazco MI, Sander D, Scherer KR. Mapping the semantic space for the subjective experience of emotional responses to odors. ***Chemical Senses, 34***: 49-62. (2009)

Cruz AG, Cadena RS, Castro WF, Esmerino EA, Rodrigues JB, Gaze L, Bolini HMA. Consumer perception of probiotic yogurt: Performance of check all that apply (CATA), projective mapping, sorting and intensity scale. ***Food Res. Int'l, 54***(1): 601-610. (2013)

Desmet PMA, Schifferstein HNJ. Sources of positive and negative emotions in food experience. ***Appetite, 50***: 290-301. (2008)

Dooley L, Lee YS, Meullenet JF. The application of check-all-that-apply (CATA) consumer profiling to preference mapping of vanilla ice cream and its comparison to classical external preference mapping. ***Food Qual. Prefer. 21***(4): 394-401. (2010)

Dos Santos BA, Campagnol PB, da Cruz AG, Galvão MTEL, Monteiro RA, Wagner R, Pollonio MAR. Check all that apply and free listing to describe the sensory characteristics of low sodium dry fermented sausages: comparison with trained panel. ***Food Res. Int'l, 76***: 725-734. (2015)

Ferrarini R, Carbognin C, Casarotti EM, Nicolis E, Nencini A, Meneghini AM. The emotional response to wine consumption. ***Food Qual. Prefer. 21***: 720-725 (2010).

Gallo KE, Swaney-Stueve M, Chambers DH. Comparing visual food images versus actual food when measuring emotional response of children. ***J Sensory Stud. 32***: e12267. (2017)

Giacalone D, Hedelund PI. Rate-all-that-apply (RATA) with semi-trained assessors: An investigation of the method reproducibility at assessor-, attribute- and panel-level. ***Food Qual. Prefer. 51***: 65-71 (2016)

Gibson EL. Emotional influences on food choice: Sensory, physiological and psychological pathways. ***Physiology Behavior 89***: 53-61 (2006)

Hu, Xiaojia, ***Comparison of emotions elicited while drinking coffee between Korean and Chinese, Masters' thesis***, Pusan National University (2016)

Hwang SH, Hong JH. Determining the most influential sensory attributes of nuttiness in soymilk: A trial with Korean consumers using model soymilk systems. ***J. Sensory Stud. 30***(5): 425-437. (2015)

Jaeger SR, Beresford MK, Paisley AG, Antúnez L, Vidal L, Cadena RS, Ares G. Check-all-that-apply (CATA) questions for sensory product characterization by consumers: Investigations into the number of terms used in CATA questions. ***Food Quality and Preference, 42***, 154-164 (2015)

Kanjanakorn A, Lee J. Examining emotions and comparing EsSense Profile and the Coffee Drinking Experience in coffee drinkers in the natural environment. ***Food Qual. Prefer. 56***:69-79 (2017)

Kim J, Lee J. Korean consumer evaluation of various foods using four different texture lexicons. ***J Sensory Stud. 31***(4): 314-327 (2016)

King SC, Meiselman HL. Development of a method to measure consumer emotions associated with foods. ***Food Qual. Prefer. 21***(2): 168-177 (2010)

Lawless HT, Heymann H. ***Sensory evaluation of food: principles and practices***. Springer Science & Business Media. (2010)

Lee Y, Findlay C, Meullenet JF. Experimental consideration for the use of check-all-that-apply questions to describe the sensory properties of orange juices. ***International J. Food Sci. Technol. 48***(1): 215-219 (2013)

McNair DM, Lorr M, Droppleman LF. ***Profile of mood states***. San Diego, CA: Educational and Industrial Testing Service. (1971)

Meiselman HL. A review of the current state of emotion research in product development. ***Food Res. Int'l. 76***: 192-299 (2015)

Meyners M, Castura JC, Carr BT. Existing and new approaches for the analysis of CATA data. ***Food Qual. Prefer. 3***0(2): 309-319 (2013)

Meyners M, Jaeger SR, Ares G. On the analysis of Rate-All-That-Apply (RATA) data. ***Food Qual. Prefer. 49***: 1-10 (2016)

Murray JM, Delahunty CM, Baxter IA Descriptive sensory analysis: past, present and future. ***Food Res. Int'l 34***(6): 461-471 (2001)

Nestrud MA, Meiselman HL, King SC, Lesher LL, Cardello AV. Development of EsSense25, a shorter version of the EsSense Profile®. ***Food Qual. Prefer. 48***:107-117 (2016)

Ng M, Chaya C, Hort J. Beyond liking: Comparing the measurement of emotional response using EsSense profile and consumer defined check-all-that-apply methodologies. ***Food Qual. Prefer. 28***(1): 193-205 (2013)

Reinbach HC, Giacalone D, Ribeiro LM, Bredie WL, Frøst MB. Comparison of three sensory profiling methods based on co***nsumer perception: CATA, CATA with intensity and Napping®. Food Qual. Prefer. 32***: 160-166 (2014)

Reis F, Alcaire F, Deliza R, Ares G. The role of information on consumer sensory, hedonic and wellbeing perception of sugar-reduced products: Case study with orange/pomegranate juice. ***Food Qual. Prefer. 62***: 227-236 (2017)

Spinelli S, Masi C, Dinnella C, Zoboli GP, Monteleone E. How does it make you feel? A new approach to measuring emotions in food product experience. ***Food Qual. Prefer. 37***:109-122 (2014)

Steptoe A, Pollard TM, Wardle J. Development of a measure of the motives underlying the selection of food: The food choice questionnaire. ***Appetite, 25***: 267-284 (1995)

Thomson DMH, Crocker C, Marketo CG. Linking sensory characteristics to emotions: An example using dark chocolate. ***Food Qual. Prefer. 21***: 1117-1125 (2010)

Valentin D, Chollet S, Lelievre M, Abdi H. Quick and dirty but still pretty good: A review of new descriptive methods in food science. ***Int'l J. Food Sci. Technol. 47***(8): 1563-1578 (2012)

Waehrens SS, Zhang S, Hedelund PI, Petersen MA, Byrne DV. Application of the fast sensory method 'Rate-All-That-Apply' in chocolate quality control compared with DHS-GC-MS. ***Int'l J. Food Sci. Technol. 51***(8): 1877-1887 (2016)

Worch T, Lê S, Punter P. How reliable are the consumers? Comparison of sensory profiles from consumers and experts. ***Food Qual. Prefer. 21***(3): 309-318 (2010)

Yoon E, Kim J, Lee J. The US consumers' acceptability and emotion measures when consuming novel Korean traditional non-alcoholic beverages. ***J. Sensory Stud. 31***(3): 256-271 (2016)

QUALITY
MANAGEMENT
OF
SENSORY
AND
HEDONIC
PROPERTIES
OF
FOOD

06

기기분석

1. 기기분석의 중요성 | 2. 기기분석 방법

1. 기기분석의 중요성

식품 품질의 상태를 판단하는 방법으로 사람의 미각, 후각, 시각, 입안의 촉각 등이 활용되어 왔다. 이는 사람의 감각 능력을 분석 수단으로 사용하는 방법으로 가장 보편화된 방법이다. 하지만 이러한 품질 판단을 사람이 모두 수행할 수 없는 것이 현실이다. 대규모 공장에서 생산되는 수많은 제품의 품질 테스트를 사람이 다 할 수는 없는 노릇이다. 왜냐하면 사람이 직접 관측하는 데 따른 피로도를 고려하면 제한 시간 안에서만 가능하기 때문이다. 제한된 시간을 벗어나면 판단 오차로 인한 손실이 매우 크다. 사람은 완전한 존재가 아니기 때문에 항상 좋은 컨디션을 유지할 수 없다. 감기에 걸리기도 하고 배탈이 나기도 하며, 집안일을 많이 한 날이면 육체적 피곤함을 느끼기기도 한다. 이러한 상황에서는 역시 정확한 판단을 내리기가 어렵다. 배고플 때에 맛을 보는 것과 배가 부른 상태에서 맛을 평가하는 것에는 차이가 있을 수밖에 없다. 물론 어떤 상태에서 어떤 종류의 음식을 먹었는가 하는 것도 문제가 될 수 있다. 맵거나 매우 자극적인 음식을 먹거나 또는 그러한 시료를 분석한 후라고 한다면 입안의 상태가 얼얼하여 정확한 맛을 평가하는 데 무리가 따른다. 이러한 연유로 감각평가는 보통 하루 중 오전 10시와 오후 3시경에 몇 개의 시료만 분석하는 것이 가장 바람직하다.

심리적 상태도 중요한 요인으로 작용할 수 있다. 사랑하는 사람과 헤어지거나 사별을 겪은 직후이거나, 또는 월세나 전세금을 갑자기 올려 달라는 요청을 받거나 자녀의 등록금을 마련하지 못하여 전전긍긍하는 상태에서 감각 평가검사에 임하게 되면 아무래도 정확한 판단이나 분석을 기대하기 어려울 것이다. 또한, 병원에 입원할 정도는 아니지만 감각평가 요원이 후각이나 미각을 측정, 분석하기가 어려운 상태의 질병, 예를 들면 심한 알레르기를 앓고 있다면 이 또한 문제가 될 수 있다. 이는 계절적인 요인일 수도 있지만 꽃가루 이외에 환경적 요인으로 이러한 현상을 겪는 경우도 있다.

감각 평가를 위한 분석 시료를 시간을 두고 비교해야 하는 경우도 있다. 1~2주 정도가 아니라 1년, 3년, 경우에 따라서는 10년 이상이 지난 장기 숙성주와 같은 시료를 분석하는 경우, 한번에 여러 가지 시료를 감각평가하는 것이라면 그리 큰 문제는 아니지만 같은 시료가 숙성 기간 중 얼마만큼 변화되었는지를 정확히 비교하고자 할 때에는 감각평가의 판단을 오랫동안 정확히 기억할 수 없다.

매운 음식은 물론이고 알코올성 주류의 경우 술을 잘 마시지 못하는 사람이라 직접 마시지 않고 입안에서의 감각만을 판단하고 뱉어 낸다고 해도 입안에서 알코올이 흡수될 수가 있고 경우에 따라서는 냄새만 맡는다고 해도 여러 시료를 반복하다 보면 취할 수 있으므로 나중에는 정확한 판단을 내리지 못하는 경우도 발생한다. 뿐만 아니라 평소 자신이 즐겨 접하지 않는 익숙지 않은 음식의 경우라면 선입관이 작용할 수도 있다.

이러한 한계들을 안고 있음에도 사람이 직접 감각 평가를 수행하는 이유는 기기에 의한 분석값과 사람의 기호가 반드시 평행하지 않는다는 것 때문이다. 많은 경우 일치하기도 하지만 예외인 경우도 있기 때문이다. 예를 들어 전자 혀로 맛을 평가하는 경우에는 여러 성분의 상승 작용으로 맛이 훨씬 좋아진다든가, 마스킹 효과로 안 좋게 느끼던 맛이 가려져도 이를 제대로 표현하지 못한다. 물론 사람이 느끼지 못하는 향이나 색깔 등을 기기가 분석해 내는 경우도 있지만 대체로 인간의 감각이 분석기보다 세심하고 우수하다. 맛이나 향기가 성분 하나하나의 이화학적 분석만으로 표현할 수 있는 것이 아니라 전체적인 맛을 종합해야 하는 것이기 때문이다. 제1장에서도 언급하였지만 음식이란 맛이나 향뿐만 아니라 색깔과 물성이 함께 어우러진 하나의 종합예술이요, 과학이기 때문에 감각평가의 결과를 결코 무시할 수 없으며 기기분석만으로는 이를 완전히 대체할 수 없다. 그럼에도 기기분석의 결과는 주관적이기보다는 객관성을 띠기 때문에 합리적인 분석 결과를 도출할 수 있다는 장점을 가지고 있다.

감각 평가자의 한계와 기기분석의 한계는 상호 보완할 수밖에 없는 관계이다. 기기를 통한 분석 결과와 감각평가 결과 간의 상관관계를 통하여 서로가 필요로 하는 시점에 다른 한편의 방법으로 대신해 나가는 방법이 최선의 방법이라고 할 수 있다. 이는 감각

표 6-1 감각적 품질 요소와 이화학적 성질

품질 요소	감각적 성질	이화학적 성질	감각
겉모양	색채	빛의 분산과 흡수, 명도, 지배 파장, 순도	망막세포
	크기, 형태	기하학적 치수, 흠집	시각
풍미	맛	물질의 농도, 수용성	미뢰의 상승, 쇄진 효과
	향 또는 냄새	물질의 휘발성, 유액 분획 계수	후각 감응 세포의 상승, 쇄진 효과
조직감	견고성, 응집성, 탄성, 접착성, 점성	유체 변형성	치아, 구강, 혀, 입꼬리
	부드러움, 거칠음	입자의 크기, 형태, 배열	입, 혀, 목구멍
	메마름, 미끈미끈함	수분과 지방 함량	입, 혀, 목구멍

적 성질의 특성을 이화학적 성질로 대변할 수 있기 때문이다(표 6-1).

분말주스 제품의 품질관리 과정에서 대표적 지표인 비타민 C와 향미 평가 결과 간의 상관관계(그림 6-1)를 매번 감각평가하지 않더라도 비타민 C의 잔존량을 기기분석으로 측정만 해도 품질을 충분히 예측할 수 있으므로 기기분석을 통한 품질관리가 가능하다.

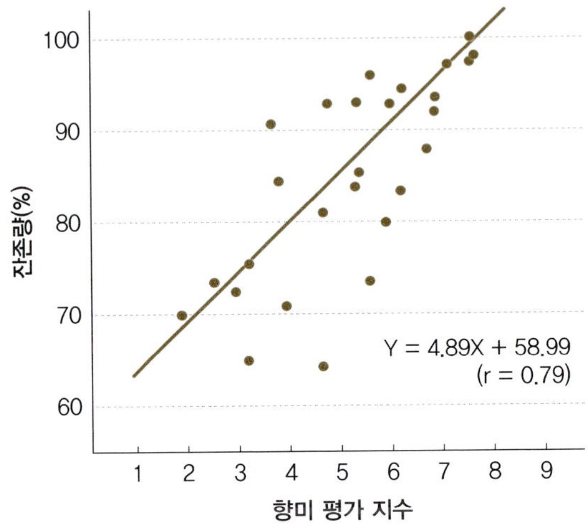

그림 6-1 분말주스의 향미 평가 지수와 비타민 C의 잔존량 관계

자료 : Lee & Noh. 한국식품과학회지 14: 330-335 (1982)

2. 기기분석 방법

1) 수분

수분moisture은 식품의 품질 평가에서 가장 기본적인 항목이다. 식품의 일반 성분 분석에서 단백질, 지질, 탄수화물, 회분 등은 근사 성분proximate components값인 데 비하여 수분은 화학량으로서 명확한 H_2O의 측정을 목적으로 한다.

수분 측정에서 주의할 점은 시료 자체의 수분 함량이 변화하기 쉬워 조금만 부주의하면 방습 또는 흡습되므로, 수분의 증감 현상 및 시료 전체를 대표할 수 있는 시료를 조제해야 한다. 그러므로 시료의 특성을 충분히 파악하고 적절하게 균질화해서 시료를 채취해야 한다.

수분 정량의 목적은 첫째는 식품의 주요 성분표를 작성하기 위하여, 둘째는 건조·염장·발효 등 식품을 가공하기 위하여, 셋째는 식품의 저장 중 성분 변화 실태를 파악하기 위함이며, 이러한 이유로 수분 측정은 반드시 필요한 것이다. 식품의 수분 측정에 많이 이용되는 방법으로는 가열 건조법, 증류법, 칼-피셔법Karl-Fisher method, 전기 수분 계측법, 근적외선 분광 흡수법, 가스 크로마토그래피법, 핵자기 공명 흡수법 등이 있다.

최근에는 가열 건조의 한 방법으로 마이크로파 가열 건조법이 개발되어 식품의 성상에 맞는 가열 건조 조건이 검토되고 있다. 이 방법은 한 개의 시료에 수분 측정 시간이 불과 수 분 내지 10여 분 정도이므로 신속 간편한 방법이기도 하다.

(1) 가열 건조법

수분 측정 방법의 하나인 건조법에는 상압, 감압, 동결, 건조제법 및 적외선 수분 측정법 등이 있다. 건조법은 식품의 수증기압을 높이고 주위의 수증기압을 상대적으로 떨어뜨려 식품 속의 수분이 증발하도록 하는 것이다. 그러므로 고온(100~135°C)에서 건조하는 편이 효율적이다. 그러나 열에 불안정한 성분을 함유하는 식품의 경우에는 가열 온도가 높으면 성분 간의 반응이나 분해로 휘발량이 늘어나서 실제의 참값보다도 높은 값을 나타낸다. 이러한 식품은 비교적 저온(40~70°C)으로 가열하는 감압 가열 건조법이 좋다.

- 상압 가열 건조법 : 일반적으로 건조법이라고 하면 상압 가열 건조법을 말한다. 이 방법은 수분을 유일한 휘발 성분으로 보며 가열하는 동안 시료 중의 성분이 화학적 변화 없이 모두 휘발한다는 기본 조건을 전제로 한다. 그러나 가열에 의하여 수분 이외에도 휘발하는 성분(알코올, 에스테르, 알데하이드 등)이 있으며 지방 성분은 부분적으로 산화될 우려도 있다. 이 두 가지의 현상은 서로 상반된 중량의 변화를 초래하지만 거의 동일하게 일어난다고 가정하면 결과는 별문제가 되지 않는다. 시료에 따라서는 105°C면 온도가 지나치게 높은 경우도 있다. 따라서 가열 건조 온도(보통 105~110°C)도 하나의 약속이며 정해진 분석 조건하에서 엄밀하게 조작해야 정밀도가 높다. 한편, 곡물류 등과 같이 열에 안정된 성분을 함유한 식품은 오히려 고온(135°C)에서 건조하는 편이 좋다.

  식품 분석에서 수분, 회분, 섬유 등의 정량은 중량 분석으로 일정한 조건하에서 직시 분석천칭을 사용하여 중량을 측정한다. 칭량병이나 도가니는 가열한 직후와 장시간 실내에 방치해 두었을 때의 무게가 상당히 다르다. 그래서 직시 분석천칭으로 물체의 무게를 달 때는 가열 건조시킨 것을 데시케이터desiccator 속에서 30분 정도 방랭한 후에 측정하며, 이 조작을 반복해야 할 때에도 방랭 시간은 동일하게 적용해야 한다. 만일, 가열이 불충분하거나 데시케이터 속의 흡습력이 약할 경우에는 칭량병의 무게가 변하는 수가 있다. 그러므로 빈 것 또는 시료를 넣은 용기에 대해 일정 시간 가열, 데시케이터 속에서 30분 방랭, 칭량한 다음 다시 30분~2시간 정도 가열, 데시케이터 속에서 30분간 방랭, 다시 칭량하여 전후의 무게차가 0.2 mg 이하가 되면 항량constant weight이 되었다고 간주한다.

그렇지 않을 때는 몇 번이고 되풀이하여 가열, 방랭, 칭량을 반복하여 항량을 구한다. 이와 같이 하여도 항량을 얻기 어려우면 칭량병의 세척은 완벽한지, 데시케이터 속의 건조제가 흡습하지 않았는지, 가열 조건 시간과 데시케이터 내에서 방랭 시간이 각각 다르지 않았는지, 천칭 덮개 안에 실리카겔이 놓여 있는지 등을 검토한다.

가열에 의하여 감소된 중량은 수분 함량으로 간주하고 다음 식에 의하여 계산한다.

$$\text{시료의 수분}(\%) = \frac{W_1 - W_2}{W_1 - W_0} \times 100$$

W_0 : 칭량병의 항량, W_1 : 칭량병에 시료를 담는 무게, W_2 : 건조 후 칭량병과 시료의 무게

- 감압 가열 건조법 : 감압 가열 건조법은 여러 식품에 많이 적용되는 방법이다. 시료를 담은 칭량용기를 감압 전기 정온 건조기에 넣고, 각 시료에 따라 감압도 50~100 mmHg, 가열 온도 40~100°C의 범위에서 알맞은 조건을 주어 항량이 될 때까지 건조한 후 건조 전후의 중량 감소량을 수분 함량으로 한다. 감압 가열 건조는 100°C 이하의 온도로도 수분을 제거할 수 있다. 따라서 열에 변화되기 쉬운 식품은 60~70°C, 열에 비교적 안정한 식품은 100~110°C로 건조하면 효과적이다.

(2) 적외선 수분 측정기법

적외선 램프를 가열 원으로 하고 정밀도가 높은 수평 천칭을 사용하여 물의 증발을 바로 읽을 수 있도록 고안한 장치이다. 특히, 적외선의 복사열과 직진성에 따라 시료를 가열하고 효율적으로 수분을 증발시키는데 이때 건조 감량을 수분 함량으로 한다. 적외선 에너지는 직진성이 크므로 개방 상태에서도 시료의 효율적인 가열 건조가 가능하다. 측정기기는 일반적으로 램프의 높이, 공급 전압을 조절하여 건조 시간을 결정하게 되

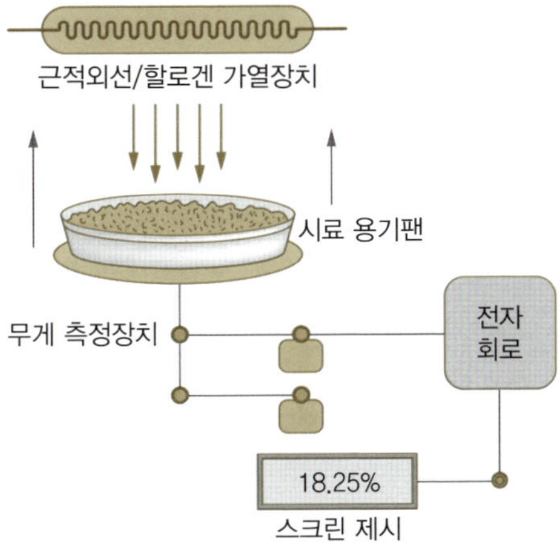

그림 6-2 적외선 수분 측정기(왼쪽)와 그 원리(오른쪽)

며, 피건조 물체가 노출되도록 만든 것과 바깥을 통으로 싸놓은 모양이 있다. 어느 것이나 피건조 물체의 표면상 건조 온도를 측정할 수 있다.

일반적으로 가열 건조법에 비하여 정밀도는 떨어지지만, 간단한 방법으로 시료의 대강의 값을 구할 수 있어 신속하게 측정하고자 할 때에 매우 편리하다. 다만, 동일 시료라 하더라도 수분 함량이 극도로 다른 경우, 시료의 입도가 다른 경우, 색상이 다른 경우(색상에 따라 열의 흡수 및 반사가 크게 다름)는 건조 조건을 달리해야 한다.

시료 1점의 측정 시간은 10~30분이 필요하므로 많은 시료를 측정하는 데는 비능률적이기도 하다. 그러므로 이 방법은 적용 시료가 경험적으로 분석이 가능하다고 인정된 것이 좋다.

(3) 증류법

증류법 증류식 수분 측정장치에 물과 혼합되지 않는 유기용매 및 시료를 함께 넣고 가열하면 시료 중의 물이 용매 증기와 함께 증발한다. 이들 증기를 냉각관 중에서 냉각하여 눈금이 새겨진 측정관에 모아서 물의 용량만을 측정하는 방법이다.

물과 섞이지 않는 유기용매와 함께 시료를 가열하여 물을 용매와의 공비 혼합共沸混合 증기 상태로 증류하고 냉각시켜 분리한 후에 물의 용량을 측정한다. 이때 사용하는 용매의 비중이 물보다 가벼운 것과 무거운 것 모두 사용할 수 있지만 증류장치의 구조는 기본적으로 서로 다르다.

증류법에는 표 6-2와 같이 각종 용매가 사용되며, 이들 공비 혼합물의 끓는점은 물이 적어짐에 따라 용매의 끓는점으로 이행된다. 그래서 열에 불안정한 성분을 많이 함유한 식품에서는 끓는점이 낮은 용매를 선택한다. 이 방법은 사용하는 용매를 결정하는 것보다 일정한 가열 온도를 유지시키는 것으로, 장치와 용매, 그리고 시료 채취량을 일정하게 해야 비교적 쉬운 측정 조건을 일정하게 유지할 수 있다.

표 6-2 물과 용매의 공비 혼합물의 공비점

용매	조성(물%)	공비점(°C)	용매 끓는점(°C)
사염화탄소	4.1	66.0	77
클로로폼	2.8	56.1	61
트라이클로로에틸렌	5.4	73.6	88~90
아이소아밀알코올	46.6	95.2	132
싸이클로헥산	9.0	68.95	81
벤젠	8.8	69.3	80
톨루엔	19.6	84.1	111
자일렌	35.8	92.0	139

1점의 측정 시간이 1~2시간 소요되므로 많은 수의 시료 측정에는 장치를 더 많이 준비해야 능률적이다. 물 이외의 증발 성분이나 기름을 많이 함유하는 식품, 여러 종류를 복합한 식품, 수분을 많이 함유한 식품 등에 적용하면 효과적이며, AOAC법에서는 사료, 맥주 원료인 홉hop, 향신료spice의 수분 측정에 적용하고 있다.

(4) 칼-피셔법

칼-피셔Karl-Fisher, KF 수분 측정법은 메탄올을 함유한 KF 적정용 용제로 균질 시료를 용해하거나, 또는 용제를 사용하여 시료에서 물을 추출하고서 그들 용제에 대하여 미리 한계값threshold value(역가)을 구하여 둔 KF 시약으로 적정할 때에 물과 화학당량적인 반응에 의하여 소비된 KF 시약의 용량으로부터 수분량을 산출하는 방법이다. KF 시약은 메탄올을 함유한 용매로 다음 식과 같이 물과 정량적으로 반응한다.

$$H_2O + I_2 + SO_2 + 3C_5H_5N \longrightarrow 2C_5H_5NHI + C_5H_5NSO_3 \quad (1)$$

$$C_5H_5NSO_3 + CH_3OH \longrightarrow C_5H_5NHSO_4CH_3 \qquad (2)$$

물은 (1) 식처럼 반응하고, (2) 식에서 생성된 피리딘pyridine, 삼산화황과 메탄올이 반응해서 오른쪽의 메틸에스테르methyl ester로 반응이 완결된다. 이 방법은 건조법과는 달리 식품 중에 물 이외에 휘발 성분을 많이 함유하는 경우도 수분을 정량할 수 있다는 장점이 있다. KF 시약은 물 이외의 몇몇 화합물(아스코르브산, 하이드라진 유도체, 활성 알데하이드, 케톤, 과산화물, 금속산화물 등)과도 반응하는 경우가 있어서 수분 함량이 증가하는 오차를 발생하기도 하나, 적절한 처리 조건을 부과하여 적정하면 영향을 제거시킬 수 있다. 유지나 설탕 등의 균질 식품은 소량을 채취하여 용제에 용해시킨 경우는 유효하지만, 불균질하고 수분이 많은 식품이나 비용해성 식품에는 적용이 곤란하다. 그러나 가열하여 분해하기 쉬운 식품은 상관없다. 불균질 식품이라도 비교적 다량을 채취하여 다량의 함수메탄올에 분산시켜 물을 추출하고 메탄올 액을 제거한 후 KF 시약으로 적정하는 것은 가능하다. KF 적정은 대기 습도의 영향을 받지 않는 밀폐계로 전기적인 종점을 검출하도록 한 장치를 사용한다.

(5) 수분 활성도와 BET

식품 중의 수분은 주위의 환경 조건에 따라 항상 변동하므로 대기 중의 상대습도까지 고려한 수분 활성도로 나타내는 것이 바람직하다. 수분 활성도(a_w)는 어떤 임의의 온도에서 식품이 나타내는 수증기압(P)에 대한 온도에 있어서 순수한 물의 수증기압(P_o)의 비로 정의된다.

$$a_w = \frac{P}{P_0} = \frac{N_w}{N_w + N_s}$$

a_w : 수분 활성도, P : 식품 속의 수증기압, P_o : 동일 온도에서 순수한 물의 수증기압
N_w : 물의 몰(moles), Ns : 수용성 용질(solute)의 몰

이때 주의해야 할 점은 용질의 경우 물에 녹을 수 있는 것만을 고려해야 한다. 위의 경우 물과 설탕을 제외한 나머지 60%는 물에 잘 용해되지 않는 물질로 간주할 수 있다. 예를 들어 다음과 같은 배합비를 갖는 식품의 수분 활성도를 예상하여 보면, 포도당(180) 10%, 비타민 C(176) 3%, 비타민 A(286.46) 1%, 아밀로펙틴(3,000,000) 20%, 나머지는 수분으로 구성되어 있다고 가정하면 우선 수분의 양은 66%임을 알 수 있다.

$$a_w = \frac{\frac{66}{18}}{\frac{66}{18}+\frac{10}{180}+\frac{3}{176}+\frac{20}{3,000,000(\approx 0)}} = 0.98$$

여기서 물에 녹지 않는 비타민 A의 성분은 고려하지 않는다. 아밀로펙틴은 물에 잘 녹지 않지만 일부가 녹는다고 해도 이 항의 값은 거의 0에 가까우므로 무시할 수 있는 값이다. 위의 관계식을 보면 이론적인 수분 활성도 값은 식품을 구성하는 성분의 함량을 조절하여 낮출 수도 있지만 특징적인 원료 성분을 선택함으로써 조절할 수도 있다.

이처럼 물 분자와 결합하여 식품의 구성 성분들이 수분을 활용하지 못하도록 하여 수분 활성도를 낮추는 역할을 하는 물질을 수분 조절제라고 한다. 자일리톨, 에리스리톨, 솔비톨, 설탕, 글리세롤, 올리고당 등이 여기에 속한다. 우주 식품이나 중간수분 식품을 제조할 때 수분 활성도를 낮추기 위해 사용하고 있으며, 전통 식품 중 약식을 만들 때에 흑설탕을 첨가하여 저장성을 높이는데 이때 흑설탕이 일종의 수분 조절제로 이용된 것이다. 최근에는 올리고당이나 에리스리톨 또는 자일리톨을 함유한 식품을 제조하여 수분 활성도를 조절하기도 한다.

식품의 수분 함량은 상대습도에 영향을 받는다. 대기 중의 습도가 낮을 때에는 식품에서 수분이 증발하고, 습도가 높을 때에는 반대로 흡습하게 된다. 따라서 자연건조로 수분을 제거할 때는 상대습도와 평형을 이루는 평형 수분 함량에 해당하는 수분이 존재하게 된다. 다음과 같은 실험을 통하여 이 식품의 BET point(a_1)를 구해 보면, 각기 다른 수증기압(p) 조건에서 식품에 흡착된 수분의 양이 다음과 같이 측정되었다. 이와 같은 조건에서 단분자층을 형성하는 수분 함량(BET point, a_1)을 BET 관계식을 이용하여 구하면 다음과 같다. 이 관계식은 경험을 통하여 얻어진 것이다.

$$\frac{a_w}{a(1-a_w)} = \frac{1}{a_1 c} + \frac{c-1}{a_1 c} \times a_w$$

BET 방정식 중 a는 100 g의 식품 중에 포함된 수분 g 수이다.

압력(mmHg)	0.193	0.523	1.295	2.756	4.410	6.284	7.828
흡착량, a(cc)	8	17	25	30.6	33.8	36.1	38.0

이때 실온에서의 포화수증기압(P_o)은 76 mmHg이다. 엑셀이나 로터스 프로그램을 이용하여 계산하면 다음과 같은 계산을 얻을 수 있다.

p	a	$\frac{p}{p_o}$	$\frac{p}{a(P_o - P)}$
0.193	8.0	0.002539	0.000318
0.523	17.0	0.006881	0.000407
1.295	25.0	0.017039	0.000693
2.756	30.6	0.036263	0.001229
4.410	33.8	0.058026	0.001976
6.284	36.1	0.082684	0.002562
7.828	38.0	0.103000	0.003021

이 관계를 그래프로 그려 보면 1차 반응식으로 계산하여 y절편은 0.000237이고 기울기는 0.02717이며 $R^2 = 0.999$임을 얻을 수 있다. 대응하는 미지수를 연립 방정식에 적용하여 BET point(a_1) = 36.45 cc(또는 g)를 얻을 수 있다.

수분 활성 측정기를 사용하면 바로 식품의 수분 활성도를 측정할 수가 있다.

그림 6-3 수분 활성 측정기와 시료 고정장치

2) 색도와 전자 눈

식품의 색은 풍미나 물성 등과 함께 식품의 2차 기능, 즉 감각 기능에 관여하며 여러 가지 기능에 의해 식품의 품질을 결정하는 중요한 요소가 된다. 첫째, 식품의 색은 감각

평가의 매우 중요한 요소로서 식품 고유의 색은 식욕을 돋우는 역할을 하게 된다. 과일 등의 화려한 색깔은 원래 자연계에서 동물을 유인하기 위해 발달된 것으로, 인간에게도 시각적 쾌감을 유발한다. 둘째, 식품의 색은 품질의 간접적인 지표가 되는 수가 많다. 과일의 색깔은 성숙도를 나타내며, 갈변이나 기타 변색 등은 가열이나 부패, 기타 화학 변화의 지표가 된다. 셋째, 식품 중에 함유되어 있는 여러 가지 천연 색소는 영양소 또는 항암, 항염, 항산화 등 생리 활성과 관련될 수가 있다. 예를 들면 황색 등을 나타내는 카로티노이드carotenoids는 비타민 A의 전구물질로도 작용하고, 역시 황색 등을 나타내는 이소플라보노이드isoflavonoids는 항암 등의 활성을 나타내는 것으로 알려져 있다.

(1) 색의 인식

색은 사람 안구의 망막retina을 통해 인식되는 시각의 일부 감각이다. 식물, 동물, 미생물의 각종 천연 색소는 각각 특정 색소 물질에 의해 색깔을 나타내게 되는데, 이들 색소는 각기 다른 전자 배치, 공액 이중결합의 수, 유기금속 이온과의 결합 상태에 따라 분자 구조가 달라지는 색소원chromogen의 발색단chromophore에 의해 여러 가지 색을 나타내게 된다.

식품 중에 포함되어 있는 색소 물질은 그림 6-4에서와 같이 광자의 에너지를 흡수하여 바닥 상태(E_1)에서 들뜬 상태(E_2)의 높은 에너지 상태로 된 다음, 흡수된 에너지를 방출하면서 다시 본래의 바닥 상태로 돌아간다. 이때 흡수 또는 방출된 에너지는 플랑크Plank의 식에 따라 특정 파장의 빛으로 나타나게 되는데, 이 빛이 약 380~780 nm의 가시광선 범위에 있을 경우 안구 뒤편의 망막 시신경은 이를 색으로 인식하게 된다.

$$E = \frac{hc}{\lambda}$$

E : 광자에너지　h : 플랑크 상수　c : 빛의 속도　λ : 빛의 파장

망막에는 시각세포가 존재하는데, 시각세포에는 광선의 명암을 인식하는 막대꼴 세포

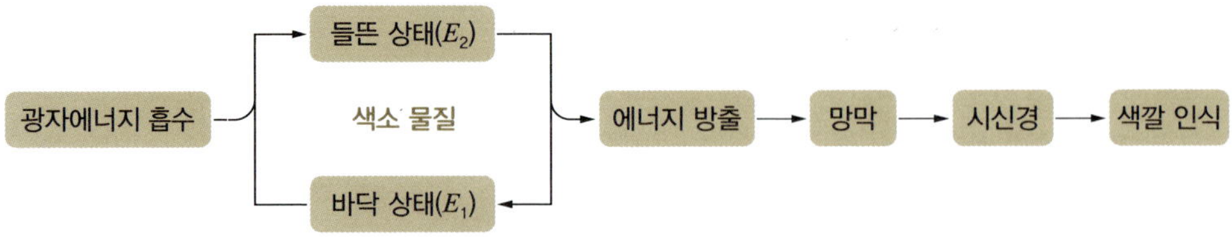

그림 6-4 색의 인식 과정

(간상 세포)와 색깔 및 형상을 인식하는 원뿔꼴 세포(원추상 세포)의 두 가지가 있다. 망막은 약 5 cm^2 넓이를 가지고 있으며, 여기에 약 1억 2,000만 개의 막대꼴 세포와 약 700만 개의 원뿔꼴 세포가 있다. 망막의 위치에 따라 두 가지 시각세포의 밀도는 다르며, 망막 한가운데에는 원뿔꼴 세포만 모여 있다. 막대꼴 세포는 색을 구분하지는 못하나 물체의 명암에 의해 알아낸다. 원뿔꼴 세포에는 각각 청색, 녹색, 적색에 반응하는 세 가지 종류가 있다. 물질의 색은 그 물질이 가시광선의 일부분을 흡수하여 특정 파장의 빛만을 반사할 때에 흡수나 반사된 파장에 따라 특정 색깔로 인식된다.

(2) 색의 분류와 객관적 측정

① 분광광도 곡선과 색깔원

분광광도 곡선spectrophotometric curve은 각 파장의 입사광에 대한 투과 또는 반사율을 측정한 것으로, 곡선의 형태는 그림 6-5처럼 나타난다. 백색 물체는 전체 파장 범위에 걸쳐 같은 정도로 높은 반사를 보이며, 회색은 전체적으로 부분 흡수를, 검은색은 전체적으로 완전 흡수를 보인다. 빨간색의 물체는 높은 파장의 분광을 반사하고 다른 파장의 빛은 흡수하며, 파란색은 낮은 파장의 빛을 반사하고 높은 파장의 분광들을 흡수한다.

빛의 파장에 따라 인식되는 색깔을 원 모양으로 배치한 것을 색깔원color circle이라 하는데, 색깔원은 그림 6-6과 같다. 색깔원의 10가지 색깔 중 9가지는 분광으로 얻을 수 있

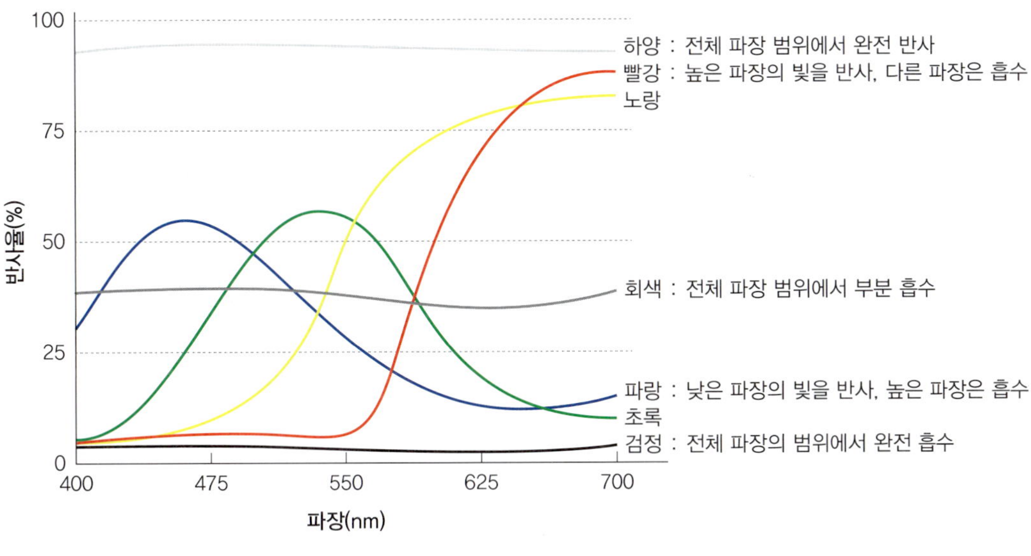

그림 6-5 여러 색깔의 분광광도 곡선

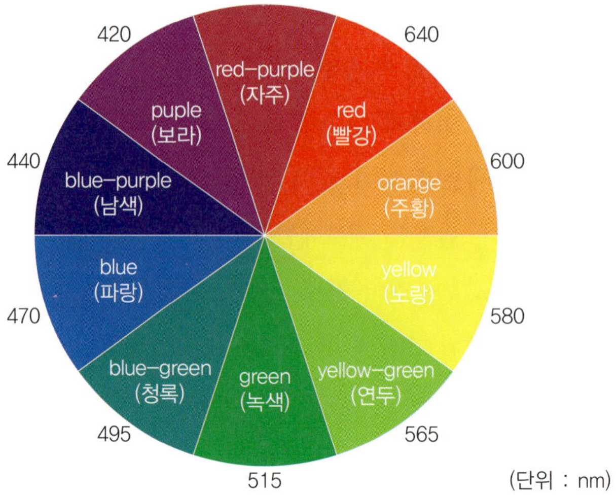

그림 6-6 분광의 파장에 따른 색깔원

는 단색광이지만, 적자색red purple은 분광으로 얻을 수 없는 색깔이다. 색깔원에서 서로 마주보는 색깔을 보색complementary color이라고 하며 보색 관계에 있는 단색 분광을 혼합하면 백색이 된다. 예를 들어 빨간색의 물체는 640 nm의 빨간색 광선 이외의 모든 빛을 흡수하여 빨간색 광만을 반사하거나, 또는 빨간색의 보색인 495 nm의 청록광선을 흡수할 때 나타나게 된다.

② CIE 체제

CIE 체제CIE system, Commission Internationale de l'Éclairage, International Commission on Illumination는 모든 색이 빨강, 초록, 파랑의 삼원색을 적당히 혼합함으로써 재현될 수 있다는 원칙에 기초하고 있다. 또한, 삼원색 중 파장 700 nm의 빨간색, 546.1 nm의 초록색, 435.8 nm의 파란색 광선을 1 : 4.957 : 0.0601의 비율로 혼합할 때 백색광을 형성한다는 사실에 기초하여 이 비율의 단파장 광선을 기본색으로 하고 있다.

어떤 색에 해당하는 삼원색의 상대적인 양은 그 색의 삼자극치tristimulus values라고 하는데 CIE 체제에서 빨강, 초록, 파랑의 원색은 X, Y, Z로 나타낸다. 각각의 특정 파장에서 각 원색의 양은 $\bar{x}$, $\bar{y}$, $\bar{z}$로 주어지는데, 이 값들은 분배 계수 또는 각각 빨강, 초록, 파랑 계수라고 한다. 이 값은 각 파장에서의 삼자극치를 나타낸다. 원색의 비율은 다음과 같이 나타낼 수 있다.

$$x = \frac{X}{X+Y+Z}, \qquad y = \frac{Y}{X+Y+Z}, \qquad z = \frac{Z}{X+Y+Z}$$

x와 y의 값을 색도 좌표라고 하며, 각 파장에 대하여 다음과 같이 계산할 수 있다.

$$x = \frac{\overline{X}}{\overline{X}+\overline{Y}+\overline{Z}}, \qquad y = \frac{\overline{Y}}{\overline{X}+\overline{Y}+\overline{Z}}, \qquad z = 1-(x+y)$$

x에 대한 y의 그림을 CIE 색도도표chromaticity diagram라고 한다(그림 6-7). 모든 분광색의 색도를 이 도표에 나타내면 궤적locus이라고 부르는 하나의 선을 이루게 된다. 이 궤적과 400 및 700 nm의 양 끝을 연결한 선 안에서는 모든 점이 삼원색을 혼합해 얻을 수 있는 어떤 색을 나타내게 된다. 각 삼원색의 양이 정확히 같은 점을 등에너지점equal energy point이라고 하며 이 점은 백색이다. 이 백색 점은 발광체 C의 색도 좌표를 나타낸다. 빨강 원색은 x=1, y=0, 초록 원색은 x=0, y=1, 파랑 원색은 x=0, y=0에 위치한다. 궤적의 양 끝을 연결하는 선은 보라색을 띠는데, 이것은 분광이 나타내는 색이 아니라 서

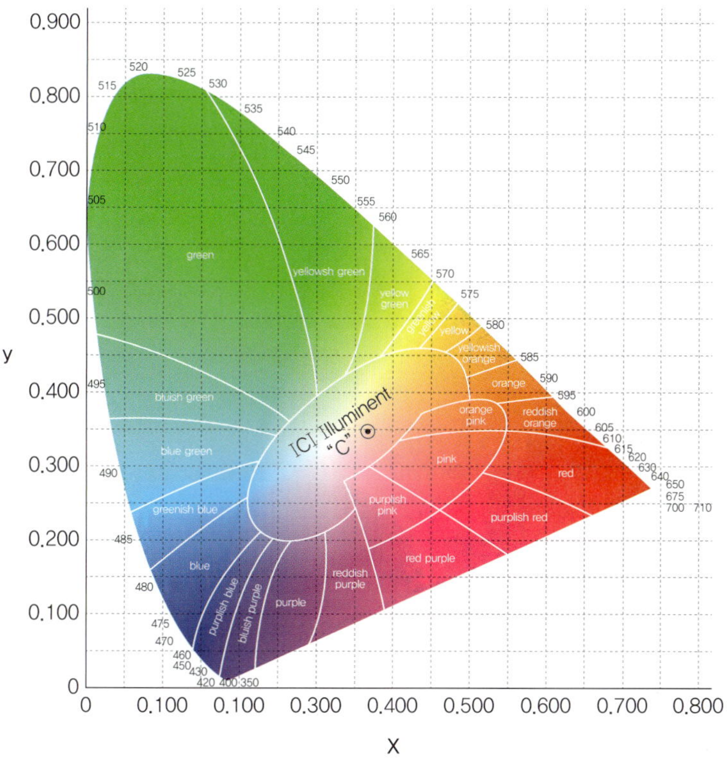

그림 6-7 CIE 색도도표

로 다른 양의 빨간색과 파란색을 혼합할 때 나타나는 색이다.

③ 먼셀 체제

분광광도 곡선이나 CIE 체제는 광선의 색채 특성을 정확하게 평가할 수는 있으나 사람이 인식하는 색을 정확하게 나타내지는 못한다. 이 문제를 극복하기 위하여 다른 색깔 표현 체제가 제안되었는데, 흔히 쓰이는 것으로는 먼셀 체제Munsell system와 헌터 체제Hunte system가 있다. 먼셀의 색분류 체제에서는 모든 색을 색상hue, 명암도value or brightness, 색채도saturation or chroma 등 빛의 3가지 특성에 따라 표현한다. 이와 같은 색의 3가지 지표는 그림 6-8 (왼쪽)에서와 같은 3차원적 색깔 체제로 나타낼 수 있다.

색상은 빨강(R), 노랑(Y), 초록(G), 파랑(B), 보라(P)의 5색과 그 중간색 5가지(YR, GY, BG, PB, RP)를 합하여 10색으로 나뉘며, 그림 6-8 (오른쪽)에서 보는 바와 같이 색상을 나타내는 원주상에 10색상이 분포하게 된다. 각 색상은 다시 1~10의 10눈금으로 나뉘는데, 각 색상의 중심은 눈금 5에 위치한다.

명암도는 0(검정)에서 10(하양)의 눈금으로 나뉘며, 색상 원판의 중심을 통과하는 수직선으로 나타낸다. 색채도는 색의 순도를 나타내는 것으로 같은 명도의 회색과 비교하여 흐림과 맑음의 차이를 나타낸다. 색채도 눈금은 불규칙한 길이를 가지며, 색상 원판의 중심에 위치하는 회색 점을 0으로 시작하여 가용 색소의 제한 순도까지 바깥쪽으로

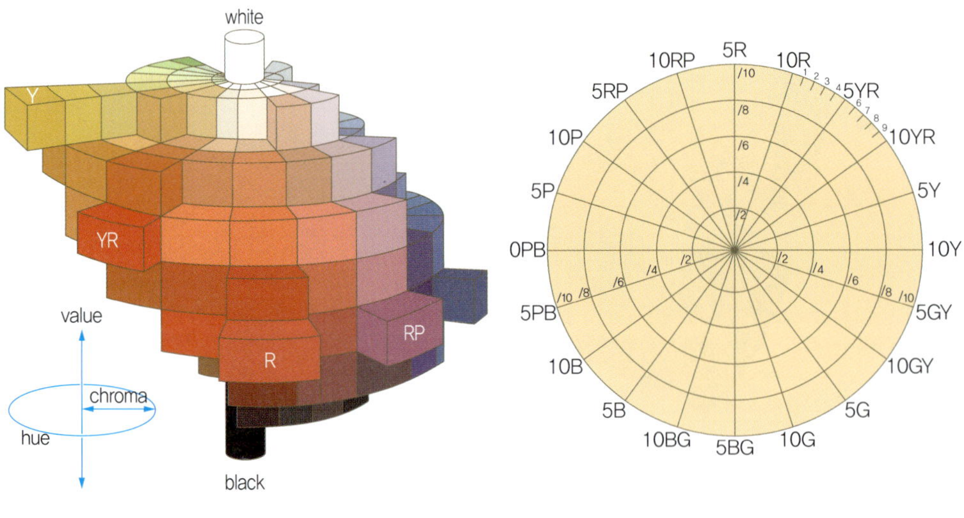

그림 6-8 먼셀의 3차원적 색깔 체제(왼쪽)와 색 분류 체제(오른쪽)

확대된다. 입체적인 모양의 먼셀 색공간은 그림 6-8 (왼쪽)과 같이 나타난다. 먼셀 체제에서 색의 표현은 색상 명암도/색채도(HV/C)로 나타내는데, 예를 들어 5G 3.1/ 7.2로 표현된 색은 5G의 초록색, 명암도 3.1, 색채도 7.2를 의미한다. 가용 색소로 나타낼 수 있는 모든 색은 먼셀의 색도표에서 찾아볼 수 있다.

④ 헌터 체제

식품의 색도 측정에 흔히 쓰이는 체제 중의 하나가 헌터 L, a, b 체제이다. L, a, b 색채 공간은 먼셀 색채 공간과 비슷한데, L은 명도lightness를 나타내고 a는 빨강-초록 차원, b는 노랑-파랑 차원을 나타내는 3차원 체제이다. 이 체제는 그림 6-9의 색깔 공간으로 나타낼 수 있다. 명도 L은 0(검정)과 100(하양) 사이의 값을 가지게 되는데 이 값은 직선비례적인 것이 아니다. 헌터 체제에서는 색채가 a와 b로 이루어진 사각면으로 정의되는데 빨강이 a, 초록이 -a, 노랑이 b, 파랑이 -b에 위치하게 된다.

L, a, b 값은 여러 가지 식에 의해 바로 CIE 값으로 전환될 수 있으나 먼셀 값은 그렇지 않다. 먼셀 값은 색깔 표준표와 육안으로 비교하거나 기기 측정에 의해 얻을 수 있는데 값의 전환은 매우 까다롭다.

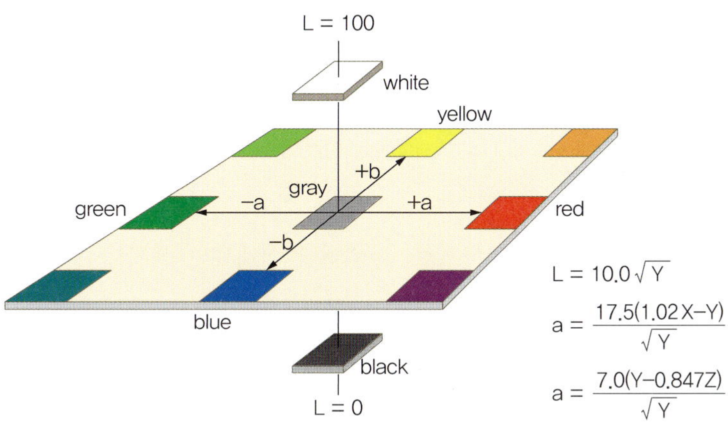

그림 6-9 헌터 L, a, b 색체 공간

(3) 전자 눈

사람이 감지하지 못하는 광범위한 1,600만 컬러 연속스펙트럼인 색의 미세한 차이를 객관적인 자료로 얻을 수 있다. 시료의 색상 스펙트럼, 형태 등 시각적 정보를 얻을 수 있다. 다른 분석 장비와 달리 시료의 변형이나 파괴 없이 분석할 수 있다. 시료 이미지의 모든 픽셀 하나하나를 4,096개의 컬러 코드로 나타내며 해당 컬러 코드의 픽셀 수를 변수로 다변량 통계 처리를 통해 시료 간 상대적인 시각적 차이를 판별한다(그림 6-10).

그림 6-10 색의 종류나 채도, 색도 등에 따라 그 차이를 숫자로 표현한 차트

전자 눈을 이용하면 비파괴 방식으로, 식품이나 식재료의 색깔을 수치화하여 이를 바탕으로 기준 범위 내의 색도를 갖지 못하면 제거하는 식으로 품질관리에 활용할 수 있다. 과자의 경우 굽는 정도에 따라 약간 탄 부분이 있을 수 있는데 허용 범위 안에 들면 큰 문제가 없으나 허용 범위를 벗어나면 불량품으로 처리하게 된다.

향미가 있는 식품의 경우 전자 눈만으로는 불량품과 정상적인 제품의 차이를 구분하기가 어려운 경우가 발생하기도 한다. 그러한 경우에는 전자 코, 전자 혀, 전자 눈의 3가지 또는 두 가지 분석기기를 사용하면 훨씬 정확도를 높여 분석할 수 있다.

전자 코, 전자 혀, 전자 눈의 자료는 각 장비의 구동뿐 아니라 다양한 통계 처리 시스템을 갖추고 있는 독자적인 소프트웨어(Alphasoft)를 통해 해석할 수가 있다. 기본적으

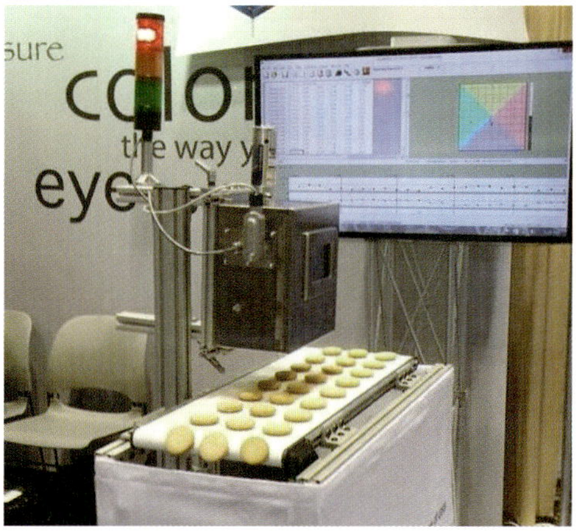

그림 6-11 과자의 굽기 정도를 전자 눈에 의해 수치화하여 불량 여부를 판단하여 품질관리용으로 활용하는 시스템

로 사용하는 통계 처리는 여러 시료의 상대적인 차이를 확인하기 위한 주성분 분석 외에 시료 그룹 간의 판별을 통해 미지의 시료를 판별해 내는 판별함수 분석, 주로 품질 평가에 많이 이용하는 통계적 품질관리와 SIMCA, 시료의 냄새 또는 맛의 강도나 특정 성분의 정량을 목적으로 하는 최소 제곱법 등 다양한 통계 처리를 별도의 소프트웨어 없이 이용할 수 있는 시스템이 활용된다. 이처럼 전자 코, 전자 혀, 전자 눈으로 획득한 모든 자료를 종합하여 시료를 평가함으로써 후각적, 미각적, 시각적인, 즉 복합적 차이를 통해 시료 간의 상대적 차이를 판별할 수 있다.

그림 6-12는 전자 혀의 분석만으로는 제품 간의 차이를 구분하기 어려웠던 경우에 전자 혀와 더불어 전자 눈의 분석 결과를 동시에 접목하여 주성분 분석을 실시함으로써 불량품과 정상적인 품질의 제품을 구분하는 경우를 제시하고 있다.

3) 조직감 측정기

(1) 액체

액체는 일정한 형태를 갖지 않고 자유롭게 유동flow하는 특징이 있는데, 이 유동성을 파악하기 위하여 점도viscosity를 주로 측정한다. 점도는 외부 힘에 대한 액체의 저항력 또는 내부 마찰력으로, 점도가 낮은 액체는 잘 흘러서 유동성이 높으나 점도가 높은 액체는 잘 흐르지 않아 유동성이 낮다.

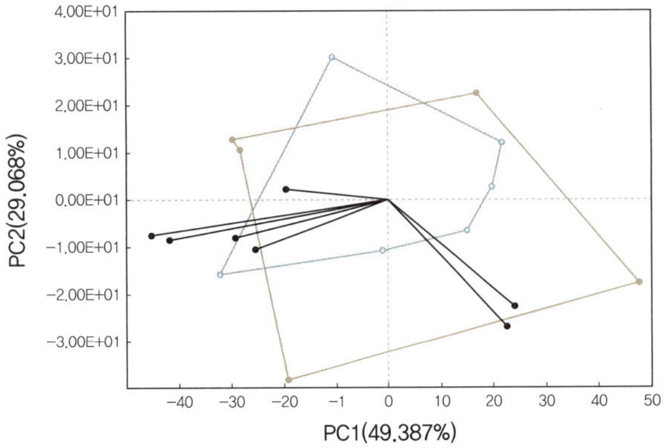

(a) : GC를 바탕으로 한 전자 코 결과를 토대로 한 주성분 분석

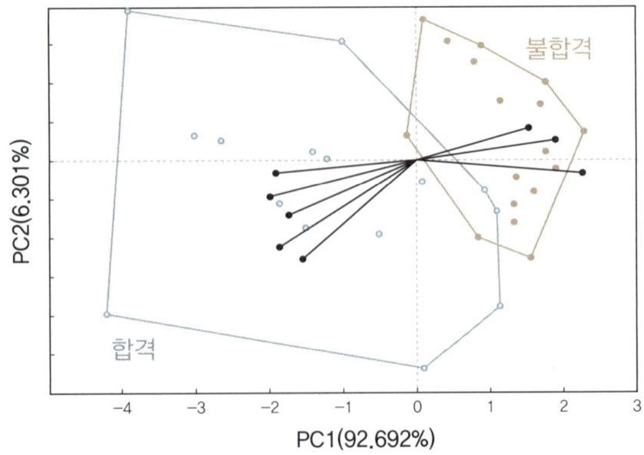

(b) : 전자 눈에 의한 분석

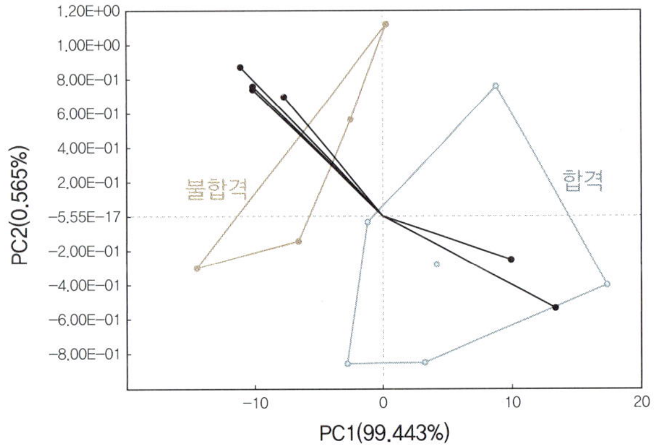

(c) : 전자 코와 전자 눈을 함께 사용하여 분석한 결과

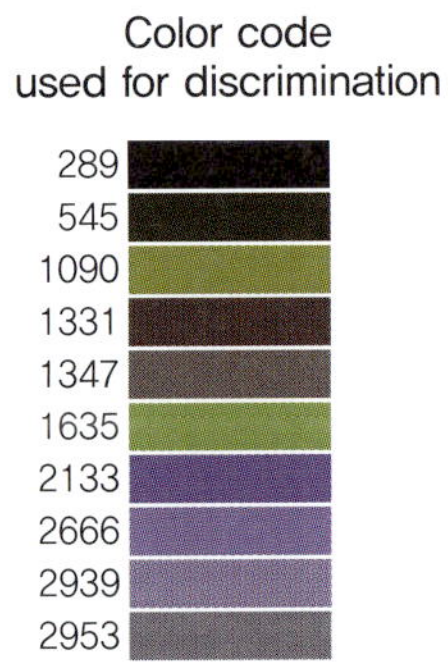

(d) : 전자 눈 분석을 위한 분별에서 각각의 색깔별로 매긴 색 코드

그림 6-12 전자 코와 전자 눈을 이용하여 품질관리에 통과한 로스팅 커피와 통과하지 못한 커피의 품질 분석

① 모세관 점도계

모세관 점도계capillary viscometer는 유체의 점도를 비교적 간단하게 측정할 수 있는 장비로, U자 형태의 유리관으로 구성되어 있다. 일정한 부피의 유체를 모세관 점도계에 넣어 유체가 일정 거리를 이동하는 동안 걸린 시간을 재서 점도를 측정한다. 모세관에서 쉽게 이동할 수 있는 유체에 적합하기 때문에 일반적으로 물과 같은 뉴턴 유체Newtonian fluid의 점도를 측정할 때 주로 사용된다. 먼저, 측정해야 할 유체를 점도계에 넣은 후 측정하고자 하는 온도로 설정된 항온 수조에 넣고 유체 온도가 평형 온도에 이를 때까지 기다린다. 그 다음 점도계의 한쪽 끝에서 시료를 흡입하여 시작점 이상으로 올라오게 한 후 흡입을 멈추게 되면 유체는 중력에 의해 모세관을 따라 흐르게 된다(그림 6-13). 이때

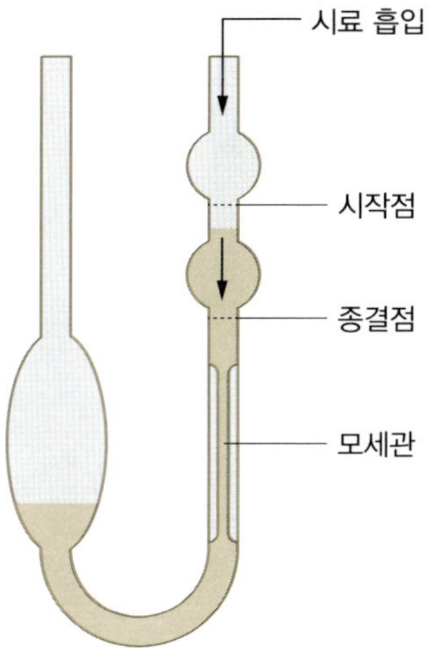

그림 6-13 모세관 점도계

유체가 점도계의 종결점까지 흐르는 데 소요된 시간을 측정하여 미리 점도를 알고 있는 표준 시료와 비교하여 유체의 점도를 계산한다. 유체의 흐르는 시간(t)은 유체의 점도(η)에 비례하고 밀도(ρ)에 반비례한다. 점도(η_s)와 밀도(ρ_s) 값을 알고 있는 표준 시료를 동일한 조건에서 모세관 점도계를 통과시켜 얻은 시간을 기준으로 해서 측정해야 할 유체의 점도를 다음 관계식을 통해 계산할 수 있다.

$$\frac{\eta}{\eta_s} = \frac{pt}{p_s t_s}$$

모세관 점도계는 단순한 장비로 비교적 정밀하게 점도를 측정할 수 있으며, 시료의 밀도값이 없어도 적은 양으로 측정할 수 있는 것이 장점이다. 종류로는 오스트발트Ostwald 점도계, 캐넌-펜스케Cannon-Fenske 점도계, 우베로데Ubbelohde 점도계 등이 있다.

② 보스트윅 점도계

보스트윅 점도계Bostwick consistometer는 내구성 있는 스테인리스강으로 되어 있으며 신속하고 정확하게 유체의 점도를 분석할 수 있는 장비이다. 작동이 상대적으로 쉽고 사용 후 청소가 쉽다는 장점이 있으며, 소스, 드레싱, 수프, 페인트, 화장품 등 비교적 점도가 높은 제품의 점도를 측정하는 데 적합하다. 측정 방법은 점도계의 맨 위에 위치한 공간에 일정량의 시료를 넣은 후 스프링 문을 열면 중력에 의해 시료가 흘러 내려가게 된다. 이때 일정 시간 동안 흘러내린 시료의 이동 거리를 측정하여 점도값으로 활용한다.

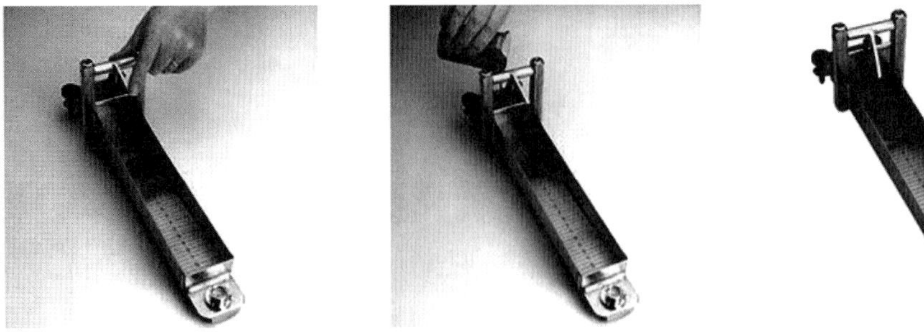

그림 6-14 보스트윅 점도계
자료 : PCE Instruments

③ 회전식 점도계

회전식 점도계rotational viscometer는 시료 안에 회전시킬 수 있는 물질을 넣은 후 모터로 시료를 일정한 속도로 회전시키는 데 필요한 토크torque값으로 점도를 측정한다. 시료의 점도가 높을수록 시료를 회전시키기 위해서는 더 큰 힘이 필요하다. 시료의 전단 속도shear rate를 정확히 제어할 수 있는 상태에서 전단응력shear stress을 측정함으로써 시료의 점도를 가장 정확하게 측정할 수 있는 점도계로 알려져 있다. 회전시키는 장치에 따라서 평판형parallel plate, 원뿔-평판형cone and plate, 원통형cup and bob 및 스핀들spindle 형태로 분류할 수 있으며, 하나의 회전식 점도계에 다양한 형태의 장치를 사용할 수도 있다.

- 평판형 점도계 : 평판형 점도계는 일반적으로 아래의 고정된 원형 평판 위에 일정량의 시료를 올려놓고 위에 위치한 원형 평판을 회전시켜 시료의 점도를 측정한다. 회전하는 평판에 의해서 저항이 생기고 시료의 전단응력과 비례하는 토크(점도)를 만들어 낸다. 이 두 원형 평판의 간격gap은 시료의 최종 점도값에 영향을 주며 시료의 두께를 조절할 수 있다. 그러나 시료를 회전시키는 전단 속도가 일정하지 않아 시료의 최종 점도는 평균 전단 속도로 계산한다. 원뿔-평판형 점도계와 비교하면 좀 더 입자가 큰 액체 시료도 분석할 수 있으나, 시료가 공기 중에 노출된 상태에서 점도를 측정하기 때문에 시료가 건조해지므로 공기와 노출된 시료 부분을 미네랄오일 등으로 덮어 건조를 방지한다.
- 원뿔-평판형 점도계 : 원뿔-평판형 점도계는 일반적으로 아래의 고정된 원형 평판 위에 일정량의 시료를 올려놓고 위에 위치한 원뿔 형태의 평판을 회전시켜 시료의 점도를 측정한다. 회전하는 원뿔 평판에 의해서 저항이 생기고 시료의 전단응력과

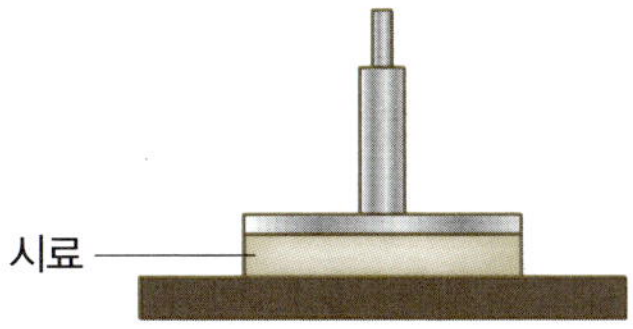

그림 6-15 평판형 점도계

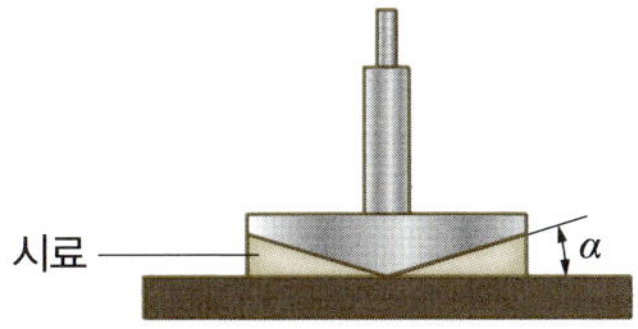

그림 6-16 원뿔-평판형 점도계

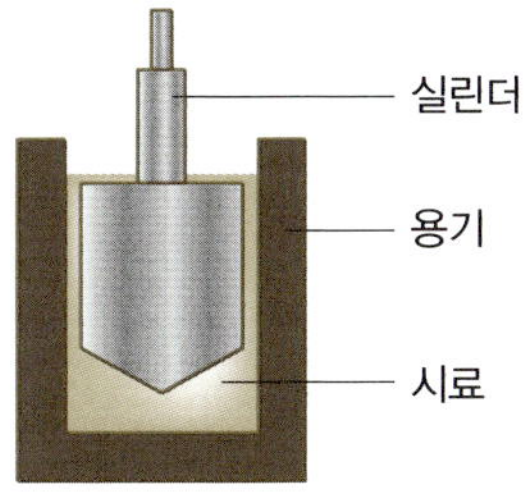

그림 6-17 원통형 점도계

비례하는 토크(점도)를 만들어 낸다. 원뿔 평판과 아래 원형 평판 간의 각도(α)가 생기는데 각도가 클수록 시료의 점도는 높게 나타난다. 적은 양의 시료로도 측정이 가능하나 입자가 큰 시료는 적합하지 않다. 평판형 점도계와는 달리 측정하는 동안 시료를 일정한 전단 속도로 회전시킬 수 있으며, 측정하는 동안 시료가 건조될 수 있으므로 공기와 노출된 시료 부분은 미네랄오일 등으로 덮어 준다.

- 원통형 점도계 : 원통형 점도계는 외부에 위치한 용기cup와 내부에 위치한 실린더bob 사이에 시료를 넣은 후 용기 또는 실린더를 회전시켜 발생하는 토크를 점도로 계산한다. 용기 안에 있는 실린더를 회전시켜 시료의 점도를 측정하는 방식이 좀 더 일반적이다. 시료가 용기와 실린더 사이에서 접촉하는 표면적이 크기 때문에 점도가 낮은 시료, 또는 시료를 낮은 전단 속도에서 측정하는 것이 바람직하다. 측정하는 동안 시료가 건조되는 것은 상대적으로 적으나 용제 트랩solvent trap을 사용하여 방지할 수 있다. 시료를 용기에 담아서 측정하기 때문에 평판형이나 원뿔-평판형 점도계와 비교해서 비교적 많은 양의 시료가 필요하고 측정 후 컵 안에 잔존 시료에 대한 청소가 쉽지 않다는 단점이 있다.
- 스핀들 점도계 : 스핀들 점도계는 원통형 점도계와 비슷한 형태이나 시료를 일반 용기나 비커에 넣은 후 그 안에 막대 형태의 다양한 스핀들을 회전시켜 시료의 점도를 측정한다. 따라서 사용 공간의 제한이 없고 사용이 매우 간편하여 산업체에서 널리 쓰이고 있다. 시료의 점도에 따라서 사용하는 스핀들이 다른데, 점도가 낮은 시료일수록 표면적이 넓은 스핀들을 사용한다. 일반 용기나 비커를 사용하기 때문에 측정하는 동안 시료의 온도 변화를 방지하기 위해서 시료를 담은 용기나 비커를 단열상자로 덮어 측정할 수 있다.

그림 6-18 스핀들 점도계
자료 : 화신기계상사

(2) 고체

고체는 일정한 형태를 유지하며 외부에서 가해지는 힘(응력stress)에 의해 변형deformation된다. 고체 식품의 물성을 분석하기 위해 응력과 변형률strain의 관계를 이해하는 것은 매우 중요하다. 여기에서는 고체 식품의 물성을 분석하는 장비 중 일반적으로 사용되고 있는 조직감 분석기texture analyzer에 대해서 설명하기로 한다(그림 6-19). 시료의 형태와 실험 목적에 맞게 프로브probe를 선택하여 조직감 분석기에 장착하면 다양한 형태의 물성을 측정할 수 있다. 적당한 크기로 절단된 식품을 플랫폼에 올려놓고 장착된 프로브를 위아래 수직 방향으로 이동시켜 시료에 힘을 가해 변형되는 정도를 힘, 거리, 시간 등의 물리적 변수로 표현한다.

① 압착 시험

압착compression 시험은 식품의 물성 측정을 위해 가장 일반적으로 사용하는 방법으로 빵, 두부, 떡, 케이크 등의 물성을 주로 측정한다. 일반적으로 실린더 형태의 프로브를 사용하며 시료를 위에서 수직으로 일정한 변형률strain을 가하여 얻는 힘을 힘-시간 또는 힘-거리 곡선으로 시료의 물성학적 특성을 분석한다. 결과 곡선에서 얻는 가장 큰 힘의 값을 시료의 경도hardness로 표현한다. 사용하는 프로브의 직경, 프로브의 크로스 헤드cross-head 속도, 변형률 등을 시료

그림 6-19 조직감 분석기

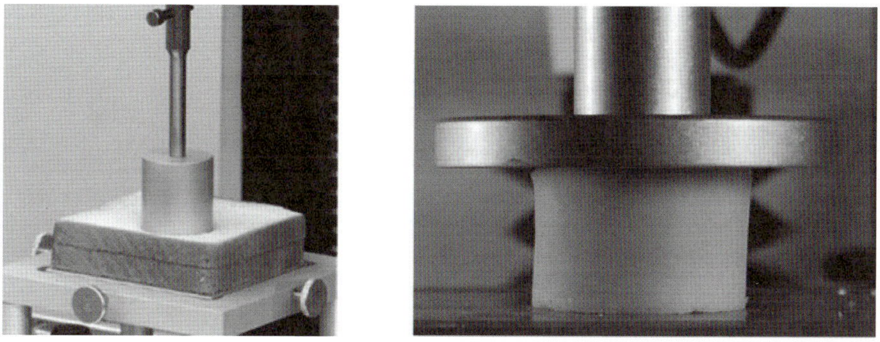

그림 6-20 압착 시험

에 따라 적절하게 설정해야 한다. 1회 압착single compression과 2회 압착double compression으로 구분되는데, 2회 압착은 조직감 프로파일 분석texture profile analysis, TPA이라고 하며 TPA는 식품 산업체에서 가장 널리 사용되는 방법이다.

② 뚫기 시험

뚫기puncture 시험은 시료를 관통할 수 있는 프로브를 사용하는데 주로 가는 실린더 형태 또는 펀치punch 형태이다. 음식을 뚫거나 끊을 때 송곳니를 주로 사용하는 것처럼 프로브가 시료를 눌러 뚫는 데 필요한 힘을 측정한다. 압축 시험과 동일하게 힘-시간 또는 힘-거리 곡선을 얻을 수 있으며, 이를 통해 시료의 물성학적 특성을 분석한다. 뚫기 시험에서는 사용하는 프로브와 시료의 크기 비율이 중요하며, 일반적으로 시료의 지름이 프로브보다 3배 이상 큰 것이 좋다. 시료의 두께가 얇은 경우에는 프로브가 시료를 뚫은 후 지지대에 닿지 않도록 주의한다.

그림 6-21 뚫기 시험

③ 인장 시험

인장tensile, tension 시험은 인장력이 중요한 품질 지표인 제품의 물성을 측정하는 데 사용하는 방법이다. 치즈의 늘어나는 정도나 껌, 반죽 등의 부착성을 측정할 때에 주로 사용하며, 시료가 끊어지기 전까지 잡아당겨 얻는 최댓값

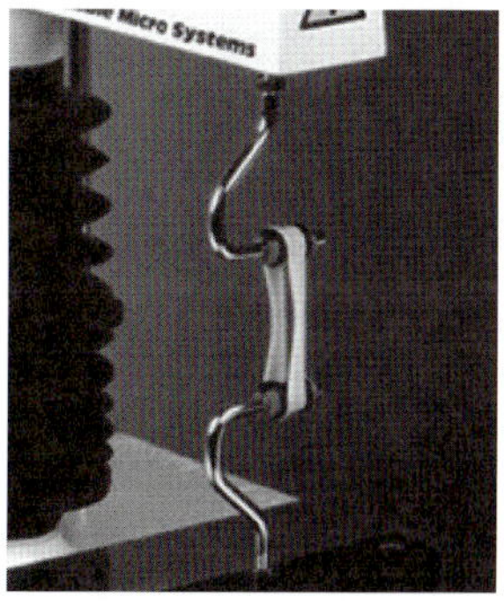

그림 6-22 인장 시험

이나 거리를 시료의 물성 특성으로 사용한다. 시료는 위아래 프로브에 단단히 고정해야 하며, 측정하는 동안 프로브 쪽에 고정된 시료가 끊어지지 않도록 주의하고 시료의 중간 부분이 끊어질 수 있도록 한다.

그림 6-23 휨-스냅핑 시험

④ 휨-스냅핑 시험

휨-스냅핑bending and snapping 시험은 긴 형태의 고체 식품인 시리얼 바, 초콜릿 또는 오이, 당근 등의 물성 측정에 주로 사용한다. 시료와 접촉하는 곳이 3곳이므로 삼중점three-point 휨-스냅핑 시험이라고도 한다. 두 개의 지지대 위에 시료를 올려놓고 시료를 절단할 수 있는 프로브로 시료의 중간 부분을 눌러 두 조각으로 절단시킨다. 이때 기록되는 힘을 시료의 물성 특성으로 사용한다.

4) 전자 코와 전자 혀

식품 산업에서는 품질관리나 신제품 개발 과정에서 품질 평가 및 적절한 배합비와 공정을 선택하게 되는데 이때 최우선으로 비중을 두어야 하는 항목이 식품의 독특한 맛과 향이다. 아무리 기능성이 탁월한 제품이라 하더라도 변질된 향을 소비자가 느끼게 된다면 더 이상 제품으로 사랑받을 수가 없다. 따라서 식품의 이취 성분을 판별하는 것이나 바람직한 향미를 찾아내는 일은 모두 제품 성공의 핵심 관건이다.

식품 제조 공정과 유통 저장 조건에서 생성된 휘발 성분을 측정하는 방법으로는, 주관적 방법인 감각평가법과 객관적 방법인 기계적 분석법으로 크게 나눌 수 있다. 주관적 방법인 감각평가는 여러 장점에도 불구하고 식중독의 위험이 따르거나 부패된 식품 또는 변질 가능성이 우려되는 식품에서의 이취 성분은 감각평가 요원에 의지할 수 없는 어려운 점이 있다. 혹여 이취 성분이 매우 적어서 불쾌감을 조성하지는 않는다고 하더라도 유해 물질일 가능성이 높다고 판단되면 절대로 사람을 대상으로 확인하는 위험을 감수할 수 없기 때문이다.

객관적인 분석 방법인 가스 크로마토그래피-질량 분석법gas chromatography-mass spectrometry, GC-MS과 같은 분석 방법이 이러한 문제를 부분적으로 대신해 줄 수 있을 것이다 (Hodgkin 등, 1995; Chou, 1995). 분석기기 장비를 사용하면 불쾌한 성분이나 유해 물질을 밝힐 수 있을 뿐 아니라, 이들의 종류와 농도까지 밝힐 수 있으며 많은 시료에 대해서도 높은 재현성을 제공할 수 있다. 그러나 원하는 성분 이외의 다른 물질들을 분리시켜야 하는 전처리 작업이 필요하고, 성분의 특징에 따라 그에 합당한 칼럼column을 선택해야 하며 적절한 분리 조건 등을 확립해야 한다. 이러한 일은 잘 훈련된 사람에 의해 효율적으로 이루어진다. 이때 얻은 수많은 피크 성분 중 이취나 바람직한 향과 관련된 성분을 찾아내는 일은 또 다른 문제이다(Fisk 등, 2012).

커피의 경우 수많은 피크 중에서 관심이 있는 65가지의 성분만 따로 선별하여 판별하는 데 이용되고 있다. 매우 많은 성분을 분석할 수 있다고 해도 과연 어느 성분이 우리가 찾고자 하는 향미와 관련이 있는지 여부를 파악하는 것은 힘겨운 일이다. 뿐만 아니라 두 가지 이상의 성분이 상승효과를 가져올 수도 있고, 반대로 상쇄되는 경향을 보일 수도 있다. 이러한 부분을 구체적으로 밝혀내기에는 한계가 있다. 패턴 인식 형태로 분석해야 되는 일을 성분 하나하나 분석하려 한다면 상호 연관성을 찾아내기가 어렵다. 따라서 이러한 문제를 극복하기 위하여 전자 코를 비롯한 다양한 분석기기를 사용하여 자료의 상호 연관성을 추적하거나, 또는 감각평가 결과와 함께 해석하는 시도들이 최근 많이 이루어지고 있다(Shilbayeh 등, 2004; Michishita 등, 2010; Baldwin 등, 2011; Vietoris 등, 2015).

(1) 전자 코의 기본 원리

전자 코 시스템은 생체 코의 기능과 구조의 이해를 기초로 하여 1982년 영국의 퍼서드Persaud와 도드Dodd가 단일 종의 가스 인식 시스템을 소개한 것이 그 시작이 되어 여러 나라에서 이를 이용한 연구들이 활발하게 이루어져 왔다(Tamura H 등, 1996).

전자 코는 인간의 코 기능을 디지털화한 것으로 여러 개의 센서 배열multisensor arrays을

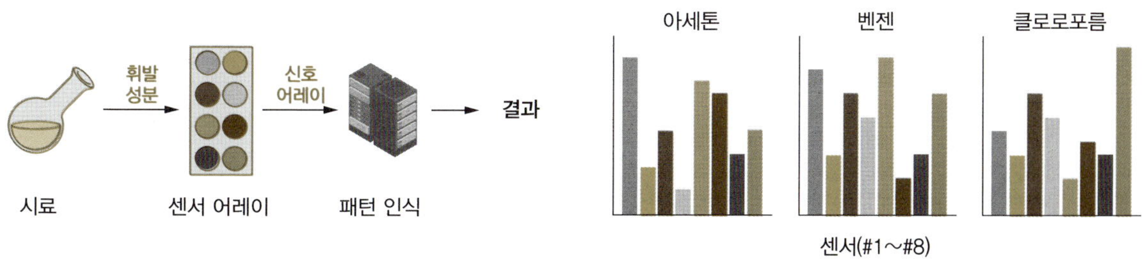

그림 6-24 전자 코의 기본 원리와 개념(왼쪽) 및 8개의 각 센서별로 나타낸 감응도 차이(오른쪽)

이용해 특정 냄새 성분과 각각의 센서에서의 반응을 전기화학적 신호로 나타내어 이 신호를 소프트웨어에서 데이터 처리함으로써 각 냄새의 정성, 정량 분석을 빠르게 수행할 수 있다(Nagata Y, 2006). 즉, 사람 코의 후각세포에 해당하는 가스 센서의 배열과 다차원의 배열 신호를 패턴화하여 처리하는 패턴 인식 신호 처리 기술로서 사람의 후각 인지 시스템을 모방한 냄새 감별 전자 처리장치이다(Reineccius G, 2006; Feng S 등, 2017; Ullrich F 등, 1987).

(2) 자료의 패턴 인식

전자 코의 분석은 신속하고 편리한 비파괴적 분석 방법으로, 가스 크로마토그래피와 같이 성분 하나하나를 분리하여 향을 분석하는 것이 아니라 인간이 감지하는 것처럼 제품에 배합된 전체의 향을 감지하는 특성을 가지고 있다. 물론 사람의 기능과 100% 동일할 수는 없지만, 세심한 센서의 선택으로 사람과 비슷하게 향에 반응할 수 있으며 사람이 감지할 수 없는 화학 물질에도 반응하고 감지하기 어려운 농도까지도 감지하는 특징을 지닌다(Cho IH 등, 2008).

서로 다른 향을 가진 커피의 품종(Acree TE, 1993)들을 전자 코로 판별하는 경우 각 시료에 대하여 서로 다른 패턴을 보여 주는 일종의 지문fingerprint을 통해 이루어질 수 있다(Plutowska B 등, 2008; McDaniel MR 등, 1990). 그것은 자료를 처리함에 있어 패턴 인식 방법으로 다변량 통계 분석 등이 많이 활용되는데, 지도supervised 방법과 비지도non-supervised 방법으로 나뉜다. 비지도 방법으로는 주성분 분석, 다변량 판별 분석 방법이 있으며, 인공 신경망은 지도식 방법의 가장 좋은 예라 할 수 있겠다. 인공 신경망의 경우 최적의 조건에서 2개 이상의 구조가 각기 다른 물질과의 차이로 얻은 자료를 바탕으로 반복적인 학습을 시켜 알파고처럼 좋은 결과를 얻어 낼 수 있다. 이를 위해서는 많은 수의 자료를 확보하여 학습시켜야만 좋은 결과를 얻을 수 있다는 단점을 내포하고 있다(Fu S-G 등, 2002; Calvo SSC 등, 2015). 반면, 전자 코는 얻어진 자료의 객관화가 가능하며 재현성이 보장되고, 일정 기간이 지난 후에도 이미 분석한 향 분석 자료를 기준 자료로 활용할 수 있다는 장점이 있다.

- 인공 신경망의 적용 : 인공 신경망을 활용하기 위해서는 우선 많은 양의 자료를 확보하는 것이 중요하다. 예를 들어 두부가 임의의 온도에서 며칠이 되었는지를 전자 코로 계측하고자 한다면 두부를 임의의 온도에서 0일부터 1일이 지난 것, 2일, 3일,

……, 15일이 지난 것 등에 대한 많은 실험 분석을 한 자료를 확보한 후 이때 얻어진 자료를 토대로 1일이 지난 것, 2일, 3일, ……, 15일이 지난 것의 자료에 대한 반복되는 학습을 1만 번 정도 반복시킨다. 반복된 학습을 통해서 인공 신경망은 며칠(예를 들어 5일) 지난 것과 유사한 패턴의 값을 가지면 며칠(5일)이 되었다고 예측할 수가 있다. 많은 양의 자료 실험과 반복된 학습 효과가 인공 신경망으로 하여금 예측 정확도를 높이는 결과가 된다.

(3) 전자 코의 센서 및 특징

전자 코 시스템에서 가장 중요한 역할을 하는 요소는 향기 성분과 반응하여 응답성을 제공하는 센서 부분이다. 상업용 전자 코에 사용되는 센서들로는 금속산화물metal oxide semiconductor, MOS 센서, 전도성 고분자conducting polymer, CP 센서, 표면 탄성파소자surface acoustic wave, SAW 센서가 가장 많이 활용되고 있는데, 가스 성분이 흡착되거나 탈착되는 과정에서 금속 산화물의 저항값 변화를 이용한 후막형/박막형 산화물 반도체 가스센서는 감도가 높고 빠르게 응답한다. 센서 형태에 따라 고온에서의 동작에 단점을 안고 있는 것이 있으며, 온도, 습도가 휘발에 주는 영향이 크므로 이에 따른 보정 작업이 필요하다. MOS 센서의 수명은 18~24개월 정도로 2년이 경과하기 전에 교체해야 하며, 이러한 경우 패턴 인식을 위한 조정 작업을 다시 해야 한다.

MOS 센서는 높은 온도가 필요하지 않고 실온에서 흡착과 탈착이 이루어진다는 장점이 있으나, CP 센서는 헤드 스페이스headspace 안에서 수증기와도 반응할 수 있어 상대습도의 영향을 받기도 한다. CP 센서의 수명은 6~9개월에 불과하나 이물질에 오염이 되더라도 쉽게 불활성화되지는 않는다.

MOS나 CP를 이용하는 제1 세대 전자 코에서는 정량적인 면보다는 주로 정성적인 분석을 토대로 정성적인 비교 평가 방법에 하나인 지문지도fingerprint map를 만들거나, 또는 주성분 분석, 판별 분석 같은 다변량 통계 분석을 통하여 많은 정보를 새로운 변수(주성분)들로 축약시키는 분석 방법을 통하여 패턴을 인식하는 형태로 판별하거나(Wagner J 등, 2016; Baek HH 등, 2004; Lapsongphon N 등, 2015; Pang X 등, 2017; Frank O 등, 2001; Czepa A 등, 2003; Ottinger H 2003), 또는 인공 신경망과 같은 소프트웨어를 활용하여 반복된 학습으로 냄새 성분에 대한 평가를 내릴 수 있었다(Scharbert S 등, 2004).

전자 코 초기 제품들은 정량적인 분석을 수행하는 데에 제한이 있고 감도와 선택성에

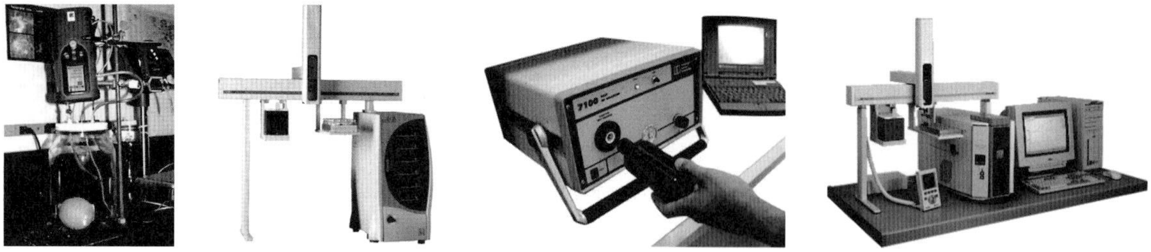

(a) 휴대용 전자 코 (b) GC를 바탕으로 한 전자 코 (c) SAW 센서와 GC를 바탕으로 한 전자 코 (d) MS를 바탕으로 한 전자 코

그림 6-25 여러 형태의 전자 코 시스템

한계를 갖고 있었지만 최근에는 1 ng까지 측정할 수 있는 압전성 센서로 수정 진동자저울quartz crystal microbalance, QCM이나 표면 탄성파소자 센서 등이 소개되었다.

가스 크로마토그래피와 SAW 센서를 접목하여 만든 전자 코의 경우(Soldo T 등, 2005; Guichard E, 2002) 온도 프로그래밍에 의한 분류로 휘발 성분의 선택성을 높여 ppb 수준까지 신속하게 측정할 수 있다(Dijksterhuis GB, 1997). SAW 센서의 수명은 거의 반영구적이라 할 수 있으며 고감도의 특성과 선택성도 매우 높은 반면에 온도나 습도 변화에는 민감하다는 단점이 있다(Cho IH 등, 2007). 최근에는 질량 분석기를 바탕으로 한 전자 코가 소개되어 얻어진 이온 단편fragment을 센서에서 얻은 값으로 활용하여 분석하는 방법이 소개되기도 하였다. 질량 분석기, 이온 이동도 분광계IMS 및 광학 시스템이 기존의 전처리 과정을 통해 1단계 과정을 거쳐 일부 성분을 분리하고 난 뒤에 특정 성분들에 대하여 반응하는 방법을 거치지 않고 미량의 다른 성분까지도 복합적으로 모두 분석하되 관심 있는 미량 성분 간의 차별성을 가상적인 센서 배열 방식을 적용하는 형태로 바뀌면서 새로운 의미의 제2 세대 전자 코라고 부른다.

응답 신호로서의 해당 피크를 보여 주는 GC 또는 IMS의 경우는 각각 전통적인 크로마토그래피 분리 방식을 통하지 않고 분석을 통해서 얻어지는 머무름 시간별로 얻게 되는 감응도나 이온 단편별 m/z 값의 신호 응답을 센서 배열로 활용하는 방안을 도입하게 되었다는 점이다. 이러한 분석 방법은 전처리 과정이 생략되어 상대적으로 복잡성이 확대되기는 하지만 응답 신호의 안정성에 그리 영향을 미치지 않는다는 장점이 있다.

(4) 전자 혀의 원리

전자 혀는 단맛, 신맛, 짠맛, 쓴맛, 감칠맛을 대표하는 이온 선택성 전극을 이용하여 분석한다. 신맛은 pH계pH meter로 수소 이온 농도를 측정하여 이를 토대로 신맛의 상대적 강도를 예측한다. 지금까지 개발된 전자 혀는 각종 물질에 반응하는 센서를 이용한 초보적인 것으로, 기껏 백포도주와 식초를 구분하는 수준에 불과하였다. 전자 혀의 작동 원리는 인간이 맛을 느끼는 원리와 똑같다. 인간의 혀에는 유두라는 돌기가 있고 여기에 있는 맛봉오리taste buds에는 향(맛) 전달 분자와 만났을 때 신경 신호를 일으키는 수용체 분자가 있다. 각각의 맛감각 기능은 이러한 수용체에 의해 유도된 독특한 신호와 대응한다. 인간은 이러한 정보가 신경망을 통해 뇌로 전달되며 전자 혀 역시 이와 똑같은 원리로 작동한다. 전자 혀는 인간이 느끼는 4가지의 기본 맛인 단맛, 짠맛, 쓴맛, 신맛을 확인할 수 있는 4가지 화학 센서를 가지고 있다. 그 센서들은 3개의 초박막 고분자와 루테늄 이온을 함유한 작은 분자로 되어 있다.

신맛은 산성도를 측정하는 pH 센서와 유사하다. 산성도는 수소 이온(H^+)의 농도에 비례하는데 pH 센서는 수소 이온에 감수성이 높은 박막을 갖춘 센서로, 막의 계면에서 수소 이온 농도에 따라 선택적으로 감응하여 전위가 달라지는 전극으로 산성도를 측정한다. 이 박막 센서는 당(단맛), 식염(짠맛), 키니네(쓴맛), 염산(신맛)과 같은 맛을 가진 물질을 흡수하여 이를 전기적 움직임으로 바꾸어 인간이 측정할 수 있게 한다. 즉, 4가지(또는 그 이상)의 각기 다른 센서가 나트륨, 염소, 칼슘 등 식품에 들어 있는 각종 물질에 반응한다.

센서에서 나온 신호는 맛을 나타내는 그래프의 좌표 위에 점으로 표시되며 보통 레이

표 6-3 미각 성분을 대표하는 표준 성분들

미각	맛 표출 성분
단맛	당류, 알라닌, 글리신, 알코올류
신맛	아세트산, 구연산 등
짠맛	식염
쓴맛	키니네, 카페인, 이포메아메론, 휴물론, 니코틴
감칠맛	MSG, 고기나 생선의 이노신산나트륨, 버섯의 구아닐나트륨

더 그램radargram으로 나타낸다. 전체적인 맛의 경향을 보여 주는데, 단점이라면 맛이 복합적으로 나타날 경우 두 가지 맛이 만나서 각기 가지고 있던 본래의 맛이 가려지거나 상쇄되기도 하고, 때로는 상승효과를 나타내는데 이러한 부분을 잡아내지 못하고 단지 각각의 성분이 가지는 성질의 일부 특성만을 제시하는 것이다. 각 센서는 서로 다른 맛에 다르게 감응하며, 4가지 맛에 관련된 복합 센서는 서로 다른 맛을 각각 전기적으로 독특한 신호를 만들어 낸다. 이 신호는 그래프 위에 각각 조합된 형태의 자료로 나타나는데, 그래프 선상의 위치를 보고 어떤 맛이 강한지의 여부는 상대적으로 파악할 수 있다.

최근 브라질의 안토니오 리울 박사팀이 인간의 혀를 닮은 '전자 혀electronic tongue'를 만들었는데, 이 전자 혀는 무려 100여 가지의 맛을 분석하여 사람 혀의 기능을 능가한다. 2군데 양조장에서 같은 해에 만들었거나 동일한 양조장에서 서로 다른 해에 만든 와인 맛의 미묘한 차이를 감지할 수 있을 정도라고 한다. 또한, 농도가 너무 낮아 인간의 혀로는 감지할 수 없는 설탕과 소금의 미량 분자도 알아낼 수 있다.

전자 혀의 막membrane 교체는 수시로 이루어진다. 예를 들어 한약과 같이 진한 용액으로 고체 성분이 포함되어 있을 경우 막의 교체 시기는 좀 더 단축되므로 경우에 따라서

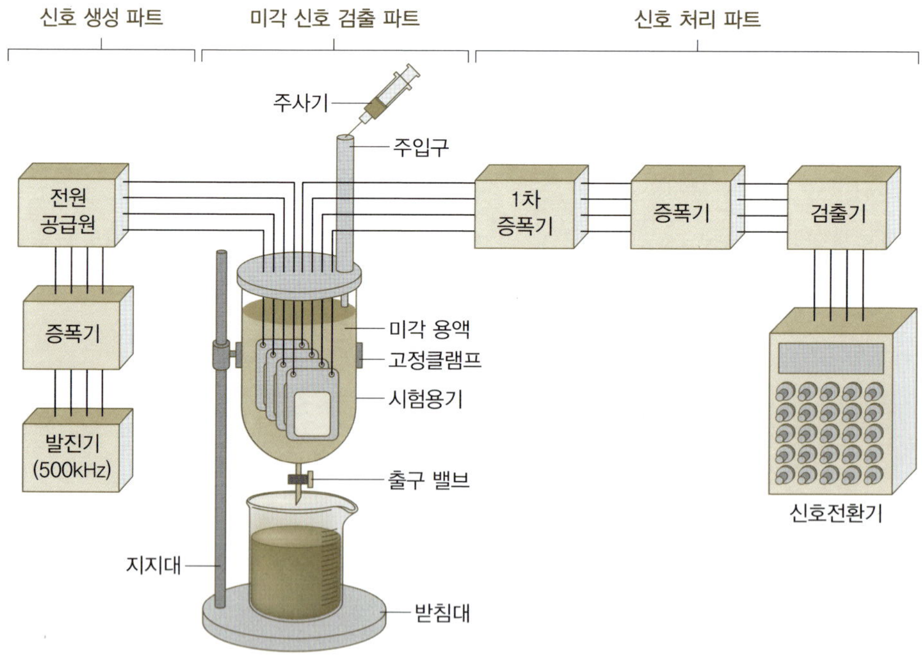

그림 6-26 전자 혀의 시스템을 구성하는 요소들

는 희석하여 분석하는 것이 바람직하다. 그러나 맥주, 포도주, 우유 등 묽은 용액의 경우는 훨씬 오랫동안 사용한 후 교체해도 무방하다.

5) 가스 크로마토그래피-후각시스템

식품의 향 특성aroma characteristics은 사람이 감지 또는 인식할 수 있는 한계값보다 높은 농도로 특정 화학 성분들이 식품에 존재할 때 비로소 인지할 수 있다. 이 특정 화학 성분들을 흔히 식품의 휘발성 향기 성분volatile compound aroma/odor compound이라 한다. 식품의 휘발성 향기 성분들은 일반적으로 낮은 분자량(500 이하)과 무극성non-polarity이어서 유기 용매에 의해 식품에서 추출될 수 있으며, 가스 크로마토그래피로 분리 및 분석될 수 있다.

크로마토그래피는 정지상static phase과 이동상mobile phase이라는 두 상phase 사이의 분배 계수에 의해 혼합물을 개별 화합물들로 분리하는 분석 방법으로, 이동상의 물질 상태에 따라 가스 크로마토그래피와 액체 크로마토그래피liquid chromatography, LC로 나뉜다(그림 6-27). 가스 크로마토그래피는 일반적으로 350~400°C 이하의 온도에서는 분해나 화학 반응이 일어나지 않고 기화될 수 있는 화합물이 주요 분석 대상이 되며, 대부분 무극성이고 저분자량의 휘발성 화합물들이 그 대상이 된다(그림 6-28, Kim TJ 등, 2011). 즉, 식품의 휘발성 향기 성분들이 대표적인 분석 대상이므로, 식품의 향과 관련한 연구들은 이 분석 장비의 발전과 함께해 왔다고 해도 과언이 아니다. 미국 미네소타 대학의

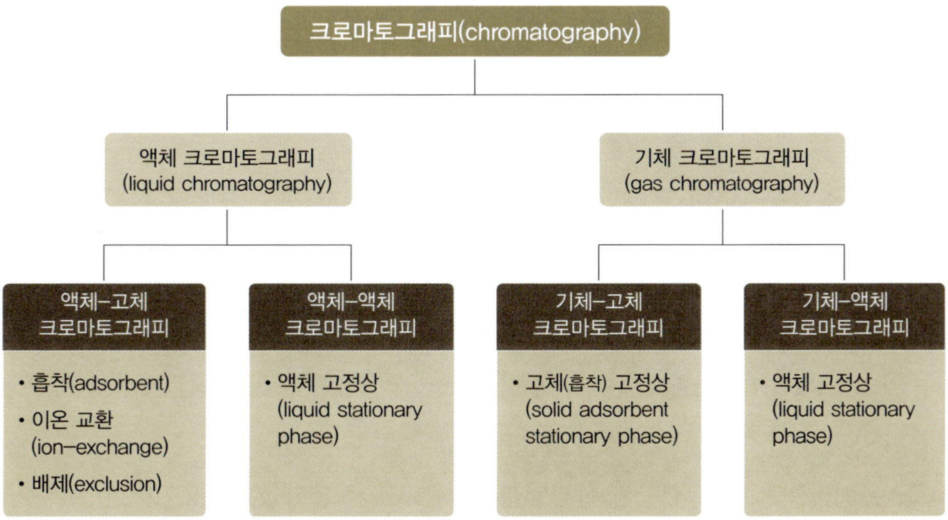

그림 6-27 크로마토그래피의 분류

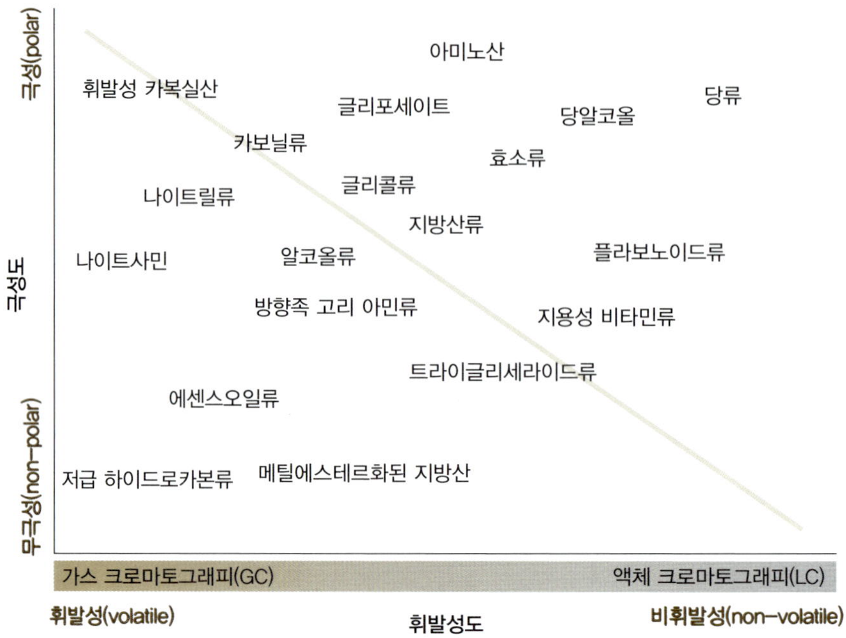

그림 6-28 휘발성 향기 성분의 화학적 성질

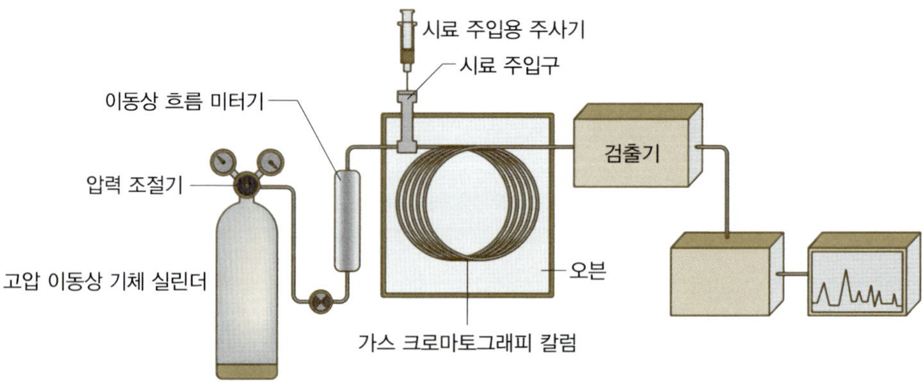

그림 6-29 가스 크로마토그래피의 구성

Reineccius 교수에 따르면, 1963년에는 500여 개의 휘발성 향기 성분들이 알려져 있었으나, 가스 크로마토그래피가 눈부시게 발전한 1960년대 중반에는 식품에서 무려 7,000여 개의 휘발성 향기 성분들이 분석되었다(Reineccius G, 2006).

그러나 이러한 식품의 휘발성 향기 성분들이 모두 식품의 향 특성으로 인지되는 것은 아니다. 모든 휘발성 향기 성분들은 각자 고유의 한계값을 갖고 있으므로, 앞에서 기술하였듯이 식품을 섭취하여 그 식품이 갖는 향 특성을 인지하기 위해서는 이들 성분들 각자가 식품 내에서 그 한계값 이상의 농도로 존재해야 한다. 한계값이란 맛이나 향을 감지할 수 있는 최소한의 농도를 말하며, 특히 맛이나 향이 무감각에서 유감각으로 변할 때의 최소 농도를 절대 한계값absolute threshold, 주어진 자극이 무엇인지 명확하게 인식할 수 있는 최소 농도를 감지(또는 인식) 한계값recognition threshold으로 구별한다(Tamura H 등, 1996). 다시 말해, 한계 농도보다 낮은 농도에서는 맛이나 향 등의 감각 특성을 느낄 수 없지만, 그보다 높은 농도에서는 그 성분의 맛이나 향을 감지한다는 것이다(Nagata Y, 2006).

표 6-4는 대표적인 휘발성 향기 성분의 한계값을 나타낸 것이다. 한계값이 높은 성분은 식품 내에 그 성분이 한계값 이상의 농도, 즉 상대적으로 많은 양이 존재해야 그 고유의 향 특성을 인간이 인지하게 된다. 반대로, 한계값이 낮은 성분은 식품 내에 그 성분이 적은 양으로 존재하더라도 그 고유의 향 특성을 쉽게 인지할 수 있다는 뜻이다. 때로는 이런 성분들의 농도가 식품 내에 극히 낮은 경우(그럼에도 한계값 이상인 경우)에도 사람은 그 향 특성을 감지할 수 있으나, 분석 효율이 높은 가스 크로마토그래피는 감지하지 못할 수도 있다(정성 및 정량 분석이 불가능). 이것이 기기분석의 한계점이며, 감각평가가 상호 보완되어야 비로소 한 식품의 품질 특성을 올바르게 이해할 수 있는 이유이기도 하다. 이러한 휘발성 향기 성분들은 일반적으로 식품 내에 적은 양(때로는 극미량)이 존재하더라도 강한 향 특성을 발현하게 되어 그 식품의 주요 향 특성에 기여하는 성분들이 된다. 이러한 성분들을 그 식품의 향기 활성 성분aroma-active compound, key odorant이라고 한다. 따라서 한 식품이 가지는 향 특성을 이해하기 위해서는 그 식품의 휘발성 향기 성분들을 단순히 프로파일링하는 것만으로는 부족하기 쉬우므로 주요 향기 활성 성분들을 분석하는 것이 바람직하다. 이는 가스 크로마토그래피-후각시스템gas chromatography-olfactometry, GC-O을 이용하여 규명할 수 있다.

(1) 가스 크로마토그래피-후각시스템의 구성

한 식품이 가지는 고유의 특성을 이해하기 위해서는 그 특성들에 기여하는 개별 향기 활성 성분들의 규명이 필수 불가결하다. 이에 고안된 분석 장비가 바로 가스 크로마토그래피-후각시스템이며, 그 구성은 그림 6-30과 같다. 가스 크로마토그래피의 분리이론은

표 6-4 휘발성 향기 성분들의 한계값

(단위 : ppm, v/v)

휘발성 성분	향기 한계값	휘발성 성분	향기 한계값
Formaldehyde	0.50	Hydrogen sulfide	0.00041
Acetaldehyde	0.0015	Dimethyl sulfide	0.0030
Propionaldehyde	0.0010	Methyl allyl sulfide	0.00014
n-Butylaldehyde	0.00067	Diethyl sulfide	0.000033
Isobutylaldehyde	0.00035	Allyl sulfide	0.00022
n-Valeraldehyde	0.00041	Carbon disulfide	0.21
Isovaleraldehyde	0.00010	Dimethyl disulfide	0.0022
n-Hexylaldehyde	0.00028	Diethyl disulfide	0.0020
n-Heptylaldehyde	0.00018	Diallyl disulfide	0.00022
n-Octylaldehyde	0.000010	Methyl mercaptane	0.000070
n-Nonylaldehyde	0.00034	Ethyl mercaptane	0.0000087
n-Decylaldehyde	0.00040	*n*-Propyl mercaptane	0.000013
Acrolein	0.0036	Isopropyl mercaptane	0.0000060
Methacrolein	0.0085	*n*-Butyl mercaptane	0.0000028
Crotonaldehyde	0.023	Isobutyl mercaptane	0.0000068
Methanol	33.000	Isohexanoic acid	0.00040
Ethanol	0.52	*tert*. Butyl mercaptane	0.000029
n-Propanol	0.094	*n*-Amyl mercaptane	0.00000078
Isopropanol	26.000	Isoamyl mercaptane	0.00000077
n-Butanol	0.038	*n*-Hexyl mercaptane	0.000015
Isobutanol	0.011	Thiophene	0.00056
sec.Butanol	0.22	Tetrahydrothiophene	0.00062
tert.Butanol	4.5	Nitrogen dioxide	0.12
n-Pentanol	0.10	Ammonia	1.5
sec. Pentanol	0.0017	Methylamine	0.035
Sulfur dioxide	0.87	Ethylamine	0.046
n-Hexanol	0.088	*n*-Propylamine	0.061
n-Heptanol	0.0060	Isopropylamine	0.025

(계속)

휘발성 성분	향기 한계값	휘발성 성분	향기 한계값
n-Octanol	0.0048	*n*-Butylamine	0.17
Isooctanol	0.0027	Isobutylamine	0.0015
n-Nonanol	0.0093	3-Methylpentane	8.9
n-Decanol	0.00090	2-Methylpentane	7.0
2-Ethoxyethanol	0.00077	Dimethylamine	0.033
2-*n*-Buthoxyethanol	0.58	Diethylamine	0.048
1-Butoxy-2-propanol	0.043	Trimethylamine	0.000032
Phenol	0.16	Triethylamine	0.0054
o-Cresol	0.0056	Acetonitrile	13
m-Cresol	0.00028	Acrylonitrile	8.8
m-Cresol	0.00010	Methacrylonitrile	3.0
p-Cresol	0.000054	Pyridine	0.063
Geosmin	0.0000065	Indole	0.00030
Acetic acid	0.0060	Skatole	0.0000056
Propionic acid	0.0057	Ethyl-*o*-toluidine	0.026
n-Butyric acid	0.00019	Carbonyl sulfide	0.055
Isobutyric acid	0.0015	2,2-Dimethylbutane	20
n-Valeric acid	0.000037	*n*-Pentane	1.4
Isovaleric acid	0.000078	Isopentane	1.3
n-Hexanoic acid	0.00060	*n*-Hexane	1.5
2,3-Dimethylbutane	0.42	Ethyl acetate	0.87
n-Heptane	0.67	*n*-Propyl acetate	0.24
2-Methylhexane	0.42	Isopropyl acetate	0.16
3-Methylhexane	0.84	*n*-Butyl acetate	0.016
3-Ethylpentane	0.37	Isobutyl acetate	0.0080
2,2-Dimethylpentane	38	Methyl formate	130
2,3-Dimethylpentane	4.5	Methylcyclohexane	0.15
2,4-Dimethylpentane	0.94	*n*-Hexyl acetate	0.0018

(계속)

휘발성 성분	향기 한계값	휘발성 성분	향기 한계값
n-Octane	1.7	Methyl propionate	0.098
2-Methylheptane	0.11	Ethyl propionate	0.0070
3-Methylheptane	1.5	*n*-Propyl propionate	0.058
4-Methylheptane	1.7	Isopropyl propionate	0.0041
2,2,4-Trimethylpentane	0.67	*n*-Butyl propionate	0.036
n-Nonane	2.2	Isobutyl propionate	0.020
2,2,5-Trimethylhexane	0.90	Methyl n-butyrate	0.0071
n-Undecane	0.87	Methyl isobutyrate	0.0019
n-Decane	0.62	Ethyl n-butyrate	0.000040
n-Dodecane	0.11	Ethyl isobutyrate	0.000022
Propylene	13	*n*-Propy n-butyrate	0.011
1-Butene	0.36	Isopropyl n-butyrate	0.0062
Isobutene	10	*n*-propyl isobutyrate	0.0020
1-Pentene	0.10	Isopropyl isobutyrate	0.035
1-Hexene	0.14	*n*-Butyl n-butyrate	0.0048
1-Heptene	0.37	Isobutyl n-butyrate	0.0016
1-Octene	0.0010	*n*-Butyl isobutyrate	0.022
1-Nonene	0.00054	Isobutyl isobutyrate	0.075
1,3-Butadiene	0.23	Methyl n-valerate	0.0022
Isoprene	0.048	Methyl isovalerate	0.0022
Benzene	2.7	Ethyl n-valerate	0.00011
Toluene	0.33	Ethyl isovalerate	0.000013
Styrene	0.035	*n*-Propyl n-valerate	0.0033
Ethylbenzene	0.17	*n*-Propyl isovalerate	0.000056
o-Xylene	0.38	*n*-Butyl isovalerate	0.012
m-Xylene	0.041	Isobutyl isovalerate	0.0052
p-Xylene	0.058	Methyl acryrate	0.0035
n-Propylbenzene	0.0038	Ethyl acryrate	0.00026

(계속)

휘발성 성분	향기 한계값	휘발성 성분	향기 한계값
Isopropylbenzene	0.0084	*n*-Butyl acryrate	0.00055
1,2,4-Trimethylbenzen	0.12	Isobutyl acryrate	0.00090
1,3,5-Trimethylbenzen	0.17	Methyl methacryrate	0.21
o-Ethyltoluene	0.074	2-Ethoxyethyl acetate	0.049
p-Ethyltoluene	0.0083	Methyl ethyl ketone	0.44
o-Diethylbenzene	0.0094	Methyl *n*-propyl ketone	0.028
m-Diethylbenzene	0.070	Methyl isopropyl ketone	0.50
p-Diethylbenzene	0.00039	Methyl *n*-butyl ketone	0.024
n-Butylbenzene	0.0085	Methyl isobutyl ketone	0.17
2,5-Dihydrofurane	0.093	Methyl *n*-amyl ketone	0.0068
Chlorine	0.049	Methyl isoamyl ketone	0.0021
α-Pinene	0.018	Diacetyl	0.000050
β-Pinene	0.033	Ozone	0.0032
Limonene	0.038	Furane	9.9
Methylcyclopentane	1.7	Cyclohexane	2.5

자료 : Nagata Y. ***Measurement of odor threshold by triangular odor bag method.*** Japan Ministry of the Environment, Tokyo, Japan (2006)

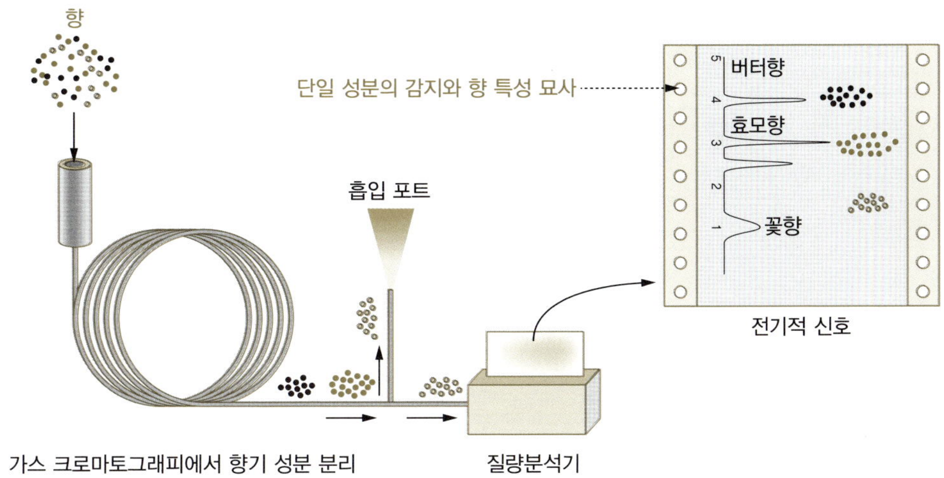

그림 6-30 가스 크로마토그래피-후각시스템

자료 : https://www.foodprocessing-technology.com/contractors/training/flavologic

혼합물이 주입구를 통해 유입되어 이동상과 함께 칼럼으로 들어가 고정상과의 분배/흡착/이온 교환/크기 배제/친화 등의 원리에 의해 개별 성분으로 분리되고, 검출기로 전달되어 전자기적 신호chromatogram로 바뀌는 데 있다. 가스 크로마토그래피-후각시스템은 칼럼에서 분리된 개별 성분들이 검출기와 후각시스템으로 나뉘어 전달되도록 하며, 후각시스템으로 전달된 개별 성분들은 흡입구를 통하여 코로 전달되어 이를 정보로 인식하여 그 특성을 묘사하도록 하는 감각적인 분석 방법이다(Reineccius G. 2006). 일반적으로 식품의 향 특성은 우리의 후각기관을 통해 뇌에 전달되어 인지되는 것으로, 이를 가스 크로마토그래피에 응용한 것이라 할 수 있다.

그림 6-31에서 보는 바와 같이 가스 크로마토그래피(또는 가스 크로마토그래피-질량 분석기)로 분리 및 분석할 수 있는, 한 식품의 휘발성 향기 성분은 수십(또는 수백)여 가지에

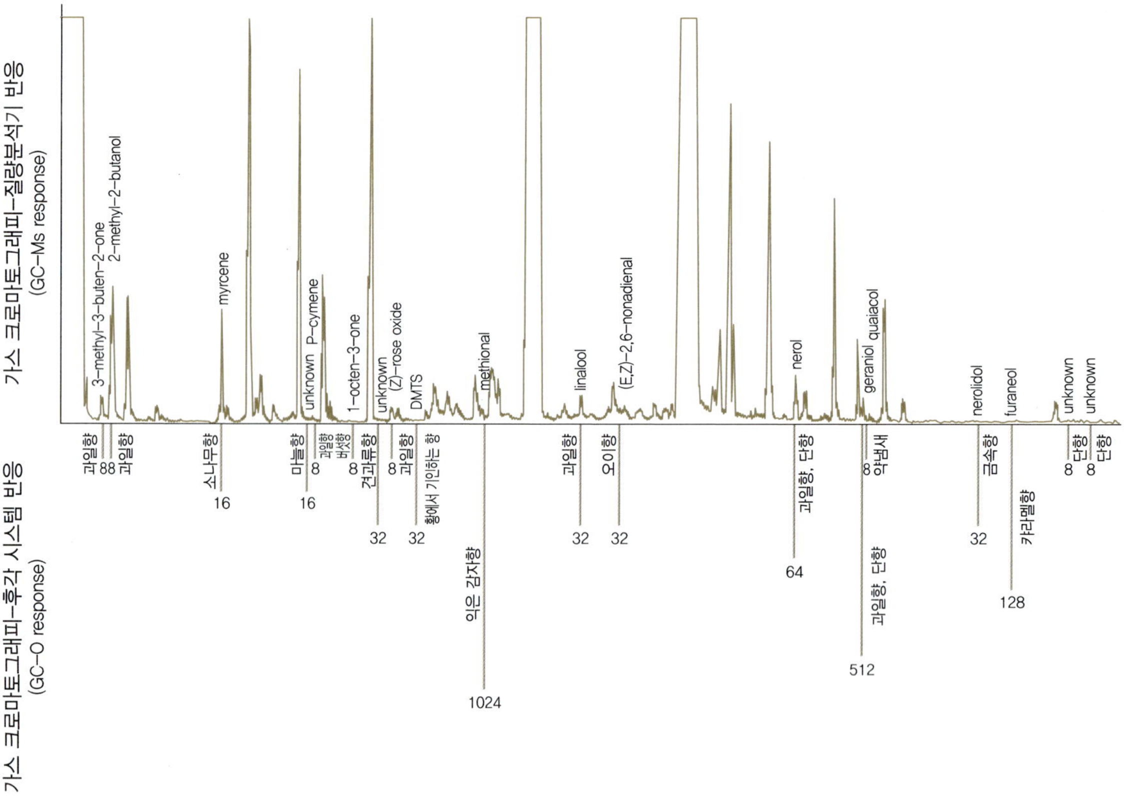

그림 6-31 리치(*Litchi chinensis* Sonn.)에서 분석된 휘발성 향기 성분(위)과 향기 활성 성분(아래)

자료 : Feng S, Huang M, Crane JH, Wang Y. Characterization of key aroma-active compounds in lychee (*Litchi chinensis* Sonn.) *J. Food Drug Anal.* (in press) (2017)

달한다. 그러나 이들 대부분의 성분이 실제 인체의 후각기관을 활성화시켜 그 식품의 고유 감각 특성(여기에서는 향 특성)으로 인지되는 것은 아니다. 몇몇 성분만이 그 식품이 가지는 감각 특성에 관여하게 된다. 즉, 가스 크로마토그래피-후각시스템으로 감지하여 묘사할 수 있는 휘발성 향기 성분들은 대부분 앞에서 기술한 한계값이 상대적으로 낮은 성분들이며, 따라서 이들이 그 식품의 주요 향기 활성 성분이 되는 것이다. 한계값에서 설명한 바와 같이 가스 크로마토그래피-후각시스템을 통해 향 특성이 묘사된 성분들 간에도 그 한계 농도가 모두 달라서 단순히 그 성분들의 정량 수치만으로는 식품 고유의 향 특성에 기여하는 주요 향기 활성 성분들을 규명하는 데 다소 어려움이 따른다. 그러므로 가스 크로마토그래피-후각시스템을 통해 감지되고 요약된 예비 향기 활성 성분들을 해석할 분석이론이 필요하다.

(2) 가스 크로마토그래피-후각시스템의 분석이론

① 향 추출물 희석 분석법

1987년 울리히Ullrich와 그로쉬Grosch가 제안한 향 추출물 희석 분석법Aroma extract dilution analysis, AEDA은, 식품에서 추출한 향 추출물을 연속적으로 희석하며 각 추출물을 가스 크로마토그래피-후각시스템을 통해 흡입하여(분석 장비를 통해 분리된 개별 성분들에 대한 감각 평가가 수행된 것) 주요한 향 특성을 나타내는 성분들과 그들의 감각 특성(향 특성)을 확인한

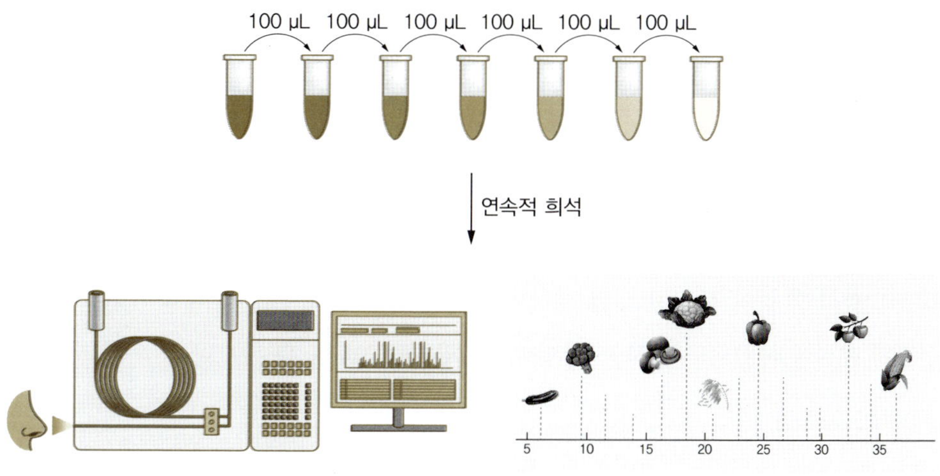

그림 6-32 향 추출물 희석 분석법 다이어그램

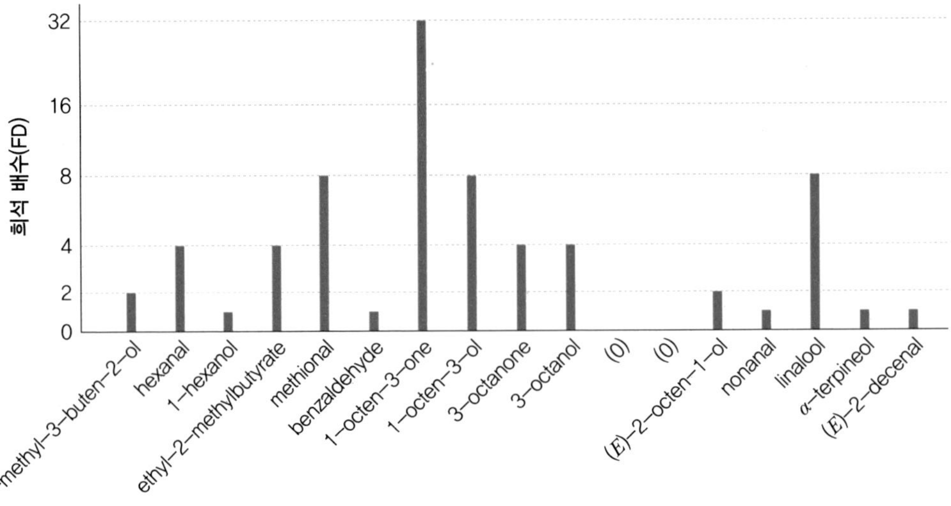

그림 6-33 향 추출물 희석 분석법을 이용한 국내산 송이버섯(갓)의 향기 활성 성분

자료 : Cho IH, Namgung H-J, Choi H-K, Kim Y-S. Volatiles and ky odorants in the pileus and stipe of pine-mushroom (*Tricholoma matsutake* Sing.). *Food Chem*. *106*: 71-76 (2008)

후(정성 분석에 해당; 그림 6-32) 이들 성분이 묘사하는 향 특성이 인지되는 최대 희석 배수를 향 희석 배수flavor dilution factor, FD factor로 나타내어(정량 분석에 해당) 그 식품의 주요 향기 활성 성분으로 분석하는 이론이다(그림 6-33; Ullrich F, 1987). 이후 많은 연구자가 이 방법으로 식품의 주요 향기 활성 성분들을 분석하여 많은 식품의 향미 특성이 보고된 바 있다.

② CHARM 분석이론

1984년 에크리Acree와 바너드Barnard에 의해 제안된 CHARM 분석CHARM analysis도 향 추출물 희석 분석법과 유사하게 추출물을 연속적으로 희석하여(더 이상 감지되는 특성이 없을 때까지) 각 추출물을 가스 크로마토그래피-후각시스템을 통해 흡입한다. 다만, 이 방법에서 묘사되는 해당 향 특성(정성 분석에 해당)이 감지되는 동안 버튼을 누르도록 하여(그림 6-34), 감각 특성이 감지된 개별 성분에 감지되는 시간이 반영된 아로마그램aromagram이 생성(정량 분석에 해당)되도록 하는 방법이다(그림 6-35; Acree TE, 1993).

③ OSME 분석이론

맥다니엘McDaniel 팀(1990)은 앞의 두 방법과는 조금 다른 OSME 분석이론을 제안하고 이를 와인 연구에 적용하였다. 이 방법은 향 추출물(희석하지 않음)을 가스 크로마토그래

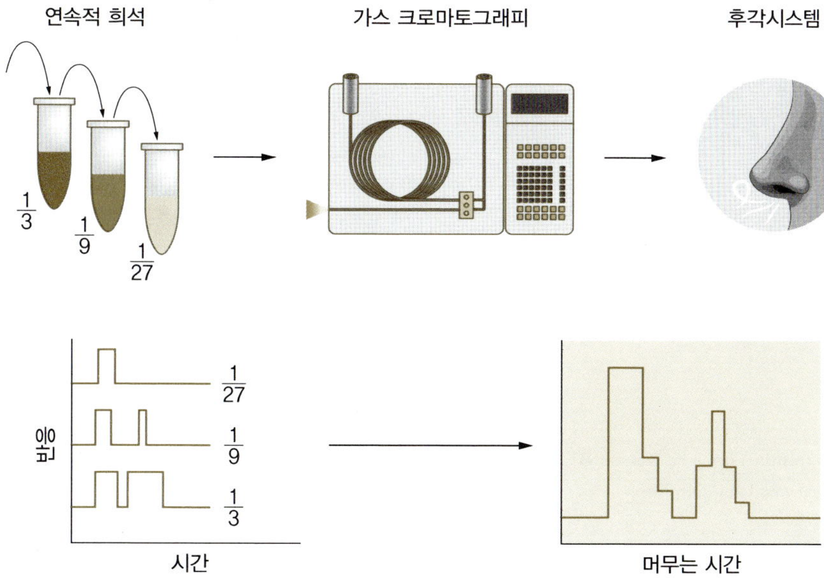

그림 6-34 CHARM 분석

자료 : Acree TE. Gas-chromatography-olfactometry in flavor analysis; *Flavor measurement*. Ho CT, Manley CH (eds). pp. 7. Marcel Dekker, New York, USA (1993)

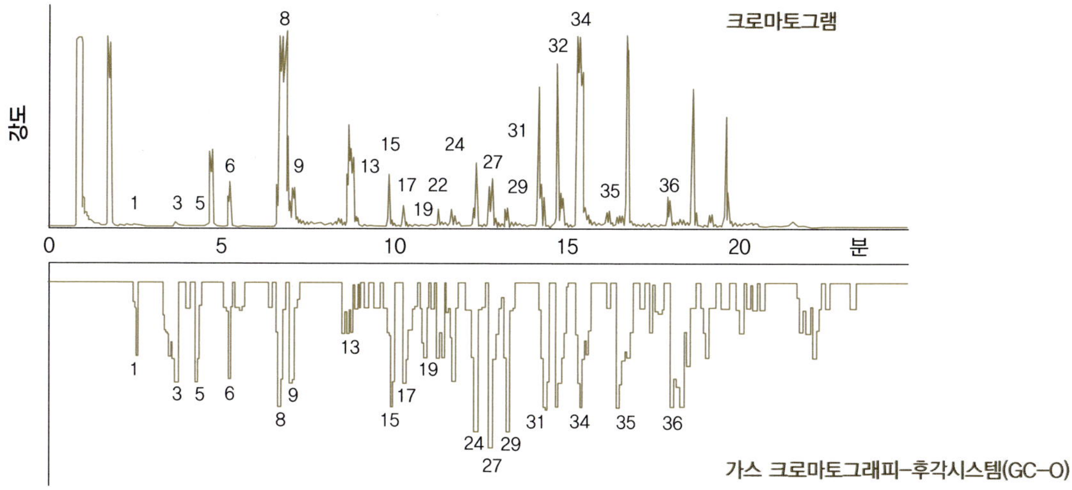

그림 6-35 CHARM 분석과 후각도

자료 : Plutowska B, Wardencki W. Application of gas chromatography-olfactometry (GC-O) in analysis and quality assessment of alcoholic beverages-A review. *Food Chem. 107*: 449-463 (2008)

피-후각시스템을 통해 개별 성분들이 가지는 감각 특성으로 분리하고, 그 감각 특성이 감지되는 강도를 평가하도록 한 것이다(McDaniel M 등, 1990).

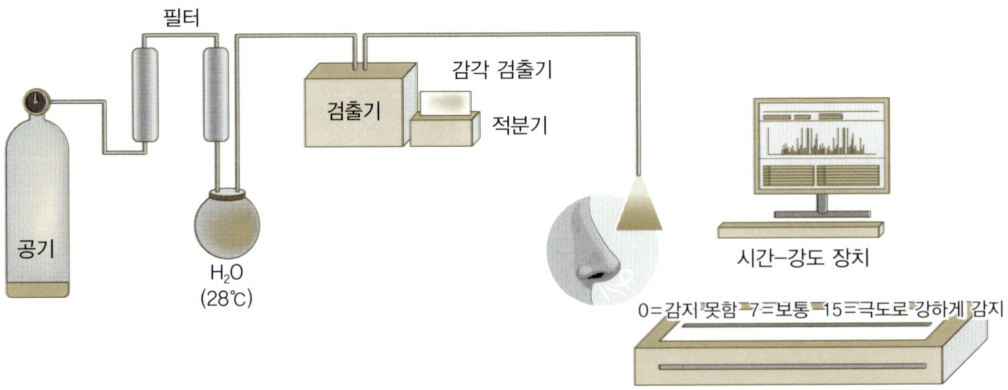

그림 6-36 OSME의 분석 과정

자료 : McDaniel MR, Miranda-Lopez R, Watson BT, Michaels NJ, Libbey LM. *Pinot noir: a sensory/gas chromatographic approach; Flavors and Off-flavors*; Charalambous G (ed). pp23-36. Elsevier Publication, Amsterdam, The Netherland (1990)

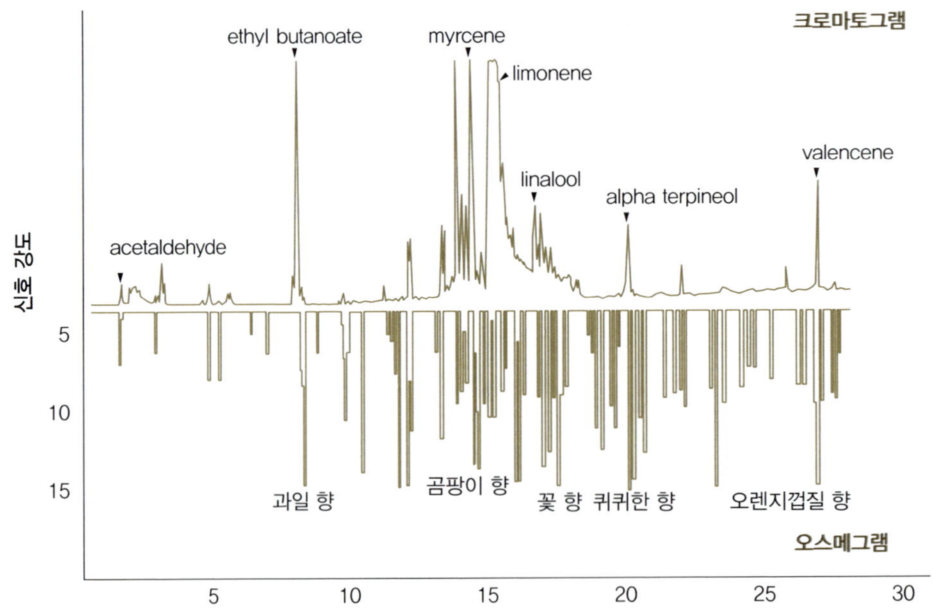

그림 6-37 오스메그램(Osmegram)

자료 : Fu S-G, Yoon Y, Bazemore R. Aroma-active components in fermented bamboo shoots. *J. Agric. Food Chem. 50*: 549-554 (2002)

6) 맛 추출 희석 분석법과 감각 오믹스 지도화

식품의 향 특성에 대한 연구가 가스 크로마토그래피(또는 가스 크로마토그래피-질량 분석기)의 눈부신 발전과 함께 20세기 중후반에 활발하게 진행된 것에 비해, 식품의 맛taste 성분에 대한 연구는 이 시기에 다소 부진하였다.

특히, 식품의 맛 특성은 맛 물질이 맛 수용체에 결합함으로써 생화학 반응을 일으켜 화학 에너지가 전기 에너지로 전환되어 대뇌에서 인식되는 것으로(그림 6-38), 단맛, 쓴맛, 짠맛, 신맛, 감칠맛의 5가지 맛을 기본 맛으로 정의하고 있다. 이외의 기타 맛은 각각

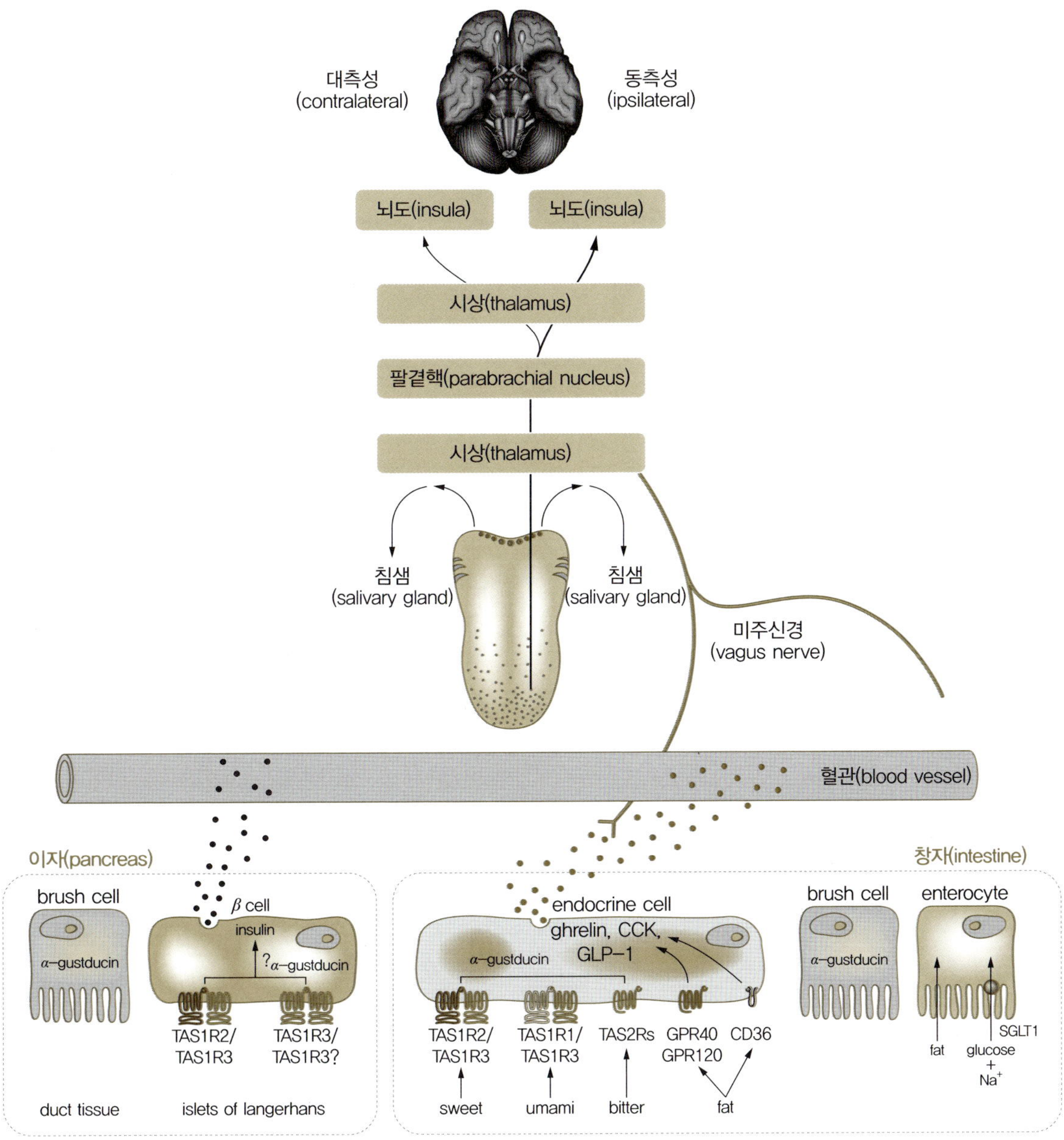

그림 6-38 맛의 인지 과정

자료 : Calvo SSC, Egan JM. The endocrinology of taste receptors. *Nat. Rev. Endocrinol.* *11*: 213-227 (2015)

의 자극 물질이 점막 상피조직의 자율신경을 자극시켜 전달되는 것으로 제한하고 있다.

21세기에 들어서면서 독일 뮌헨 대학교 호프만Hofmann 교수를 중심으로 복잡한 식품 시스템에서 기본 맛, 더 나아가 주요 미각 조절 인자들(맛 증진 또는 맛 감소 물질 등)을 발견하기 위하여 그 식품의 전반적인 감각 특성entire sensometabolome을 모식화하고, 이때 특히 가장 강하게 인지되는 맛 활성 성분taste-active compound들을 규명하는 연구가 시작되었다. 이 방법은 식품 내에서 가장 강하게 인지되거나, 이미 목표화 또는 선정된targeted 맛 특성을 프로파일하여 모식화한 후, 선정된 추출물 또는 시료에서 특징적인 맛 특성을 가지는 성분들을 규명하는 연구기법이다. 이때 맛 특성을 가지는 성분들은 다양한 기기분석법 및 시료 분리/분획법[겔 투과 크로마토그래피gel permeation chromatography, 한외여과ultra-filtration, 고체상 추출solid phase extraction, 분취용 액체 크로마토그래피preparative-LC, 역상 HPLCreverse phase HPLC, LC-MS 등]과 맛 추출물 희석 분석법taste dilution analysis, TDA과 같은 감각평가가 반영된 방법 등을 통하여 그 식품에서 분리 및 분석할 수 있다. 특히, 맛 추출물 희석 분석법은 앞서 설명한 향 추출물 희석 분석법과 유사하게 식품에서 추출한 맛 특성을 가지는 추출물을 다양한 기기분석적 방법을 통하여 얻은 후, 연속적으로 희석하며 이들의 감각 특성

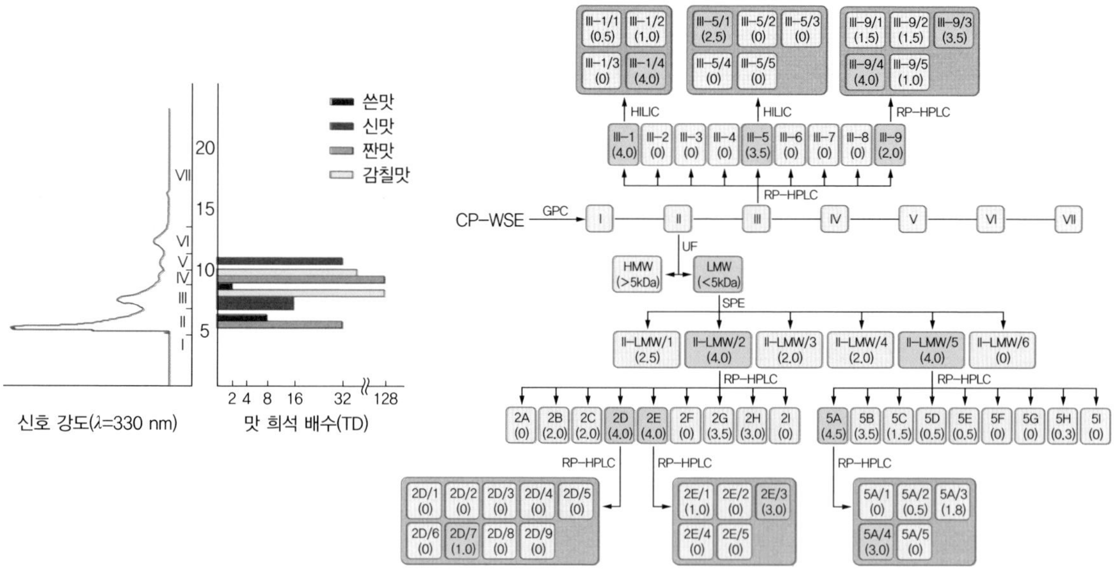

그림 6-39 감각 오믹스 지도화(sensomics mapping) 연구기법의 흐름도

자료 : Toelstede S, Hofmann T. Sensomics mapping and identification of the key bitter metabolites in gouda cheese. *J. Agric. Food Chem.* *56*: 2795-2804 (2008)

(맛 특성)이 인지되는 최대 희석 배수로 맛 희석 배수taste dilution factor, TD factor를 나타내어 그 식품의 맛 활성 성분들로서 스크리닝하는 방법이다(그림 6-39).

참고문헌

김혜영, 김미리, 고봉경. **식품 품질평가**. 효일 (2009)

이수용, 김용노. **식품물성학 원리와 응용**. 수학사 (2017)

Acree TE. Gas-chromatography-olfactometry in flavor analysis; ***Flavor measurement***. Ho CT, Manley CH (eds). pp. 7. Marcel Dekker, New York, USA (1993)

Anonymous. ***An Introduction to Electronic Nose Technology***. Neotronics Scientific Inc. Essex. UK (1996)

Baek HH, Kim HJ. Solid phase microextraction-gas chromatography-olfactometry of soy sauce based on sample dilution analysis. ***Food Sci. Biotechnol. 13***: 90-95 (2004)

Bourne MC. ***Food texture and viscosity: concept and measurement***. Academic Press, San Diego. California, USA. (2002)

Calvo SSC, Egan JM. The endocrinology of taste receptors. ***Nat. Rev. Endocrinol. 11***: 213-227 (2015)

Cho IH, Lee SM, Kim SY, Choi H-K, Kim G-O, Kim Y-S. Differentiation of aroma characteristics of pine-mushrooms (*Tricholoma matsutake* Sing.) of different grades using gas chromatography-olfactometry and sensory analysis. ***J. Agric. Food Chem. 55***: 2323-2328 (2007)

Cho IH, Namgung H-J, Choi H-K, Kim Y-S. Volatiles and ky odorants in the pileus and stipe of pine-mushroom (*Tricholoma matsutake* Sing.). ***Food Chem. 106***: 71-76 (2008)

Czepa A, Hofmann T. Structural and sensory characterization of compounds contributing to the bitter off-taste of carrots (*Daucus carota* L.) and carrot puree. ***J. Agric. Food Chem. 51***: 3865-3873 (2003)

Dijksterhuis GB. Procrustes analysis in sensory research; Multivariate analysis of data in sensory science. Series: ***Data handling in science and technology***. pp 185-220. Elsevier, New York, USA (1997)

DiNatale C, Macagnano A, Paolesse R, D'Amico A. Artificial olfaction systems : Principles and application to food analysis. ***Biotechnol. Agrone Soc. Environ. 5***(3): 159-165 (2001).

Feng S, Huang M, Crane JH, Wang Y. Characterization of key aroma-active compounds in lychee (*Litchi chinensis* Sonn.) ***J. Food Drug Anal***. (in press) (2017)

Frank O, Ottinger H, Hofmann T. Characterization of an intense bitter-tasting 1H,4H-quinolizinium-7-olate by application of the taste dilution analysis, a novel bioassay for the screening and identification of taste-active compounds in foods. ***J. Agric. Food Chem. 49***: 231-238 (2001)

Fu S-G, Yoon Y, Bazemore R. Aroma-active components in fermented bamboo shoots. ***J. Agric. Food Chem. 50***: 549-554 (2002)

Guichard E. Interactions between flavor compounds and food ingredients and their influence on flavor perception. ***Food Res. Int. 18***: 49-70 (2002)

Kil JH. Electronic nose and artificial olfactory sensor. ***Control Instrum. 2***:12-17 (2004)

Kim TJ, Myung SU, Cho HW. ***Gas Chromatography; Gas·liquid chromatography and mass spectrometry***. pp3-126, Free Academy, Pajusi, Korea (2011)

Lapsongphon N, Yongsawatdigul J, Cadwallader KR. Identification and characterization of the aroma-impact components of thai fish sauce. ***J. Agric. Food Chem. 63***: 2628-2638 (2015)

Lee DD. Technology and application of olfactory sensor system. ***Control Instrum. 2***:20-23 (2003)

Lee YC, Noh BS. Prediction of ascorbic acid stability in powdered beverage. ***Korean J. Food Sci. Technol. 14***(4) : 330-335 (1982)

Lee YS, Owens CM, Meullenet JF. The Meullenet-Owens Razor Shear (MORS) for Predicting Poultry Meat Tenderness: Its Applications and Optimization. ***J. Texture Stud. 39***: 655-672 (2008)

Lyon BG, Lyon CE, Meullenet JF, Lee YS. Meat Quality: sensory and instrumental evaluations. In: ed. Owens CM, Alvarado C, Sams AR. ***Poultry Meat Processing*** 2nd edition. CRC Press, New York, USA. (2010)

Lyon BG, Lyon CE. Meat quality: sensory and instrumental evaluations. In: ed. Sams, A. R, ***Poultry Meat Processing***. CRC Press, New York, USA. (2001)

McDaniel MR, Miranda-Lopez R, Watson BT, Michaels NJ, Libbey LM. ***Pinot noir: a sensory/gas chromatographic approach; Flavors and Off-flavors***; Charalambous G (ed). pp23-36. Elsevier Publication, Amsterdam, The Netherland (1990)

Nagata Y. ***Measurement of odor threshold by triangular odor bag method***. Japan Ministry of the Environment, Tokyo, Japan (2006)

Ottinger H, Hofmann T. Identification oft the taste enhancer alapyridaine in beef broth and evaluation of its sensory impact by taste reconstitution experiments. ***J. Agric. Food Chem. 51***: 6791-6 (2003)

Pang X, Cao J, Wang D, Qiu J, Kong F. Identification of ginger (*Zingiber officinale* Roscoe) volatiles and localization of aroma-active constituents by GC-olfactometry. ***J. Agric. Food Chem. 65***: 4140-4145 (2017)

Persaud K, Dodd GO. Analysis of discrimination mechanisms of the mammalian olfactory system using a model nose. ***Nature. 299***: 352-355 (1982)

Plutowska B, Wardencki W. Application of gas chromatography-olfactometry (GC-O) in analysis and quality assessment of alcoholic beverages-A review. ***Food Chem. 107***: 449-463 (2008)

Reineccius G. ***Flavor Analysis; Flavor chemistry and technology***. pp 33-72, CRC press, Boca Raton, USA (2006)

Scharbert S, Holzmann N, Hofmann T. Identification of the astringent taste compounds in black tea in fusions by combining instrumental analysis and human bioresponse. JAgricFoodChem52:3498-508. ***J. Agric. Food Chem. 53***: 9165-917 (2004)

Soldo T, Hofmann T. Application of hydrophilic interaction liquid chromatography/comparative taste dilution analysis for identification of a bitter inhibitor by a combinatorial approach based on Maillard reaction chemistry. ***J. Agric. Food Chem. 53***: 9165–9171 (2005).

Tamura H, Fukuda Y, Padrayuttawat A. Characterization of citrus aroma quality by odor threshold values. ***ACS Symposium series 27***: 282–294 (1996)

Toelstede S, Hofmann T. Sensomics mapping and identification of the key bitter metabolites in gouda cheese. ***J. Agric. Food Chem. 56***: 2795–2804 (2008)

Ullrich F, Grosch W. Identification of most intense volatile flavour compounds formed during autoxidation of linoleic acid. ***Z. Lebensm. Unters Forsch. 184***: 277–282 (1987)

Wagner J, Granvogl M, Schieberle P. Characterization of the key aroma compounds in raw licorice (*Glycyrrhiza glabra* L.) by means of molecular sensory science. ***J. Agric. Food Chem. 64***: 8388–8396 (2016)

Xiong R, Cavitt LC, Meullenet JF, Owens CM. Comparison of allo-kramer, warner-bratzler and razor blade shears for predicting sensory tenderness of broiler breast meat. ***J. Texture Studies 37***: 179–199 (2006)

07

기기분석의 최신 동향 및 제품 적용 사례

1. 맥주 맛과 포도맛 알아내는 전자 혀 | 2. 단맛을 감지하는 바이오 전자 혀의 개발

3. 전자 코, 전자 혀, 전자 눈의 통합 활용 | 4. 음료의 색깔과 맛 조정 | 5. 전자 코의 소형화 | 6. 동물 사료 개발

7. 포장재 이취 | 8. 전자 코-전자 혀-전자 눈 | 9. 워너-블래츨러 전단법을 이용한 육류의 물성

10. 알로-크레이머 전단법을 이용한 물성 분석 | 11. 텍스처 프로파일 분석 | 12. MORS법을 이용한 물성 분석

13. 가스 크로마토그래피-후각시스템을 이용한 식품의 주요 향기 활성 성분 분석

14. 맛 추출물 희석 분석법을 이용한 식품의 맛(또는 맛 증진) 성분 분석 | 15. 감각평가와 기기분석 간의 상관관계

1. 맥주 맛과 포도맛 알아내는 전자 혀

주류나 식품 회사에서는 맛을 감지하는 '혀'가 중요한 재산이다. 소믈리에처럼 미각 훈련이 잘 되어 있는 전문가들이 미세한 맛의 차이를 감별해 왔지만, 이제는 사람의 미각을 모방한 '전자 혀'가 속속 개발되고 있어서 소믈리에 로봇이 와인을 추천해 줄 날도 멀지 않았다.

스페인의 바르셀로나 자유대 연구진은 맥주 맛을 81.9%의 정확도로 감별하는 전자 혀를 발표하였다. 전자 혀는 맥주에 들어 있는 21가지 이온을 감지하는 센서들로 구성되어 있으며, 이들 센서는 전기를 띤 이온의 분포 형태를 분석하여 라거 맥주인지, 필스너 맥주인지 구별하고 이외에도 6종의 맥주를 구별하였다.

스페인의 발렌시아 대학 연구진은 산도와 당분의 함량을 감지하는 전자 혀로 와인 제조에 쓰이는 8종의 포도가 얼마나 익었는지 알아내는 데 성공한 바 있다. 이러한 정보들이 축적되어 있는 인공 지능을 활용하면 몇 년산 와인인지를 가려내는 것도 어렵지 않을 것이다.

2. 단맛을 감지하는 바이오 전자 혀의 개발

감칠맛은 20여 종의 맛 수용체 단백질 중 'T1R1'이, 그리고 단맛은 'T1R2'가 맡는다. 우리나라 서울대 연구팀은 이들이 각각 'T1R3' 단백질과 짝을 지어서 해당 맛을 내는 물질과 결합한다는 사실을 이용하여 사람의 단맛 수용체 단백질로 만든 바이오 전자 혀를 세계 최초로 개발하였다. 연구팀은 사람 세포에 T1R2와 T1R3 단백질 유전자를 집어넣어 이 단백질들이 세포 표면에서 자라도록 한 다음에 이 단백질이 있는 부분을 다시 떼어내어 단맛 수용체 단백질이 주축이 된 미니 세포를 탄소나노튜브와 연결하였다. 미니 세포에 흐르는 전류가 미세하게 변하는 과정을 감지하여 전류의 변화를 통해 바이오 전자 혀는 사람의 혀가 감지하는 것보다 100분의 1 낮은 농도의 단맛까지도 감지해 내었다. 감미료 성분인 아스파탐의 구성 성분인 아미노산까지 감지하는 시스템을 구축하였다.

3. 전자 코, 전자 혀, 전자 눈의 통합 활용

전자 코, 전자 혀, 전자 눈을 통합적으로 활용하지 못한다면, 눈을 감고 음식을 맛보는 것과 눈으로 음식을 보면서 먹을 때의 차이, 또는 코를 막고 먹는 것과 그렇지 않을 때의 차이가 명확하게 반영되지 않을 수 있다는 점에서 프랑스의 Alpha MOS사가 주목을 받았다. 이 회사는 세계적인 감각평가 분석 장비 제조회사로 전자 코, 전자 혀, 전자 눈의 세 장비를 모두 취급하고 있다. 따라서 이와 관련된 상당한 자료를 확보하고 있으며, 시료 간의 차이를 판별하는 경우 세 가지 장비를 모두 동일한 소프트웨어로 조작하고 자료를 해석함으로써 각 장비의 데이터를 하나의 소프트웨어로 이동시켜 통합 처리할 수 있다는 최대의 장점을 갖고 있다. 즉, 세 가지의 장비를 통해 얻은 자료를 모두 수집하여 분석함으로써 시료를 평가함에 있어 후각적, 미각적, 시각적 차이, 즉 복합적인 차이로 시료 간의 상대적 품질 차이를 판별할 수 있다는 것이다.

4. 음료의 색깔과 맛 조정

애플리케이션application, app을 통해 칵테일 잔에 든 음료의 색깔과 맛을 바꿀 수 있는 것이 특징인 일명 '복테일Vocktail, virtual cocktail'은 모바일 앱과 연동시켜 사용하는 칵테일 잔 모양의 기기이다. 이 장치에는 향기를 만들어 내는 '아로마 튜브'와 미각 자극을 만들어 내는 전극, 그리고 빛을 바꾸는 LED가 탑재되어 기존의 음료에 맛을 더하거나 향기와 색을 입힐 수 있다. 블루투스를 지원하기 때문에 무선 앱에서 음료를 지정할 수 있다. 유리잔 바닥에 있는 LED가 음료의 색깔을 바꿔 주고, 전극에 전기 자극을 줌으로써 맛

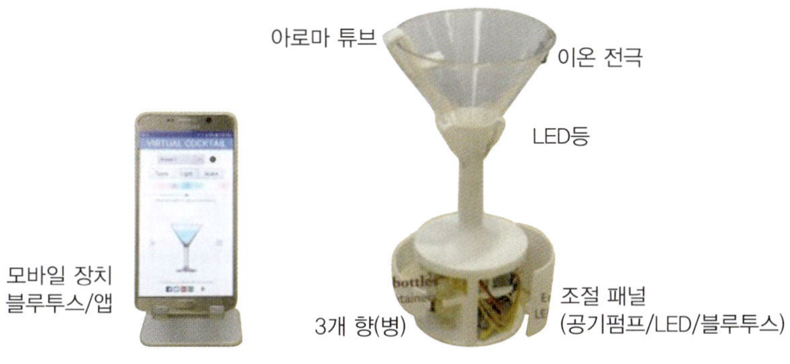

그림 7-1 복테일 잔의 구성도

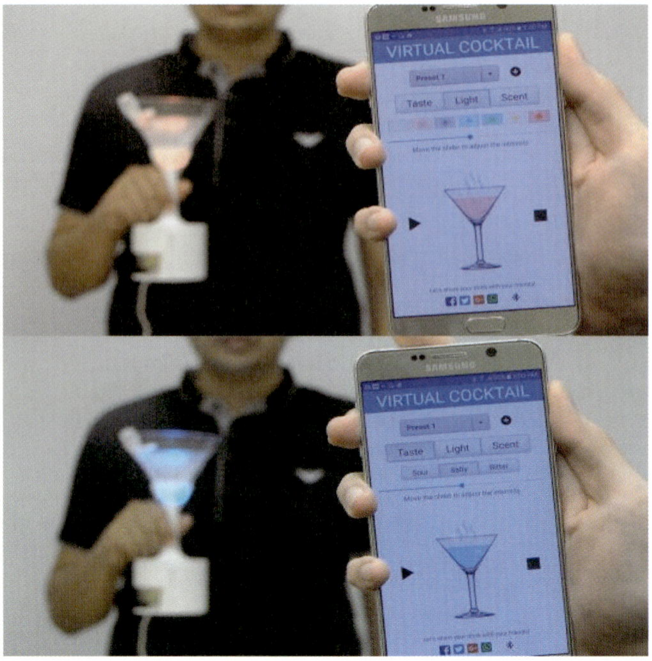

그림 7-2 복테일 잔과 이를 운영하는 휴대전화의 앱 작동 모습

을 만들어 낸다. 현재는 신맛, 쓴맛, 짠맛 등의 구현이 가능하며 유리잔에 붙어 있는 튜브를 통해 아로마 향이 방출된다. 이 유리잔만 있다면 다양한 맛의 음료를 마실 수 있는데, 음료에 관한 자료를 공유하면 멀리 있는 사람과 동시에 음료를 맛볼 수도 있다.

5. 전자 코의 소형화

아무리 좋은 분석 시스템이라고 해도 현장에서 활용하거나 일반 소비자들이 이용할 수 없으면 그림의 떡이다. 현장에 적용하거나 사람들이 직접 사용하려면 시스템 자체가 매우 간편하고 소형화가 되지 않으면 안 된다. 전자 코가 휴대전화 크기 정도로 소형화되고 일반인들도 손쉽게 사용할 수 있도록 개발되어 소개되었다.

과거 유럽연합 프로젝트로 수행된 생선 전자 코Fish nose처럼 생선의 신선도만을 측정할 목적으로 전자 코가 제작되어 활용되었던 적이 있다. 이러한 전자 코 시스템은 다양한 휘발 성분을 모두 측정할 필요 없이 단순하게 특정한 부패 미생물이 발생시키는 냄새만을 포착하여 부패 여부를 판별하도록 개발한 것이다. 이처럼 특정 분야에만 한정적으로 활용하면 소형화는 충분히 가능하다.

이러한 시스템을 발전시켜 생선류와 돼지고기를 함께 측정할 수 있는 시스템이 소개되었고, 최근에는 이에 덧붙여 소고기와 닭고기 등 미국인들이 즐겨 먹는 4가지 육가공 제품들에 대한 분석을 주부들도 손쉽게 할 수 있도록 한 기술이 제공되었다. 이러한 모듈은 휴대전화와 연결하여 앱을 설치함으로써 간편하게 육류 제품의 신선도를 판단할 수 있게 해준다(그림 7-3). 일반 분석기기의 원리를 이해하지 못하는 소비자들도 쉽게 시각적으로 오염 유무를 판단할 수 있다. 그러나 기능을 압축하다 보니 육류의 신선도라는 특정한 목적 이외의 다른 분야에는 적용하기가 어려운 단점도 있다.

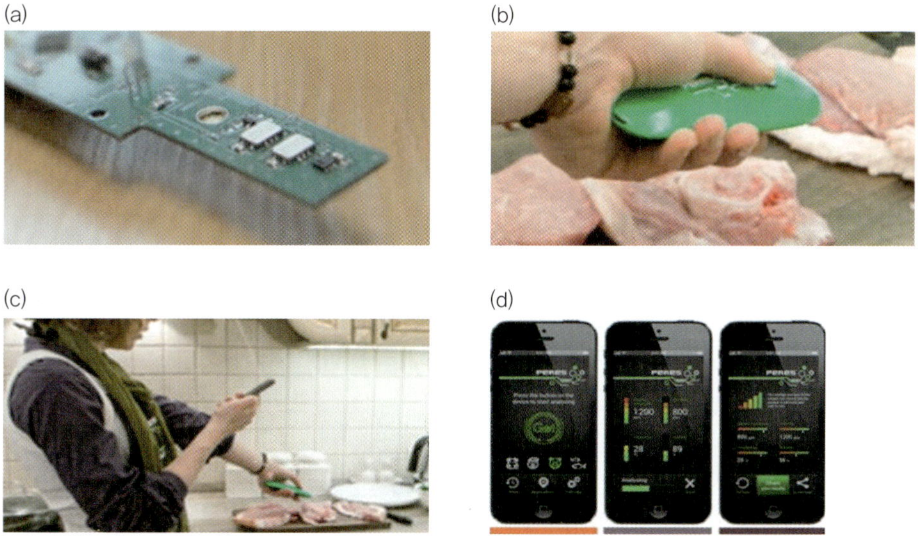

그림 7-3 휴대전화에 연결된 앱과 휴대용 전자 코를 이용하여 고기류별로 미생물의 번식 정도를 파악하여 신선도를 예측하는 시스템

자료 : Zou Y, Wan H, Zhang X, Ha D, Wang P. Electronic nose and electronic tongue. In ***Bioinspired Smell and*** *Taste Sensors*. Wang P. Liu Q. Wu C. Hsia KJ. (eds), pp 19-44, Springer International Publishing AG. Dordrecht, Netherlands (2015)

6. 동물 사료 개발

사람을 대상으로 이루어지는 묘사 분석을 통해 신제품의 개발 방향에 근접하기가 용이한 경우와는 달리 말로 전달할 수 없는 동물 사료의 개발에서는 또 다른 어려움이 따른다. 반려동물용 신제품에 대한 품질과 향미 분석 결과를 어떻게 확보할 것이냐 하는

문제가 그것이다. 반려동물인 개나 고양이 등의 사료를 개발하는 데 사람이 직접 맛을 보고 판단하는 것처럼 동물 평가 요원이 감각평가를 진행할 수 있다면 좋을 것이다. 하지만 단순히 좋아한다는 정도 이외에는 인간 평가 요원이 수행한 것과 같은 다양한 묘사 분석은 불가능하다.

이러한 한계를 극복하는 방법으로 동물들의 반응과 이들이 좋아하는 향미를 추적하기 위해 전자 코와 전자 혀를 함께 사용하고 있다. 8가지 배합비율의 시료를 대상으로 테스트하여 적절한 배합비를 갖는 신제품을 개발하는 데 활용되기도 하였다. 아직은 초기 단계라서 이와 관련된 연구 결과가 보다 더 많이 쌓여야 하겠지만 현시점에서는 시도만으로도 매우 고무적인 일이다. 앞으로 다양한 반려동물의 사료를 개발하는 데 있어 반려동물이 좋아하는 여러 종류의 향미를 찾아 줄 수 있다는 측면에서 전자 코와 전자 혀의 활용도가 좀 더 높아질 것으로 보인다.

7. 포장재 이취

식품의 소재에 따라 이취 성분을 전자 코로 분석한 바 있는데, 이때 포장재 재질로부터 이취가 식품 쪽으로 이행되는 경우가 있었다. 예를 들어 생수에서 나는 이취가 포장재로부터 이행되었는지 여부를 관찰하는 경우, 물과 포장 재질인 페트병과 뚜껑이 각기 다른 재질로 구성이 되어 있으므로 이를 분석하기 위해서는 각기 다른 전처리를 할 수밖에 없다. 그러려면 각기 다른 전처리 과정 때문에 이취가 발생되었는지, 아니면 이미 오염된 물로부터 발생이 되었는지를 구분하기가 쉽지 않다. 미세한 이취 성분은 전처리 과정을 수행하다 보면 손실될 가능성이 높기 때문에 전처리 과정 없이 분석하는 것이 바람직하다. 이러한 경우 전처리 과정을 생략하고 분석하는 전자 코 분석을 선택하는 것이 능률적이다. 물론 전처리를 통해 미세한 이취를 분리, 농축하여 GC 분석을 할 수도 있겠지만, 그러한 경우 전자 코에 비하면 분석 시간 등 훨씬 비효율적인 부분도 있다.

그림 7-4와 같이 추진 전략을 수립하여 원료 재질이 서로 다른 조합별로 동시에 분석하여 그중 페트병의 뚜껑과 병을 조합으로 한 분석 결과가 그림 7-5와 같다. 그림 7-5에서 공기로부터 가장 먼 위치에 자리 잡은 뚜껑 A가 가장 많은 냄새를 가지고 있다는 것을 의미하므로 문제가 된 것은 뚜껑 A라는 것이 판정되었다. 이 제품은 저장 창고에서

보관을 잘못하였거나, 인쇄 잉크가 유입되었거나, 또는 해당 재질만 다른 공장에서 생산하였거나 하는 등의 여러 가지 이유를 추측해 볼 수 있다. 이처럼 뚜껑과 병은 서로 다른 재질로 구성되어 있으나 전처리 과정을 생략하고 서로 다른 재질의 시료를 동시에 분석함으로써 전처리 과정에 따른 오차를 최소화하면서 문제를 해결할 수 있다.

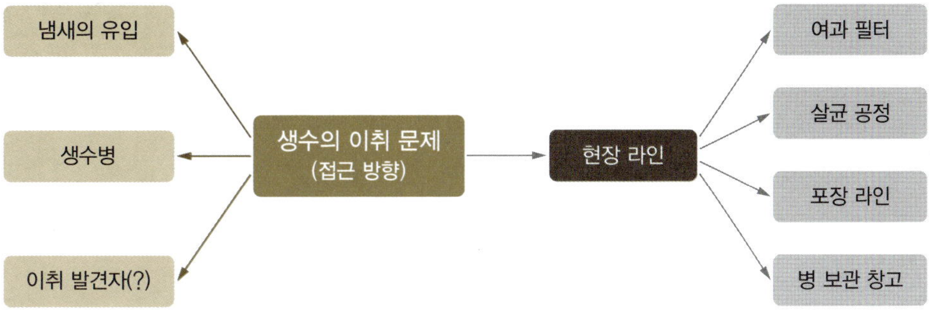

그림 7-4 생수의 이취 문제 해결을 위한 가능 전략 구도

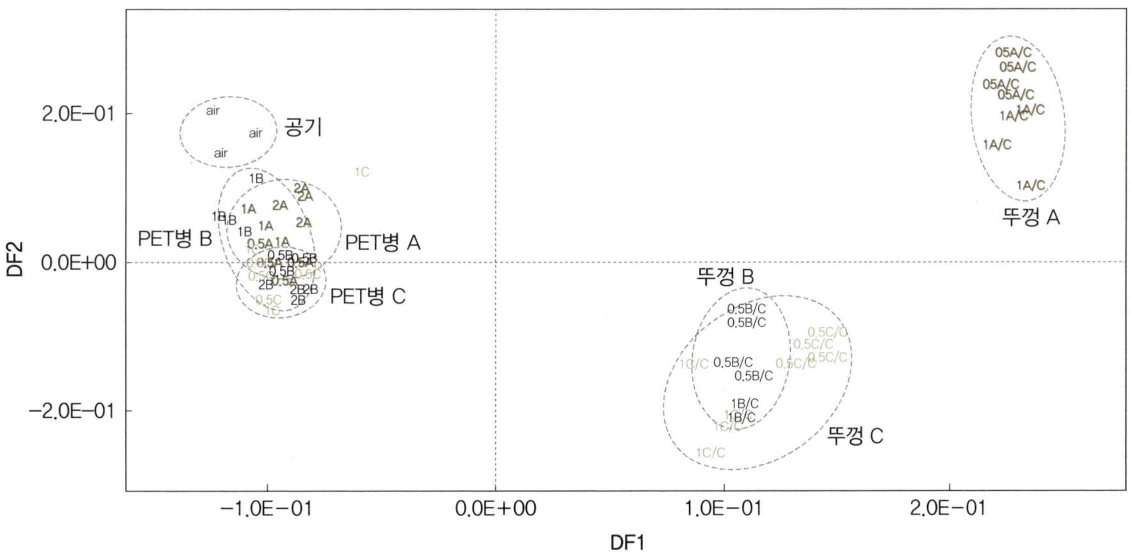

그림 7-5 질량 분석계(mass spectrometer)를 바탕으로 한 전자 코로 병과 뚜껑의 분석 결과

자료 : Han HJ, Park SW, Jung HY, Kim JS, Dong HM, Noh BS. Analysis of off flavor generated from a polyethylene terephthalate water bottles and caps by using an electronic nose. ***Korean J. Food Sci. Technol.*** *47*(4) : 425–430 (2015)

8. 전자 코-전자 혀-전자 눈

전자 코 장비와 함께 전자 혀나 전자 눈, 또는 그 외의 장비들을 함께 사용하여 정확도를 높여 나가는 방법들이 시도되어 좋은 성과를 보여 주고 있다. 커피의 원산지, 민물돔인 틸라피아, 올리브유의 품질, 이탈리아 체리의 원산지, 블랙티 등급, 동물성 원료의 유무 판단, 포도주의 품질 평가에서 보는 바와 같이, 전자 코를 단독으로 활용하는 것보다 전자 혀나 전자 눈을 함께 사용하는 경우에 훨씬 더 판별 효과가 높아지는 것으로 나타났다. 즉, 전자 코 분석 결과에서 미진한 부분의 인자를 다른 기기의 분석 결과가 보충해 주는 효과가 있는 것으로 나타났다. 전자 코 분석에서 큰 의미가 없다고 생각된 인자들이 전자 혀나 전자 눈 분석에서는 매우 중요한 인자로 작용하여, 이 결과를 전자 코의 분석 결과와 함께 통계 프로그램을 돌리는 경우 차별성이 더욱 뚜렷하게 구분되었던 것이다. 분석기기의 복합 활용은 다른 분야에서도 적용되었던 것으로, 효과적인 분석 정도를 극대화시킬 수 있다.

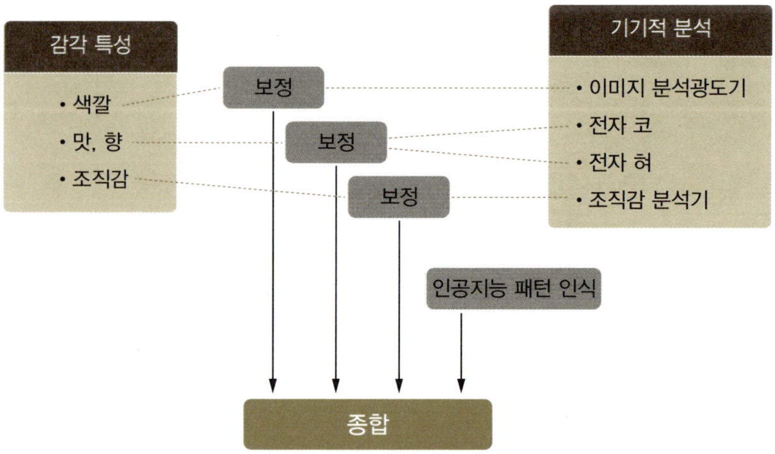

그림 7-6 품질 지표를 위한 감각적 특성 자료의 종합화

전자 코는 오랫동안 크게 신뢰할 수 있는 장비로 인식되지는 못하였다. 지문을 통해서 패턴 인식을 한다고는 하지만 전자 코가 바로 지문을 만드는 것이 아니라 사람이 그 물질, 또는 해당하는 향미에 맞는 지문을 만들어 간다고 여겨졌기 때문이다. 다변량 분석과 같이 n차원의 그림을 그려서 해석한다는 것은 매우 어려운 일이며, 그 속에서 지문을 만들어 내는 일도 훈련되지 않은 분석자라면 어려움을 겪을 것이다. 그럼에도 이

러한 문제를 극복한 시스템들이 여러 종류의 소프트웨어로 소개됨으로써 일부분 해결이 되었고, 또 다른 분석 방법과의 비교 과정을 통해 상호 연관성을 발견하기도 하면서 그동안 우리가 모르고 있었던 부분들에 대한 해석의 실마리를 풀어 주고 있다. 앞으로 이러한 분석기기 간의 협력과 다양한 소프트웨어 프로그램을 통해 간편하고 판단하기가 용이한 전자 코 시스템이 다양한 분야에서 그 활용 가능성을 높여 나가리라 기대한다. 더불어 다른 분석기기들과의 상호 연관성을 통해 우리가 발견하지 못하고 있는 작은 차이로 인한 이질성을 어떻게 확대해 나가고 해석해야 하는지는 앞으로 풀어야 할 과제이다.

9. 워너-블래츨러 전단법을 이용한 육류의 물성

워너-블래츨러 전단Warner-Braztler Shear법은 1928년에 소개된 이래로 육류 제품의 물성 측정을 위한 분석법 중 가장 널리 사용되고 있다. 시료는 적색육의 경우 원통 형태로, 가금육은 직사각형 형태로 준비하여 워너-블래츨러 전단기의 삼각형 내에 올려놓고 시료를 절단할 때 필요한 최대 힘을 측정한다. 준비되는 시료의 크기가 결과에 영향을 준다고 알려져 있으며, 일반적으로 가금육 시료의 경우는 폭을 17.0~25.4 mm로 설정하고 길이와 높이는 특별히 제한하지 않는다. 시료를 절단할 때 사용되는 프로브probe가 지지대와 접촉하여 발생하는 마찰력이 시료의 물성 값에 포함되지 않도록 주의해야 한다.

그림 7-7 워너-블래츨러 전단법

10. 알로-크레이머 전단법을 이용한 물성 분석

알로-크레이머 전단Allo-Kramer Shear법은 1950년대에 처음 소개되었으며, 채소, 콩, 곡물, 육제품의 물성 측정에 널리 사용되고 있다. 금속으로 만들어진 고정 셀stationary cell 안에 시료를 올려놓고 5~10개의 평면 형태의 날로 구성된 전단 셀shear cell을 사용하여 시료를 절단한다. 일반적으로 시료의 크기는 가금육의 경우 직사각형 형태로 준비하며 폭 9.0~25.0 mm, 길이 30.0~70.0 mm, 높이 7.0~12.6 mm로 준비한다. 워너-블래츨러 전단법과 비슷하게 시료의 크기에 의해 측정 결과가 영향을 받기 때문에 측정값을 시료의 무게로 나눠서 Kg/g로 표현한다.

그림 7-8 알로-크레이머 전단법

11. 텍스처 프로파일 분석

텍스처 프로파일 분석texture profile analysis, TPA법은 입안에서의 저작을 모방하여 식품의 물성을 측정하는 방법이다. 실린더 형태의 프로브로 시료를 2회 연속 압착하여 경도hardness, 부서짐성fracturability, 부착성adhesiveness, 응집성cohesiveness, 탄력성springiness, 점착성gumminess, 씹힘성chewiness 등의 매개변수 값을 얻을 수 있다. 일반적으로 시료 높이의 60~80% 압착률을 사용하는데, 60% 이하에서는 시료가 충분히 파괴되지 않을 수 있고 80% 이상에서는 첫 번째 압착에서 시료가 너무 많이 파괴될 수 있다. 가금육 제품의 경우는 20.0~25.4 mm 직경의 원통 형태로 시료를 준비하며, 70% 압착률, 50~100 mm/min 크로스 헤드 속도로 측정한다.

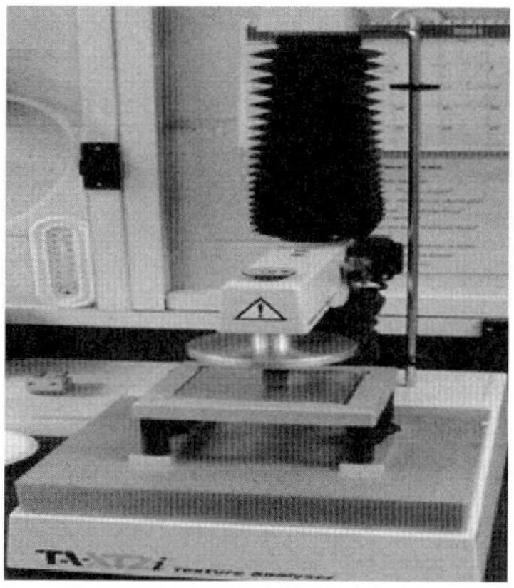

그림 7-9 텍스처 프로파일 분석법

그림 7-10 MORS법

12. MORS법을 이용한 물성 분석

MORSMeullenet-Owens Razor Shear법은 2000년에 소개된 비교적 최신 육제품 물성 분석 방법이다. 기존의 워너-블래츨러 전단법이나 알로-크레이머 전단법은 측정 전에 시료의 정확한 절단이 필요한 반면에 MORS 방법은 시료의 절단이 필요하지 않아 측정 시간이 단축되는 장점이 있다. 폭 8 mm, 길이 24 mm의 날카로운 면도날을 장착하고 있으며, 육제품의 근육을 수직 방향으로 절단하는 데 필요한 힘과 에너지를 시료의 물성 특성으로 사용한다. 시료 높이의 20 mm까지 전단이 진행되고 5 mm/s의 크로스 헤드 속도로 측정된다. 날이 무뎌지는 것을 방지하기 위해서 100전단마다 새로운 날로 교체한다.

13. 가스 크로마토그래피-후각시스템을 이용한 식품의 주요 향기 활성 성분 분석

식품의 향기 활성 성분을 규명하는 연구는 '제6장 기기분석'의 가스 크로마토그래피-후각 분석이론에서 제시한 3가지 분석이론(향 추출물 희석 분석법, CHARM 분석, OSME 분석)을 바탕으로 활발히 진행되어 왔다. 특히, 향 추출물 희석 분석법이 다양한 식품에 적용되어 가장 보편적으로 활용되고 있다.

최근, 독일의 쉬벨레Schieberle 연구팀은 우리나라에서도 약재로 많이 사용하는 감초Licorice, *Glycyrrhiza glabra* L.의 주요 향기 활성 성분을 규명하는 연구에서 이 향 추출물 희석 분석법을 적용하였다(Wagner J 등, 2016). 총 3명의 훈련된 가스 크로마토그래피-후각시스템 평가 요원들이 2배수의 희석 배수(1+1)를 사용하여 연속적으로 향 추출물을 희석하여 분석한 결과, 총 50개의 향기 활성 성분을 분석해 내었다. 일반적으로 향 추출물 희석 분석법에 의해 규명된 향기 활성 성분들은 그 식품의 주요 개별 향기 활성 성분들로, 이들 성분을 실제 감초 관련 제품에 적용하기 위해서는 이들 향기 활성 성분들을 조합하여 일종의 모델 시스템을 만들고 이들이 가지는 전반적인 향 특성 프로파일과 감초 특유의 전반적인 향 특성 프로파일이 유사해졌는지에 대한 2차 해석 및 확인이 필요하다. 예를 들어 불고기 향 특성이 부여된 초코바를 만들고자 한다면, 불고기 향 특성을 발현할 수 있는 향미 물질들을 초코바에 첨가하게 되는데 불고기 향 특성을 발현할 수 있는 물질은 단일 물질 하나가 아니므로 불고기 향기 활성 물질들의 조합 시스템이 필요한 것과 같은 이치이다. 이를 위해 향 재조합 평가aroma recombination test가 적용되는데, 이는 식품이 가지는 향미 특성을 잘 이해하고자 하는 측면에서 기기분석이 가지는 단점을 가스 크로마토그래피-후각시스템이 보완하는 것으로 한 번 더 보강하는 것이라 할 수 있다. 향 재조합 평가를 위해서는 주요 향기 활성 성분들의 그 식품 내 정확한 함유량

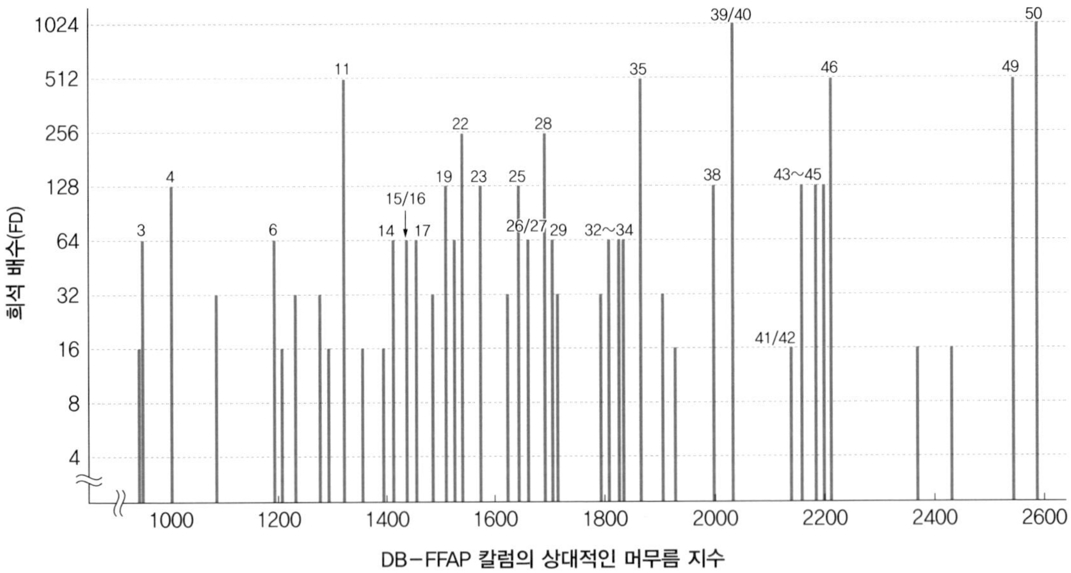

그림 7-11 희석 배수 16 이상인 감초에서 분석된 향기 활성 성분들

자료 : Wagner J, Granvogl M, Schieberle P. Characterization of the key aroma compounds in raw licorice (*Glycyrrhiza glabra* L.) by means of molecular sensory science. *J. Agric. Food Chem. 64*: 8388-8396 (2016)

분석이 필요한데, 보통 안정적 동위원소 희석 분석법stable isotope dilution analysis, SIDA이 가장 널리 적용된다. 이는 동위원소를 사용하여 향기 활성 성분들에 대하여 좀 더 정확한 정량 분석을 하고자 하는 것으로, 여기에서는 구체적인 분석 절차에 대해서는 설명하지 않기로 한다. 쉬벨레 연구팀에서는 감초에서 규명된 향기 활성 성분들 중 향 추출 희석 배수(FD)가 16 이상인 향기 활성 성분들을 주요한 향기 활성 성분들로 요약하고(그림 7-11), 이들에 대하여 안정적 동위원소 희석 분석법으로 감초 내 정량 분석을 수행하였으며, 더불어 이들의 향 활성지수odor activity value, OAV를 계산하였다. 이들 정량 자료들을 근거로 하여 재조합된 감초 향 시스템과 실제 감초와의 향 특성에 대한 향 재조합 평가 결과는 그림 7-12와 같았다. 이 연구에서 재조합된 감초 향 시스템은 실제 감초의 향 특성과 매우 유사하여, 이들 시스템은 제품 개발에 적용 가능한 것으로 확인되었다.

한편, 향 추출물 희석 분석법은 용매를 사용하여 식품의 휘발성 향기 성분들을 추출한 후 이들을 연속적으로 희석하여 분석에 활용한 것으로, 일반적으로 식품의 휘발성 향기 성분들이 지용성임을 전제로 한 분석이론이다. 그런 까닭에 때로는 사용된 용매가 그 식품 고유의 특성을 다소 방해하기도 하고 변환시키기도 하므로 용매를 사용하지 않는 추출 방법의 개발이 필요하였다. 또한, 한 식품의 향 특성을 올바르게 이해하기 위해서는 두 가지 이상의 서로 다른 이론에 근거한 추출 방법을 활용하여 휘발성 향기 성분들을 프로파일링하거나 향기 활성 성분들을 규명하는 것이 바람직하다고 할 수 있다.

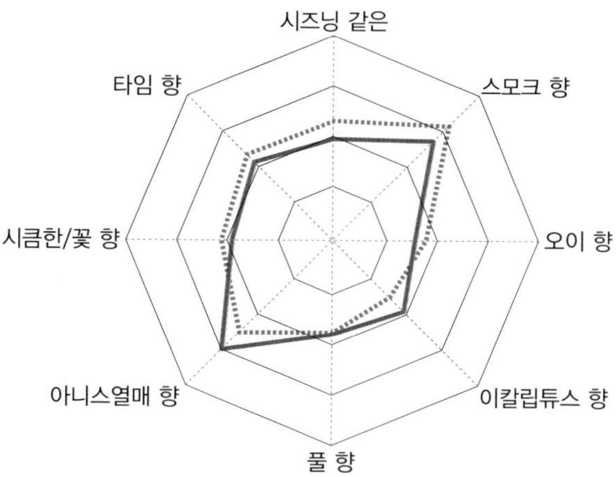

그림 7-12 재조합된 감초 향(점선)과 감초(실선)에서 분석된 향 프로파일
자료 : Wagner J, Granvogl M, Schieberle P. Characterization of the key aroma compounds in raw licorice (*Glycyrrhiza glabra* L.) by means of molecular sensory science. *J. Agric. Food Chem. 64*: 8388-8396 (2016))

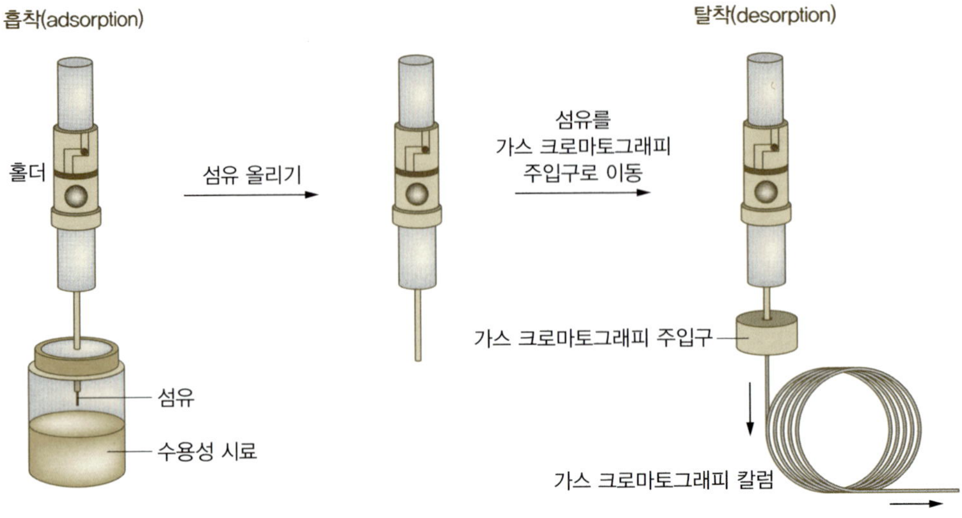

그림 7-13 고체상 미세 추출법과 가스 크로마토그래피 탈착 과정

자료 : Baek HH, Kim HJ. Solid phase microextraction-gas chromatography-olfactometry of soy sauce based on sample dilution analysis. *Food Sci. Biotechnol. 13*: 90–95 (2004)

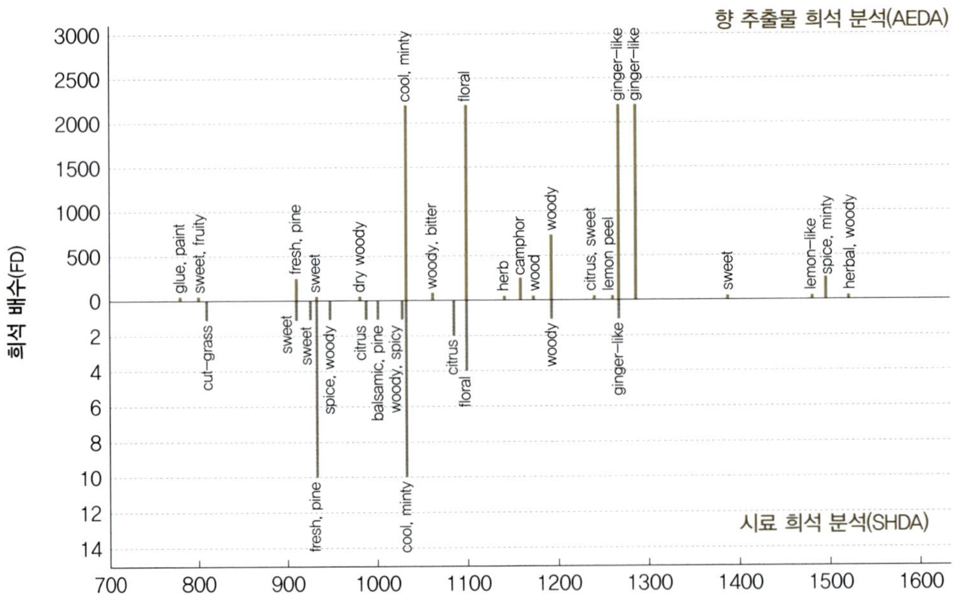

그림 7-14 향 추출물 희석 분석법(위)과 시료 희석 분석법(아래)으로 확인한 향기 활성 성분

자료 : Pang X, Cao J, Wang D, Qiu J, Kong F. Identification of ginger (*Zingiber officinale* Roscoe) volatiles and localization of aroma-active constituents by GC-olfactometry. *J. Agric. Food Chem. 65*: 4140–4145 (2017)

그러나 용매를 사용하지 않는 헤드 스페이스headspace 방법들은 상대적으로 용매 추출에 비해 추출 효율이 낮아서 향기 활성 성분들을 해석하는 이론에 적용하지 못한 것이 사실이었다. 이에 대하여 2004년 국내에서 고체상 미세 추출법solid phase microextraction, SPME을 활용한 가스 크로마토그래피-후각시스템 분석이론이 제안된 바 있으며, 이를 시료 희석 분석법sample (headspace) dilution analysis, S(H)DA라고도 부른다(Baek HH 등, 2004). 고체상 미세 추출법은 밀폐된 용기에 식품을 넣고 헤드 스페이스상으로 올라오는 휘발성 향기 성분들을 다양한 물질로 코딩된 섬유fiber에 흡착시켜 가스 크로마토그래피의 주입구에 탈착시키는 추출 방법으로(그림 7-13), 특히 수용성 식품의 휘발성 향기 성분 추출에 이용하기 쉽다. 이때 수용성 식품을 연속적으로 희석하여 추출한 후 가스 크로마토그래피-후각시스템에 이를 적용하여 평가하는 방법을 시료 희석 분석법이라 정의하였다. 이후 캐드윌라더Cadwallader 교수팀에서도 이를 타이식 생선소스의 향기 활성 성분을 규명하는 연구에 적용한 바 있고(Lapsongphon N 등, 2015), 2016년에는 생강의 휘발성 향기 성분을 확인하는 연구에서 향 추출물 희석 분석법과 이 시료 희석 분석법이 함께 적용되어(그림 7-14) 생강 특유의 향 특성이 좀 더 정확하고 폭넓게 이해받게 되었다(Pang X 등, 2017).

14. 맛 추출물 희석 분석법을 이용한 식품의 맛(또는 맛 증진) 성분 분석

사람의 맛 인지는 식품이 가지는 단맛, 쓴맛, 신맛, 짠맛, 감칠맛의 기본 맛 등의 미각을 통한 감각gustatory taste sensation에 의한 것이며, 여기에 혀에서 느끼는 온도나 촉각으로부터의 자극, 화학적 성분들의 자극 등이 영향을 주게 된다. 과거에는 설탕, 카페인, 유기산, 소금, 글루타민산염glutamate 등의 정량 분석을 통한 맛 인지 강도를 평가하였다면, 최근에는 특히 화학적 성분들의 자극이 맛 인지에 영향을 미친다는 사실이 밝혀지면서 맛 수용기taste receptor를 활성화/혹은 이를 저해enhancing/or reducing하는 데 영향을 미치는 맛 물질들을 규명하는 연구가 진행되고 있다. 이들 연구는 식품의 향기 활성 성분을 분석하는 데 사용되었던 향 추출물 희석 분석의 원리를 바탕으로 시작되었다.

독일의 호프만Hofmann 교수팀에서는 이러한 맛 추출물 희석 분석법 원리를 바탕으로 하여, 쓴맛 기여 물질의 1H-4H-quinolizinium-7-olate을(Frank O 등, 2001), 당근과 당근 퓌레에서 이취off-flavor 성분의 구조적 특성을(Czepa A 등, 2003), 소고기 육수에서 향미 증진 물질인 alapyridaine을(Ottinger H 등, 2003), 홍차에서 아린 맛astringent taste 관련 물질을(Scharbert S 등, 2004), 그리고 쓴맛을 억제하는 alapyridaine 관련 'pyridinium betaines'을 규명하였다(Soldo T 등, 2005). 이들 선행 연구는 그림 7-15에서 보는 바와 같이 액체 크로마토그래피에 의해 분리된 여러 추출물 가운데 이미 목표화 또는 선정된 맛 특성에 대한 높은 맛 희석 배수 값이 확인된 I/II 1~4분획물에서 추가 분리 및 분석을 하여, 이들 맛 성분에 대한 구조 규명이 진행되는 등의 과정을 통하여 수행된다. 이 과정은 한 차례로 종료되는 것이 아니라 연속적인 반복 과정으로 수행되기도 하므로 하나의 맛 물질이 확인되는 데 상당히 긴 분석 시간이 소요된다. 바로 이러한 일련의 과정이 포함된 연구기법을 '감각 지도화sensory mapping' 또는 '감각 오믹스sensomics'라고 한다. 한편, 이때 각 추출물에 대한 감각 특성이 감각평가를 통해 이해 및 해석되고, 맛감각이 확인된 추출물에 대해서는 복잡한 구조 규명의 기기분석이 수행되는데, 이는 기기분석instrumental analysis과 인간의 생물학적 반응human bio-response이 상호 융합적으로 보완된 최신 연구기법이라 할 수 있겠다.

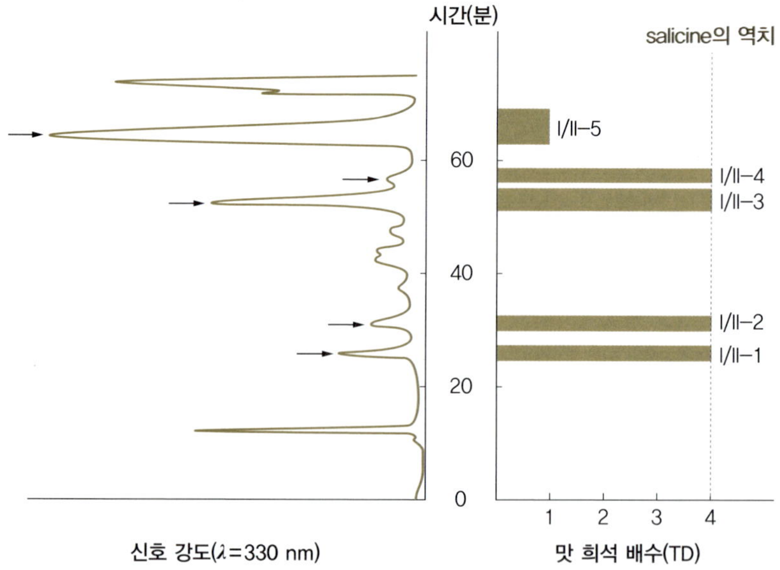

그림 7-15 액체 크로마토그래피로 분리한 맛 추출 성분을 맛 추출물 희석 분석법으로 확인한 맛 특성 강도
자료 : Soldo T, Hofmann T. Application of hydrophilic interaction liquid chromatography/comparative taste dilution analysis for identification of a bitter inhibitor by a combinatorial approach based on Maillard reaction chemistry. *J. Agric. Food Chem. 53*: 9165–9171 (2005)

15. 감각평가와 기기분석 간의 상관관계

식품의 향미는 향과 맛이 혼합된 말로, 식품이 가지는 가장 중요한 기호적 감각 특성으로 인식되어 왔을 뿐만 아니라 오랜 시간 동안 식품에서 인지할 수 있는 여러 감각 특성 중 특히 향과 맛으로만 그 식품의 주요 감각 특성을 한정하여 이해해 왔다. 실제 식품에서 사람이 인지 또는 감지할 수 있는 감각적 특성은, 오감(시각, 후각, 미각, 청각, 촉각)으로 개별 혹은/동시에 종합적으로 관련지어 인지하는 것으로 시각으로 인지하는 외관, 후각으로 인지하는 냄새, 미각으로 인지하는 맛, 청각적으로 인지할 수 있는 식감과 관련되는 특성, 촉감으로부터의 조직감 등이 모두 포함된다. 이는 총체적으로 사람에게 전달된다(그림 7-16). 따라서 하나의 식품이 가지는 이러한 감각 특성을 잘 이해하기 위해서는 그러한 감각 특성을 개별적 특성으로 분석할 수 있는 기기분석과, 오감을 통해 종합적으로 평가할 수 있는 감각평가 간의 상호 해석이 필요하다.

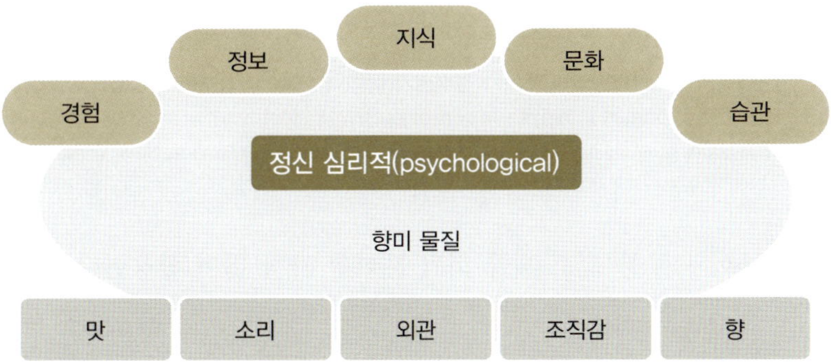

그림 7-16 식품의 향미 인지 과정

자료 : Guichard E. Interactions between flavor compounds and food ingredients and their influence on flavor perception. *Food Res. Int. 18*: 49–70 (2002)

이러한 서로 다른 두 종류의 자료 간 상호 해석을 위하여 다변량 통계기법이 활용되는데, 여기에는 자료들 간의 단순 인과관계를 규명하거나 자료들 간의 상관관계를 이용하여 변수를 축약 또는 개체들을 분류하는 등의 방법이 있다. 특히, 두 자료를 대등하게 인정하고 이 두 자료 간의 인과관계를 해석하는 방법(symmetric)과, 하나의 자료(X)로 또 다른 자료(Y)를 예측하는(asymmetric) 회귀 방법 등이 있다(그림 7-17). 일반적으로 기기분석 자료와 감각평가 자료 간의 상호 이해는 후자의 방법을 통하는 경우가 많으며, 여

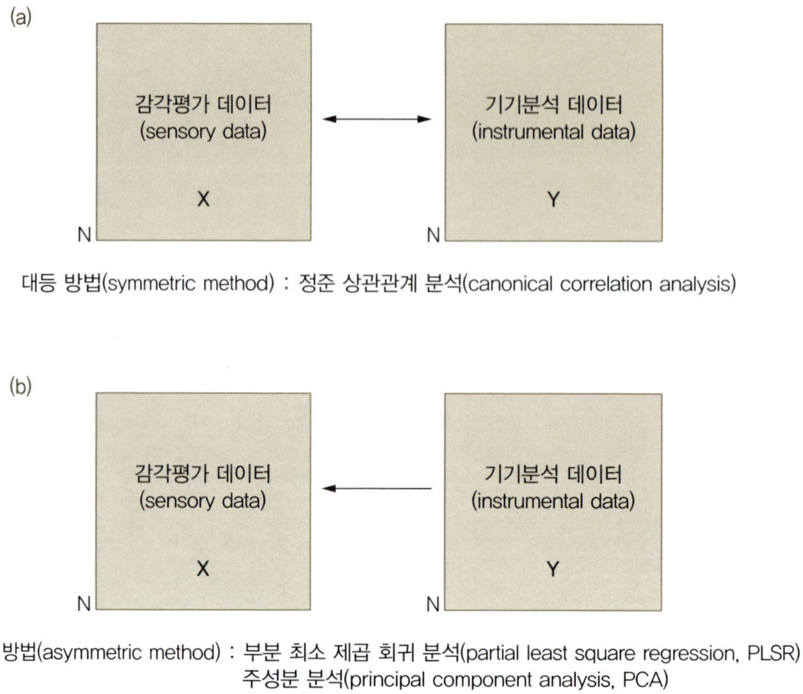

그림 7-17 기기분석 데이터와 감각평가 데이터 간의 상관관계 해석 방법

자료 : Dijksterhuis GB. Procrustes analysis in sensory research; Multivariate analysis of data in sensory science. *Series: Data handling in science and technology*. pp 185–220. Elsevier, New York, USA (1997)

기에는 주성분 분석과 부분 최소 제곱 회귀 분석을 가장 많이 활용한다(Dijksterhuis GB 등, 1997).

조 등(2007)은 국내산 송이버섯의 등급별 향미 특성을 비교하기 위하여 가스 크로마토그래피-후각시스템의 향기 활성 성분 자료와 묘사 분석의 감각평가 자료와의 상관관계를 규명하는 연구를 수행하였다(Cho IH 등, 2007). 가스 크로마토그래피-후각시스템을 통하여 총 23개의 향기 활성 성분이 국내산 송이버섯에서 규명되었으며(표 7-1), 15개의 주요 감각 특성이 묘사 분석을 통하여 확인되었다(그림 7-18). 여기에 부분 최소 제곱 회귀 분석의 다변량 통계 방법을 적용함으로써 이들의 상관관계를 규명하였다(그림 7-19). 솔잎 향미, 고기 향미, 꽃 향미 등의 향미 특성은 서로 높은 상관관계를 가지며, 송이버섯의 등급이 높을수록(고품질일수록, 4→1등급) 이러한 특성들이 우세한 것으로 나타났다. 여기에 기여하는 향기 활성 성분으로는 (*E*)-2-decenal, α-terpineol, phenylethyl alcohol, ethyl 2-methylbutyrate 등이 확인되었다. 반면, 송이버섯의 등급이 낮을수록

표 7-1 국내산 송이버섯의 등급별 향기 활성 성분

번호	칼럼에 머무는 시간지수		향기 활성 성분	희석 배수(FD factor)			
				DB-wax			
	DB-wax	DB-5ms		1등급	2등급	3등급	4등급
1	1031	<800	2-methyl-3-buten-2-ol	1	1	1	0
2	1073	895	ethyl 2-methylbutyrate	32	4	4	16
3	1097	807	hexanal	2	2	1	2
4	1195	1032	limonene	1	1	2	1
5	1240	971	3-octanone	2	1	4	4
6	1259	<800	3-hydroxy-2-butanone	1	4	2	4
7	1317	978	1-octen-3-ol	256	256	512	1024
8	1360	865	1-hexanol	1	0	1	1
9	1390	1104	nonanal	1	2	1	2
10	1394	1007	3-octanol	8	16	32	32
11	1430	1052	(*E*)-2-octenal	1	2	1	2
12	1435	1173	ethyl octanoate	1	0	1	0
13	1451	1002	1-octen-3-ol	8	4	16	32
14	1480	914	methional	8	32	32	128
15	1484	1029	2-ethyl-1-hexanol	1	0	1	0
16	1540	1105	linalool	8	4	16	8
17	1546	1074	1-octanol	2	1	2	2
18	1622	1071	(*E*)-2-octen-1-ol	2	1	4	4
19	1630	1260	(*E*)-2-decenal	2	1	1	0
20	1648	1043	phenylacetaldehyde	1	1	0	2
21	1652	1064	2-acetylthiazole	0	2	0	4
22	1675	1198	α-terpineol	2	0	0	0
23	1810	1060	phenylethyl alcohol	2	1	1	1

자료 : Cho IH, Lee SM, Kim SY, Choi H-K, Kim G-O, Kim Y-S. Differentiation of aroma characteristics of pine-mushrooms (*Tricholoma matsutake* Sing.) of different grades using gas chromatography-olfactometry and sensory analysis. *J. Agric. Food Chem.* 55: 2323-2328 (2007)

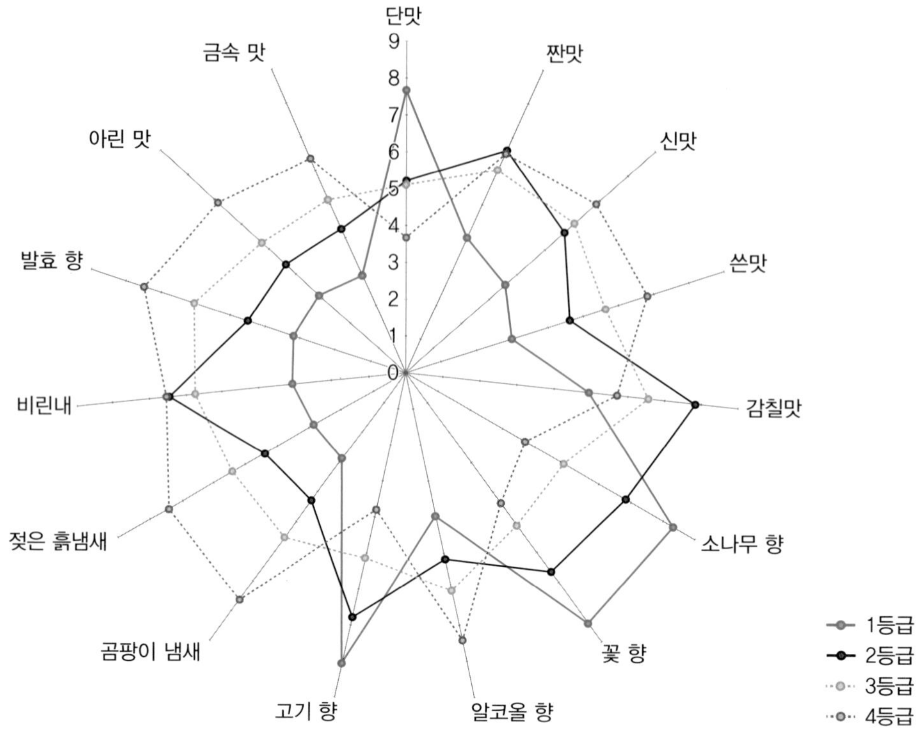

그림 7-18 묘사 분석을 통한 등급별 송이버섯의 감각 특성 평가

자료 : Cho IH, Lee SM, Kim SY, Choi H-K, Kim G-O, Kim Y-S. Differentiation of aroma characteristics of pine-mushrooms (*Tricholoma matsutake* Sing.) of different grades using gas chromatography-olfactometry and sensory analysis. *J. Agric. Food Chem. 55*: 2323-2328 (2007)

젖은 흙 향미, 알코올 향미, 금속 향미, 곰팡이 향미, 발효 향미 등의 향미 특성이 우세하며 이들 역시 서로 높은 상관관계를 나타내었다. 여기에는 1-octen-3-one, 1-octen-3-ol, 3-octanol, 3-octanone, (*E*)-2-octen-1-ol, methional 등의 향기 활성 성분들이 기여하는 것으로 확인되었다.

유사한 예로, 차를 우리는 조건 및 제품에 따른 녹차의 휘발성 향기 성분과 향미 특성을 평가한 선행 연구에서도 이들 상관관계를 확인하기 위하여 부분 최소 제곱 회귀 분석이 활용되었다(Lee J 등, 2013). 우림 횟수에 따라 국내 6가지 녹차 제품에서 묘사 분석된 향미 특성은 총 25가지였으며, 우림 횟수에 따른 이들 향미 특성의 변화는 그림 7-20과 같았다. 우림 횟수에 따른 녹차의 묘사 분석 결과, 녹차를 2회까지 우려냈을 때에는 전체적인 향미 특성의 강도가 유사하다고 할 수 있었지만, 3회 또는 4회 반복해서 우려냄에 따라서는 녹차의 전체적인 향미 강도가 낮아지고 쓴맛과 떫은맛이 약하게 발

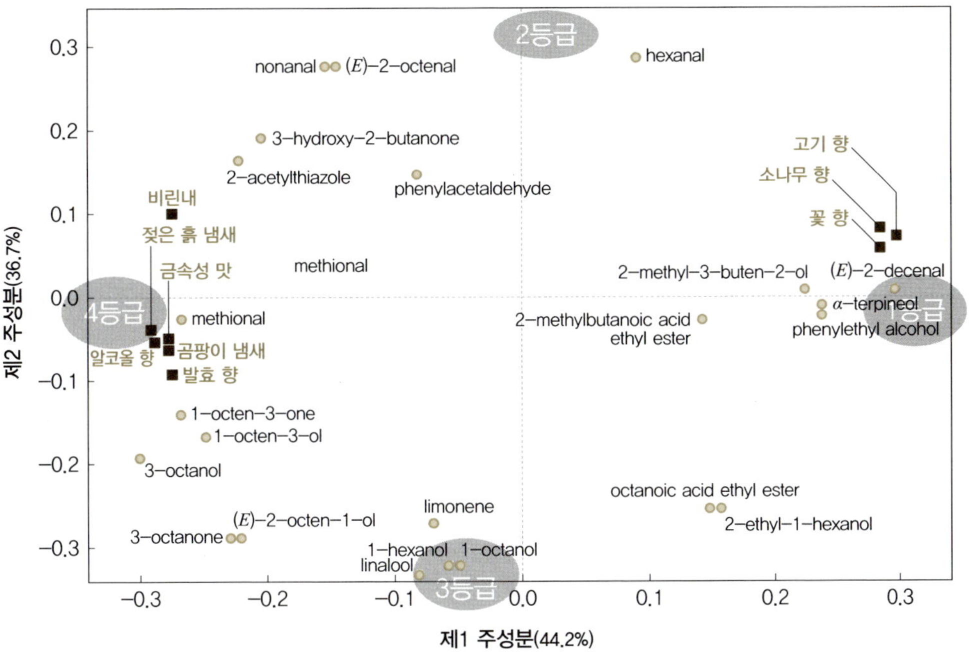

그림 7-19 부분 최소 제곱 회귀 분석을 활용한 등급별 송이버섯의 향기 활성 성분과 묘사 분석 데이터 간의 상관관계
자료 : Cho IH, Lee SM, Kim SY, Choi H-K, Kim G-O, Kim Y-S. Differentiation of aroma characteristics of pine-mushrooms (*Tricholoma matsutake* Sing.) of different grades using gas chromatography-olfactometry and sensory analysis. *J. Agric. Food Chem. 55*: 2323-2328 (2007)

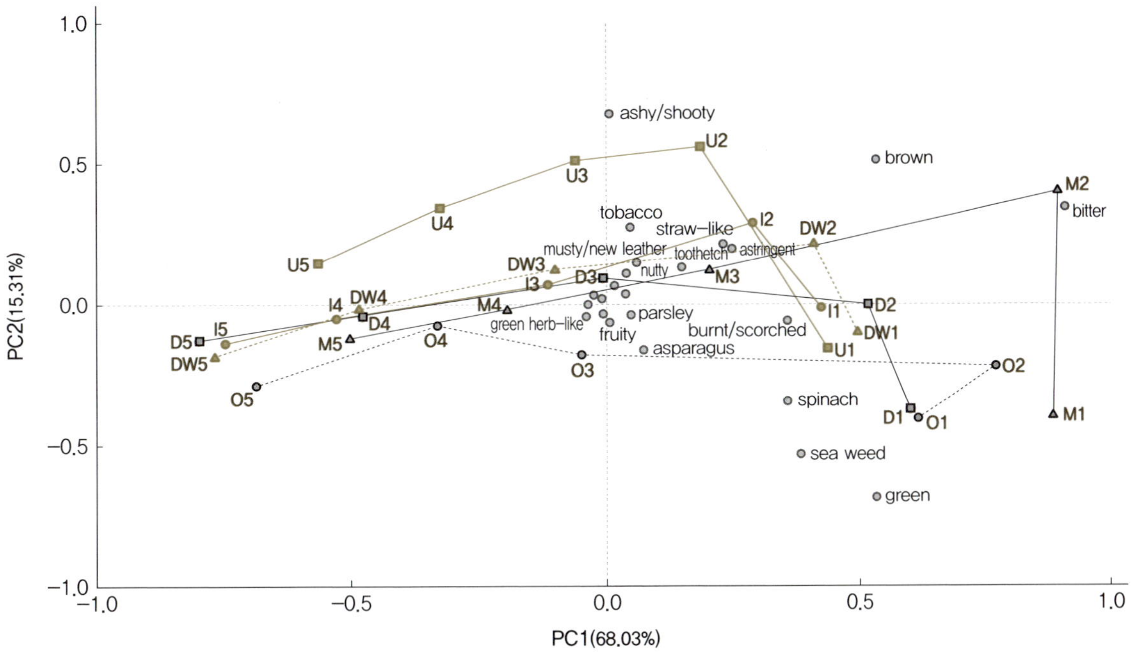

그림 7-20 주성분 분석을 활용한 우림 횟수에 따른 녹차의 향미 특성 변화
(* D, DW, I, M, O, U는 시료명의 약자, 시료명 약자 뒤 숫자는 우림 횟수; ** 시료 간의 선 : 우림 횟수에 따른 녹차의 변화 표시)

현되었다. 더 나아가 녹차의 우림 횟수를 다섯 번째 반복하면 녹차 특유의 향미 특성들이 극히 감소하였다.

한편, 우림 횟수에 따른 6가지 녹차 제품의 주요 휘발성 향기 성분은 고체상 미세 추출법을 이용하여 추출하고 가스 크로마토그래피로 분석하였으며, 총 14개의 휘발성 향기 성분이 분석되었다(표 7-2). 우림 횟수와 제품에 따라 확인되는 휘발성 향기 성분들이 다소 차이를 보이는 것을 확인할 수 있었다. 나아가 6가지 녹차 제품 간의 휘발성 향기 성분과 묘사 분석의 두 자료를 부분 최소 제곱 회귀 분석을 활용하여 지도화한 결과(그림 7-21은 우림 횟수 1회와 2회 결과만 제시)를 보면, 22개의 향미 특성(묘사 분석에서 확인된 총 25개의 향미 특성 중 쓴맛, 금속 맛, 이 시림 특성 제외)과 휘발성 향기 성분들 간에 높은 상관관계를 보였다. 이들 휘발성 향기 성분과 향미 특성이 감지(또는 인식)되는 종류 및 강도는 우림 횟수가 2회에서 3회로 증가함에 따라 확연히 감소되었다. 특히 제라니올geraniol, 노나날nonanal, 리나룰 산화물linalool oxide, 자스몬jasmone의 휘발성 향기 성분들이 녹차의 꽃/향수의 향미 특성들과 높은 상관관계를 가지는 것으로 확인되었다.

표 7-2 우려내는 차례에 따른 국내산 녹차 제품의 향기 성분 조성 및 농도 변화

Compound		Brew 1	Brew 2	Brew 3	Brew 4	Brew 5
Daehan Ujeon	Benzenemethanol	4.84	-	-	-	-
	Linalool	-	3.48	12.97	17.29	-
	Nonanal	7.35	11.61	13.55	24.84	6.52
	1H-Indole	3.61	-	-	-	-
	Jasmone	4.06	-	10.90	13.10	-
Daehan Ujeon Wild	2-Methyl-l-hexanol	-	2.32	-	-	-
	Benzenemethanol	3.42	4.26	-	-	-
	Linalool	-	3.87	-	-	-
	Nonanal	4.06	4.97	6.19	-	6.77
	1H-Indole	-	5.48	-	-	-
	Jasmone	-	6.84	-	-	-
Illohyang	(z)-4-Hexen-l-ol	2.84	1.87	-	-	-
	Linalool oxide	4.06	3.29	-	-	-

(계속)

Compound		Brew 1	Brew 2	Brew 3	Brew 4	Brew 5
Illohyang	Linalool	11.74	12.06	15.10	10.00	7.48
	Nonanal	3.68	3.03	4.84	3.48	5.03
	Geraniol	16.58	19.61	18.71	16.26	9.68
	Jasmone	3.42	4.06	3.87	2.90	-
Myoungjeon	4-Methyl-3-penten-2-one	1.42	-	-	-	-
	Benzaldehyde	0.90	-	-	-	-
	2-Ethyl-l-hexanol	-	-	-	-	4.52
	Benzeneacetaldehyde	2.32	-	-	-	-
	Nonanal	-	-	-	-	10.84
	Jasmone	2.58	-	-	-	-
Ouksu	4-Methyl-3-penten-2-one	2.65	2.45	-	-	-
	Benzeneacetaldehyde	1.74	-	-	-	-
	Linalool	-	-	3.16	-	-
	Nonanal	1.74	3.74	4.45	-	7.81
Ouksu	Geraniol	1.23	-	-	-	-
	Jasmone	3.35	2.52	-	3.68	-
	β-Ionone	2.32	3.55	2.39	1.87	-
Ujeon Okro	4-Methyl-3-penten-2-one	3.81				
	Linalool	-	13.74	9.29	6.26	6.84
	Nonanal	-	9.81	4.77	6.26	9.10
	Benzeneacetaldehyde	-	4.39	-	-	-
	Geraniol	-	7.23	4.58	3.10	-
	Jasmone	-	5.48	3.55	2.58	-
	β-Ionone	2.26	-	-	-	-

자료 : Lee J, Chambers D, Chambers E IV. Sensory and instrumental flavor changes in green tea brewed multiple times. *Foods* 2: 554-571 (2013)

(a) 녹차의 첫 번째 우림

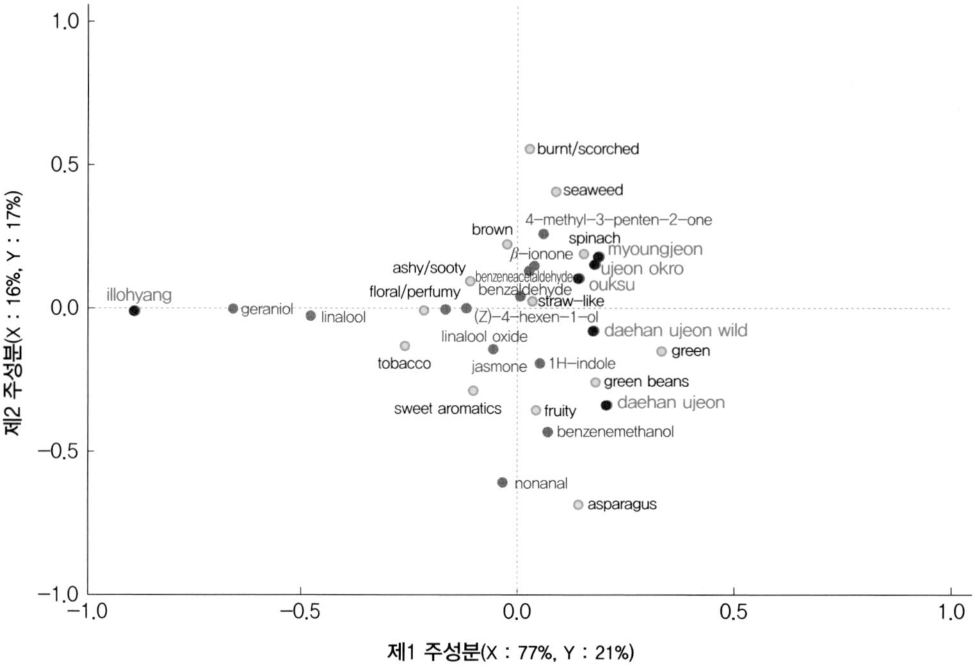

(b) 녹차의 두 번째 우림

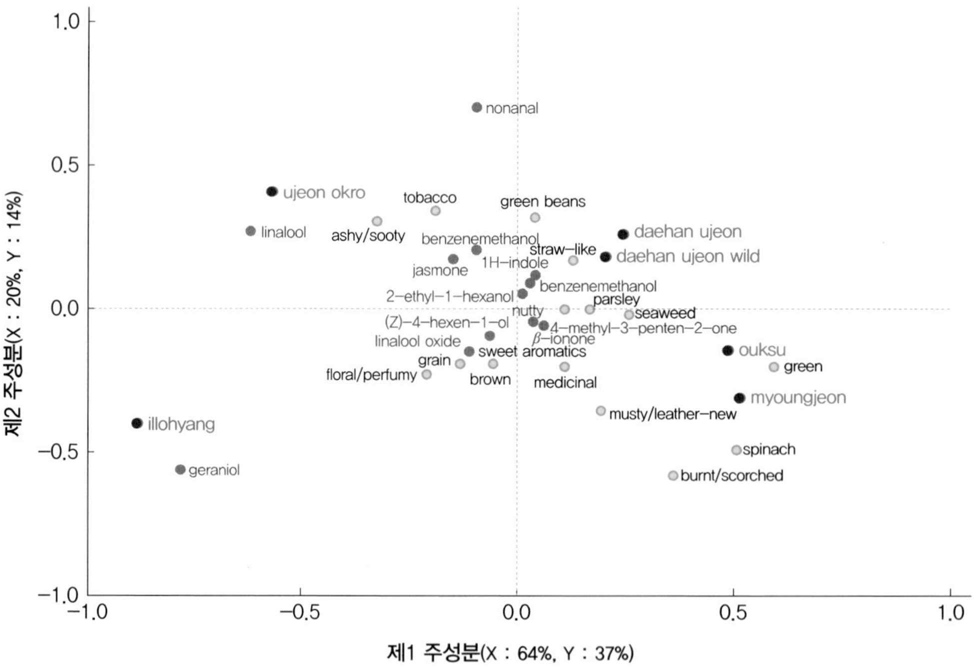

그림 7-21 부분 최소 제곱 회귀 분석을 활용한 녹차의 휘발성 향기 성분과 묘사 분석 자료 간의 상관관계
자료 : Lee J, Chambers D, Chambers E IV. Sensory and instrumental flavor changes in green tea brewed multiple times. *Foods* 2: 554–571 (2013)

참고문헌

Baek HH, Kim HJ. Solid phase microextraction-gas chromatography-olfactometry of soy sauce based on sample dilution analysis. ***Food Sci. Biotechnol. 13***: 90-95 (2004)

Cheli F, Bonetempo V, Dell'Orto V. E-nose and E-tongue: an analytical tool for quality control and management in the pet food industry. ***Sens. Transducers, 213***(6): 24-29 (2017)

Cho IH, Lee SM, Kim SY, Choi H-K, Kim G-O, Kim Y-S. Differentiation of aroma characteristics of pine-mushrooms (*Tricholoma matsutake* Sing.) of different grades using gas chromatography-olfactometry and sensory analysis. ***J. Agric. Food Chem. 55***: 2323-2328 (2007)

Czepa A, Hofmann T. Structural and sensory characterization of compounds contributing to the bitter off-taste of carrots (*Daucus carota* L.) and carrot puree. ***J. Agric. Food Chem. 51***: 3865-3873 (2003)

Dijksterhuis GB. Procrustes analysis in sensory research; Multivariate analysis of data in sensory science. ***Series: Data handling in science and technology***. pp 185-220. Elsevier, New York, USA (1997)

Flambeau KJ, Lee W-J, Yoon J. Discrimination and geographical origin prediction of washed specialty Bourbon coffee from different coffee growing areas in Rwanda by using electronic nose and electronic tongue. ***Food Sci. Biotechnol. 26***(5) : 1245-1254 (2017)

Frank O, Ottinger H, Hofmann T. Characterization of an intense bitter-tasting 1H,4H-quinolizinium-7-olate by application of the taste dilution analysis, a novel bioassay for the screening and identification of taste-active compounds in foods. ***J. Agric. Food Chem. 49***: 231-238 (2001)

Guichard E. Interactions between flavor compounds and food ingredients and their influence on flavor perception. ***Food Res. Int. 18***: 49-70 (2002)

Gu X, Sun Y, Tu K, Dong Q, Pan L. Predicting the growth situation of Pseudomonas aeruginosa on agar plates and meat stuffs using gas sensors. www.nature.com/scientificreports/ Scientific Reports | 6:38721 | DOI: 10.1038/srep38721 (2016)

Han HJ, Park SW, Jung HY, Kim JS, Dong HM, Noh BS. Analysis of off flavor generated from a polyethylene terephthalate water bottles and caps by using an electronic nose. ***Korean J. Food Sci. Technol. 47***(4) : 425-430 (2015)

Kaushal A, Gupta P. Electronic nose evolution for food adulteration: A Review. ***International J. Eng. Develop. Res. 5***(3) : 108-112 (2017)

Lapsongphon N, Yongsawatdigul J, Cadwallader KR. Identification and characterization of the aroma-impact components of thai fish sauce. ***J. Agric. Food Chem. 63***: 2628-2638 (2015)

Lee J, Chambers D, Chambers E IV. Sensory and instrumental flavor changes in green tea brewed multiple times. ***Foods 2***: 554-571 (2013)

Mohapatra P, Cox N, Banerjee P. Development of flavor profile of pet food palatants using electronic nose and electronic tongue. 16th International Symposium on Olfaction and Electronic Nose, Abstract #31, June 28th-July 1st, Exhibition and Convention Centre, Dijon, France (2015)

Ottinger H, Hofmann T. Identification oft the taste enhancer alapyridaine in beef broth and evaluation of its sensory impact by taste reconstitution experiments. ***J. Agric. Food Chem. 51***: 6791-6 (2003)

Pang X, Cao J, Wang D, Qiu J, Kong F. Identification of ginger (*Zingiber officinale* Roscoe) volatiles and localization of aroma-active constituents by GC-olfactometry. ***J. Agric. Food Chem. 65***: 4140-4145 (2017)

Rosa ARD, Leone F, Cheli F, Chiofalo V. Fusion of electronic nose, electronic tongue and computer vision for animal source food authentication and quality assessment : A review. ***J. Food Eng. 210***: 62-75 (2017)

Scharbert S, Holzmann N, Hofmann T. Identification of the astringent taste compounds in black tea in fusions by combining instrumental analysis and human bioresponse. JAgricFoodChem52:3498-508. ***J. Agric. Food Chem. 53: 9165-917*** (2004)

Soldo T, Hofmann T. Application of hydrophilic interaction liquid chromatography/comparative taste dilution analysis for identification of a bitter inhibitor by a combinatorial approach based on Maillard reaction chemistry. ***J. Agric. Food Chem. 53: 9165-9171*** (2005).

Wagner J, Granvogl M, Schieberle P. Characterization of the key aroma compounds in raw licorice (*Glycyrrhiza glabra* L.) by means of molecular sensory science. ***J. Agric. Food Chem. 64***: 8388-8396 (2016)

Zou Y, Wan H, Zhang X, Ha D, Wang P. Electronic nose and electronic tongue. In ***Bioinspired Smell and Taste Sensors***. Wang P, Liu Q, Wu C, Hsia KJ. (eds), pp 19-44, Springer International Publishing AG. Dordrecht, Netherlands (2015)

08
품질관리

1. 품질 및 품질관리의 정의 ı 2. 품질의 표준 ı 3. 품질관리의 역사 ı 4. 총체적 품질 경영의 필요성
5. 품질 요소 및 평가 ı 6. 품질 요소의 관리 방법 ı 7. 전자 코를 응용한 사례
8. 신호 탐지 이론 및 Thurstonian 모델링을 활용한 감각/기호적 품질관리 방법

기술이 발전함에 따라 산업이 발전함은 물론이고 생활 패턴의 변화로 식생활 유형도 크게 변화하면서 식품 산업도 더 경쟁적이고 역동적인 시장 상황으로 변하고 있다. 이에 따라 더욱 다양한 제품들이 생산되면서 소비자들은 일반적으로 '품질quality'이라고 고려될 수 있는 요소를 기반으로 식품을 선택하고 있다.

어떤 소비자는 품질을 가장 중요하게 생각하는 반면에, 다른 소비자는 비용, 가용성, 편리성 같은 것들을 중요하게 생각하기도 한다. 1900년대에만 해도 품질이 소비자의 구매 결정에 영향을 준다는 정보는 거의 없었다. 그러나 1960년대에 일본이 미국 시장에 확실한 정보 제공과 함께 고품질의 제품을 판매하기 시작하면서 소비자들은 품질을 고려하여 좋은 상품을 구매한다는 사실이 확인되었으며, 제품의 성공에 있어서도 품질의 중요성이 인지되었다. 여러 사업의 설문조사survey에서도 양질의 제품을 생산하는 기업들이 질 낮은 제품을 생산하는 기업들에 비해 성장이 빠르고 시장 점유율도 높은 것으로 알려져 있다.

품질은 우수성의 정도로 결정할 수 있으며 맛, 외관, 그리고 영양 성분과 같은 것을 모두 포함한다. 제품의 품질과 가격이 비례할 필요는 없지만, 일반적으로 우수한 품질의 제품은 더 높은 가격에, 더 많이 판매될 수 있음을 식품 가공 업자는 알고 있다. 따라서 종종 '가치value'는 비용과 품질의 조합체로 간주되어 품질이 아주 우수하면 가격이 비싸더라도 가치가 크기 때문에 소비자들은 기꺼이 비싼 가격을 지불하고 제품을 구입한다. 이러한 이유로 식품 가공 업자들은 품질관리quality management 또는 품질 경영의 중요성을 인식하고 소비자가 만족할 수 있는 식품의 품질 향상을 위해 더 많은 노력을 지속적으로 기울이고 있다.

1. 품질 및 품질관리의 정의

제품은 품질을 유지하기 위해서는 요구 사항 또는 규격specification을 준수하여 만들어야 한다고 주장해 왔다. 품질이란 일반적으로 소비자가 수용할 수 있는지를 결정하는 데 중요한 의미를 갖는 제품의 특성 또는 특성들의 조합이라고 정의할 수 있다. 산업체에서는 순도, 강도, 색상, 크기, 완성도, 또는 제품의 특성을 나타내는 척도로 정의한다. 한국공업규격Korean Industrial Standard, KS에서는 품질을 "사용 목적을 만족시키고 있는지 여부를 결정하기 위한 평가의 대상이 되는 고유의 성질, 성능의 전체"로 정의하고 있다. 그러나 산업의 현대화로 제품 및 서비스가 더욱 다양화되면서 제조업체의 관심사와 고객에 어떠한 인상을 주기 원하는지에 따라 품질은 다르게 정의될 수 있다.

산업적으로 제조되는 제품의 품질은 다음과 같은 네 가지의 관점을 중심으로 하여 정의될 수 있다(그림 8-1).

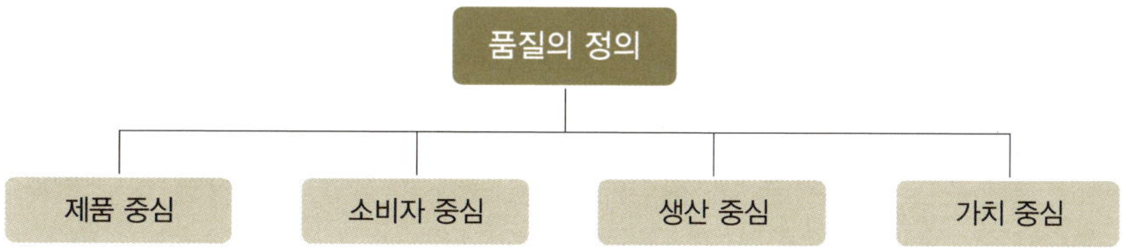

그림 8-1 품질의 정의를 위한 네 가지 관점

① 제품 중심product-based : 품질은 향상시킬 수 있는 제품의 기능 또는 특성을 중심으로 정의된다. 적절한 예는 유기농으로 경작한 농산물로 제조된 식품이다.

② 소비자 중심user-based : 제품의 품질은 소비자가 결정하며, 소비자의 편의성에 의해 정의될 수 있다. 예를 들면 저녁식사를 위하여 복잡한 조리가 필요한 식품보다는 전자레인지를 사용하여 간단히 준비할 수 있는 즉석 섭취ready-to-eat 식품 등이다.

③ 생산 중심manufacturing-based : 규격에 부합하여 제조되는 것으로 제품 특성에 따라 제조 기술이 달리 규정되며, 보다 엄격한 규격에 의해 제품을 제조하면 품질이 향상된다.

④ 가치 중심value-based : 품질에 가격 요소들이 포함되어, 수용 가능한 가격으로 제공되는 우수성과 수용 가능한 비용으로 편차가 조절된 것을 포함한다. 따라서 가치는 가격과 제품의 품질 및 서비스로 구성된다.

품질을 관리하는 품질관리/품질 경영은 한국공업규격에서 "소비자 요구에 맞는 품질의 제품을 경제적으로 만들어 내기 위한 모든 수단의 체계"로 정의하고 있다.

식품의 품질관리란 제품 생산에 소요되는 비용은 최소화하면서도 식품의 품질은 소비자가 구매하기까지 만족할 수 있는 정도를 유지하도록 하는 것이다. 과학적으로는 건강에 유익하고 안전한 제품을 제공하기 위해 기술적, 물리적, 화학적, 미생물학적, 영양학적 및 감각적 인자들을 적용하는 것이라 할 수 있다.

2. 품질의 표준

품질은 어떤 표준에 근거해야 의미가 있다고 할 수 있다. '표준'이란 측정이나 참조 또는 판단을 위한 근거, 기준, 목표를 의미하며 "합의에 의하여 작성되고 공인된 기관에 의해 승인된 것으로, 주어진 범위 내에서 최적 수준의 성취를 목적으로 공통적이고 반복적인 사용을 위한 규칙, 지침, 또는 특성을 제공하는 문서"라고 정의하고 있다. 한국공업규격에서 표준은 "과학, 기술 및 경험에 대한 총괄적인 발견 사항들에 근거해야 하며, 공동체 이익의 최적화 촉진을 목표로 규정되어야 한다"고 명시되어 있다. 일반적으로 제품의 품질 표준quality standard에 도달하는 보편적인 방법으로 다음의 네 가지를 들 수 있다(그림 8-2).

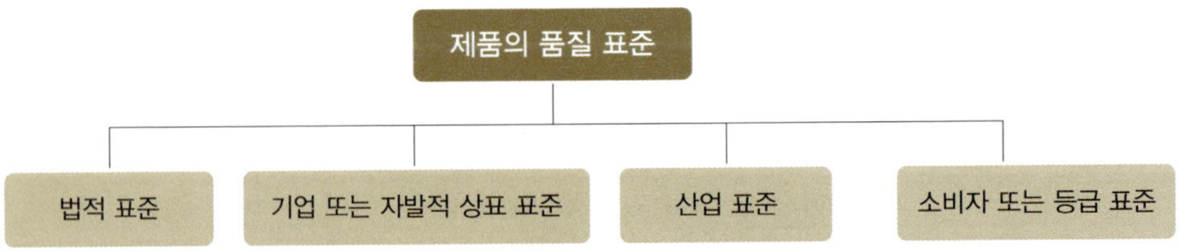

그림 8-2 보편적인 제품의 품질 표준

① 법적 표준legal standards : 일반적으로 정부 또는 지방자치단체에 의해 수립된다. 법적 표준은 요구 사항으로 법률 또는 규정을 통해 설정되며 식품, 의약품 및 화장품 법에 포함되어야 할 최소한의 품질 표준을 나타낸다. 또한 법적 표준은 일반적으로 곤충, 곰팡이, 효모 및 살충제와 관련된 오염물질이 없도록 하고, 첨가제의 최대 허용치 및 이물질이 식품을 오염시키지 않도록 하는 특정 가공 공정에 관한 것이다.

② 기업 또는 자발적 상표 표준company or voluntary label standards : 식품 산업의 다양한 부문에서 설정된 표준을 가리킨다. 소비자에게 대표하는 이미지를 제공할 수 있고, 제품 품질의 상표나 상징이 될 수도 있다. 자발적 상표 표준은 일반적으로 개인기업이나 슈퍼마켓에서 사용하고, 실제의 상표는 필요 사항에 따라 달라질 수 있다.

③ 산업 표준industry standards : 각 산업별 그룹이 자신들이 생산하는 특정한 상품에 대해 특별한 품질 표준을 설정한다. 산업 표준은 마케팅 조직의 압력에 의하거나 법적 표준이 적용되지 않는 특정 상품에 대해 적용된다. 예로는 미국의 땅콩버터 및 냉동식품을 들 수 있다.

④ 소비자 또는 등급 표준consumer or grade standards : 제품에 대한 소비자의 요구 사항을 나타낸다. 일반적으로 소비자들의 과거 경험을 기반으로 한다. 등급에 대한 미국 농무성의 표준은 이 분야의 최고 기준이다.

3. 품질관리의 역사

국제화에 따라 한층 더 치열해진 시장 경쟁과 생산자 중심보다는 소비자 중심의 제품들이 생산되고 제품은 점점 더 다양화되면서 품질관리의 방법에도 큰 혁신이 요구되어 많은 변화를 가져왔다. 품질관리의 역사를 간략하게 정리하면 다음과 같다.

① 원시적 품질관리 : 기원전 3000년경 이집트나 중국에서 자료들이 기록된 시대부터 품질관리의 역사도 시작되었다고 할 수 있다. 그 시대에는 기록에 초점을 맞춘 품질관리의 형태였다.

② 가내 공업 시대의 품질관리 : 작업자가 제품의 생산 계획부터 생산 단계, 보관 및 판매까지 모두 담당하는 품질관리로, 품질관리 체계의 기초가 되었다고 할 수 있다.

③ 대량 생산 시대의 품질관리 : 18세기 중반에 일어난 산업혁명으로 제품이 대량 생산되고 작업자의 숫자도 늘어나면서 생산성 향상을 위한 효과적인 관리 체계가 필요하게 되었다. 이를 위해 통계적 수법의 기초가 되고 있는 표준편차, 상관관계, 분포도와 같은 기술들이 활용되었다.

④ 통계적 개념을 활용한 품질관리 : 20세기 초 경제 대국의 산업체들은 품질보다는 생산성 향상에 중점을 두어 통계적 품질관리의 적용이 필수적이었다. 1920년대 후반에 벨연구소Bell Telephone Laboratory에서 일하던 슈와트Walter A. Shewhart, 주란Joseph Juran, 데밍W. Edwards Deming에 의해 현대적 품질 경영기법이 사용되기 시작하여 품질관리와 품질 보증의 기초가 마련되었다.

⑤ 총체적 개념의 품질 경영 : 1980년대 이후 국제적 경쟁이 더 치열해지면서 소비자들의 필요를 분석하고 소비자 요구에 맞는 디자인으로 제품이 더욱 더 다양화됨으로써 소비자들의 선택 폭이 넓어지게 되었다. 이에 따라 소비자들을 만족시키는 제품을 생산하기 위하여 과거의 단순한 품질관리quality control, QC 기능만으로는 부족하여 품질 보증quality assurance, QA의 기능이 필요하게 되었다. 또한, 제품만이 아닌 인력과 서비스 모두를 포함하는 종합적 관리 또는 경영의 총체적 품질 경영 체계가 절실히 요구되었다.

4. 총체적 품질 경영의 필요성

제품의 다양화에 이어 갈수록 로봇robot과 IT 기술의 눈부신 발달로 제품 생산과 관련된 자료들은 더 많이 수집되고 있으며, 소셜 미디어social media를 통한 제품의 소개와 장단점에 관한 정보 제공량도 증가하고 있다. 이에 따라 소비자들의 건강하고 안전한 식품에 대한 관심도 높아지고 있다. 따라서 식품 가공 업자들은 제품의 개발에서 생산, 판매까지 모든 단계에서 최상의 품질을 유지하는 제품을 만드는 데 효율적인 품질관리가 반드시 필요하다는 사실을 인지하게 되었다.

품질에 대한 소비자들의 요구 사항이 늘고 그에 따른 기대도 높아지면서 품질은 회사에서 생산에 관여하는 사람들이 가장 중점을 두어야 하는 요소가 되었으며, 관리자들도 전체적인 관리 과정에서 품질의 유지를 최우선 목표로 추구하고 있다. 따라서 회사 내에서 경영진부터 생산 라인의 작업자까지 모든 사람이 고품질의 제품을 만드는 데

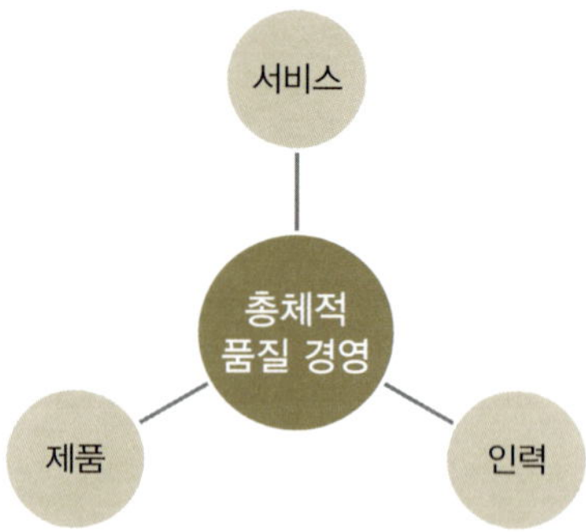

그림 8-3 제품, 서비스, 인력이 종합적으로 관리되는 총체적 품질 경영

책임이 있다. 식품 가공 업자는 소비자들이 특정 제품을 표준 기준으로 품질이 유지되는 브랜드로 인식하고 있다는 사실을 알고 있으며, 고품질의 제품은 판매에서 결코 실패하는 일이 없고 그러한 품질의 달성은 우수한 품질 보증의 결과로 이루어진다는 사실을 알고 있다. 그러므로 소비자에게 최상의 만족도를 제공할 수 있는 고품질의 제품을 생산하고, 또한 저장 중 안전하게 품질을 유지하기 위하여 제품, 인력 및 서비스를 모두 총체적으로 관리하는 총체적 품질 경영total quality management은 필수적이라 할 수 있다(그림 8-3).

5. 품질 요소 및 평가

1) 품질 요소

식품을 구성하는 품질 요소quality attributes는 크게 감각적 요소, 양적 요소, 영양·위생적 요소로 분류할 수 있으며, 이들은 서로 밀접하게 연관되어 있다(그림 8-4).

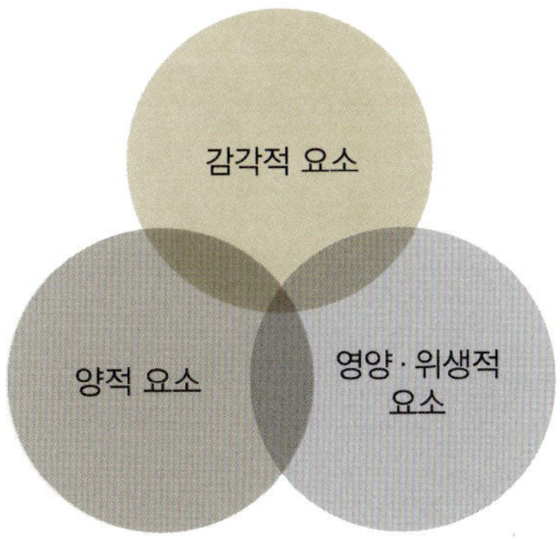

그림 8-4 식품의 품질 요소 및 상호관계

(1) 감각적 요소

감각적 요소organoleptic or sensory attributes는 시각, 후각, 미각, 청각 및 촉각 등의 감각기관에 의하여 평가되는 요소로, 소비자의 제품 선택에 가장 큰 영향을 미친다. 제품이 시장에서 오랫동안 판매되기 위하여 가공 업체는 전문적이고 종합적인 방법을 동원하여 감각적인 품질을 지속적으로 개선해야 한다.

(2) 양적 요소

양적 요소quantitative attributes는 제품화 단계에 따라 해당 식품의 품질 평가를 분석기기로 측정하거나, 이론식에 의하여 계산할 수 있는 요소들이다. 구체적인 예로는 다음과 같은 것이 있다.

① 제품의 무게, 부피, 비중, 고형분 함량

② 제조 가공 공정과 관련된 원료 배합 비율, 생산 수율 및 포장 단위별 순 중량

③ 제품의 소비자 가격과 관련이 있는 수율 및 공정 중 불량 발생률

(3) 영양·위생적 요소

영양·위생적 요소nutritional and hygienic attributes는 식품의 중요한 구성 요소이지만 외관적으로 감지하기는 어렵다. 영양적 요소는 신체의 구성 및 기능을 조절하는 데 필요한 것, 인체에 필요한 열량을 공급하는 것과 관련된 것 등이 있다. 위생적 요소는 식품 안전에 직접적인 연관이 있는 것으로, 제품 가공 중에 부정적인 영향이 나타나지 않도록 반드시 조절되어야 한다.

① 영양적 요소 : 단백질, 탄수화물, 지질, 비타민, 무기질 등의 영양 성분

② 위생적 요소 : 영양소의 질 저해 요소의 유무, 이물질의 혼입 및 유해 미생물의 유무, 화학적 조성, 첨가물 사용 등

2) 품질 요소 평가

어떤 품질의 특성 또는 성분에 대해 식품의 시료를 평가할 수 있는 다양한 방법이 있다. 관심이 있는 특성과 분석, 분석의 목적에 따라 다양한 유형의 방법, 사용되는 절차의 기본 원리, 그리고 정밀성, 정확성, 민감성, 중요성 및 재현성과 같은 특성을 포함하는 방법의 유효성에 대해 잘 알고 있어야 올바르게 적용할 수 있다.

식품 시료에 대한 분석 방법은 과학 전문 단체가 수집하고 공인한 분석 방법을 선택할 것을 권장한다. 이러한 분석 방법들은 깊은 주의를 통해 개발되고 표준화된 것으로, 학계 및 산업계에서 연구실 간의 협업을 통해 결과의 정확성을 평가하는 경우가 많다. 식품 산업에서 사용하는 국내외에서 공인된 품질 요소 평가evaluation of quality attributes의 대표적 분석 방법들을 표 8-1에 나타내었다.

식품 산업에서 사용되는 분석 방법은 주관적인 방법과 객관적인 방법의 두 유형으로

표 8-1 식품 산업에서 사용되는 국내외 공인 분석 방법들

구분	공인 분석 방법의 출처
국내	식품공전(식품의약품안전처) • 식품 일반, 장기 보존 식품 및 식품별 기준 및 규격 제공 • 검체의 채취 및 취급 방법과 상세한 측정 방법들은 일반 시험법에서 제시
국외	미국공인분석화학학회(The Association of Official Analytical Chemist International, AOAC International) • 식품 분석법 • 식품별 FDA의 법적 요구 사항 준수 및 USDA의 영양 정보 표시를 위한 분석법
	미국곡물과학학회(The American Association of Cereal Chemists, AACC) • 곡물 및 곡물 제품 분석을 위한 승인된 방법 제공
	International Association of Cereal Science and Technology(ICC) • 곡물과 작물, 곡물 제품, 식품, 사료의 안전성과 품질 평가를 위한 표준 분석 방법 제공
	미국유지화학회(The American Oil Chemists' Society, AOCS) • 지질, 기름, 기름 종자, 기름 종자 단백질, 비누, 합성세제, 지방산, 글리세린 및 레시틴 분석 방법
	미국공공보건협회(The American Public Health Association, APHA) • 식품의 미생물학적 검사 방법, 유제품 검사 표준 방법, 수질 분석 표준 방법
	미국향료무역조합(The American Spice Trade Association, ASTA) • 향신료와 향신료 관련 제품의 분석 방법
	미국 식품화학물질 규격집(The Food Chemicals Codex) • 식품 화학물의 분류, 식품 및 첨가물의 분석 방법

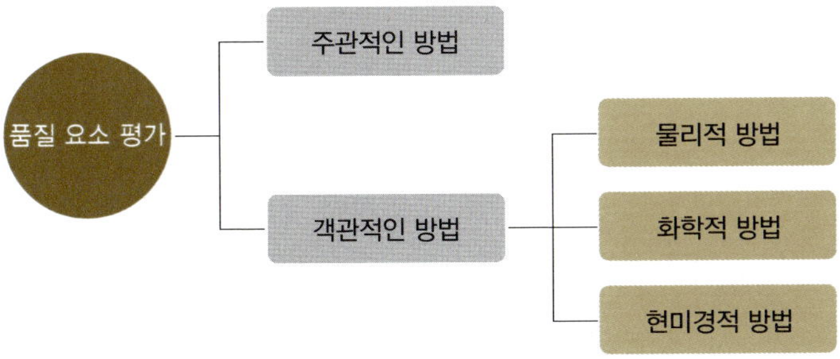

그림 8-5 식품 품질 요소의 평가 방법

크게 분류할 수 있다(그림 8-5).

(1) 주관적인 방법

주관적인 방법subjective method은 개별 평가자 또는 조사자의 의견을 기반으로 하며 개인의 사전 훈련 경험, 개인 선호도의 영향, 그리고 지각 능력에 의한 생리적 반응으로 구성

된다. 개인이 연구 중인 특성의 질적 및 양적 가치에 대해 자신의 견해를 제공해야 하기 때문에 주관적이다. 이 방법은 일반적으로 다양한 감각기관을 사용하므로 감각 방법 또는 감각평가라고도 하며 향미, 색도 및 촉감 등을 평가한다.

(2) 객관적인 방법

객관적인 방법objective method은 평가자의 개인적 영향을 완전히 배제하고, 승인된 과학적인 분석 방법을 제품에 적용한다. 일반적으로 세 그룹으로 분류된다.

① 물리적 방법

가장 빠른 방법이며 최소한의 훈련만 필요하다. 제품의 품질 평가를 위해 크기, 질감, 색상, 균일성 및 결함과 같은 제품에 대한 특성과 헤드 스페이스headspace, 충전 무게, 배수 후 무게, 진공 등 가공 과정의 변수를 다룬다.

② 화학적 방법

양적 요소 평가와, 영양가 및 질적 수준의 결정에 활용된다. 화학적 분석은 일반적으로 시간이 길고 지루하기 때문에 산업체에서는 대개 '신속 시험 방법'들을 개발하여 사용하고 있다. 예로는 효소 반응 속도, 효소 농도, 수분 함량, 가용성 고형물 농도, pH, 가공 중 제조 현장에서 사용될 수 있는 산도 측정 등을 들 수 있다. 대부분의 경우에 이런 시험 방법들은 측정된 정확한 값들과 밀접한 상관관계를 찾기 위하여 대체적으로 긴 절차가 필요하다.

③ 현미경적 방법

이 방법은 품질관리 프로그램에서 자주 적용된다. 결과를 올바로 해석하려면 기술 인력에 대한 상당한 교육이 필요하며, 일반적으로 두 가지 범주로 나눌 수 있다.

- 이물질 및 오염 : 세균, 효모, 곰팡이, 곤충 조각, 곤충 배설물 또는 이물질의 존재를 의미한다. 각각의 시험은 구체적이고 분석자는 제품에 존재할 수 있는 다양한 종류의 오염물과 이들을 구별할 수 있는 적절한 원리를 알아야 한다.
- 여러 저장된 식품들의 세포 및 조직 유형과 미생물 간의 식별 : 이러한 방법의 적용 사례들은 저장된 식물성 식품과 부패에서 바람직하지 않은 변화를 일으키는 미생물들에 대한 조직검사이다.

6. 품질 요소의 관리 방법

1) 품질 보증/품질관리 프로그램 확립

우수한 품질 요소 관리를 위해 식품 업체는 품질 보증(QA) 또는 품질관리(QC) 프로그램을 마련해야 한다. 특히, 총체적 품질 경영을 성공적으로 수행하기 위해서는 품질 보증부서의 역할이 매우 중요한데, 식품 제조 공정에서 품질관리, 품질 평가, 품질 감사 및 규제와 관련된 활동을 수행하고 관리한다(그림 8-6).

품질 관리
- 표준에 부합되는 제품이 되도록 공정 과정 확립
- 생산 라인과 밀접하게 연관

품질 평가
- 원료 및 제품들을 주로 품질관리랩에서 평가
- 시장에서 소비자에게 팔리는 상태로 최종 제품을 평가

품질 감사
- 일정 시간 내에 생산되는 제품과 제조 공정을 확인하고 검사
- 제품 품질 감사, 제조 공정 감사, 위생/GMP 감사, HACCP 감사 및 특별감사 수행

그림 8-6 품질 보증 프로그램의 기능들

품질 보증부서는 제품이나 서비스에서 소비자의 만족을 극대화하기 위해 필요한 정책을 확립하고, 프로그램에서 설정한 목표를 이루기 위해 측정 방법들을 효과적으로 적용하는 전략적 기능을 수행한다. 반면에 품질관리부서는 품질 향상에 필요한 확립된 프로그램을 수행하는 전술적 기능을 수행한다.

효과적인 제품의 생산과 좋은 품질의 제품을 공급하기 위해서 가공 업체는 제품과 관련된 모든 정보를 문서로 기록하여 관리해야 한다. 특히, 품질 보증부서는 이러한 기록 문서들이 각 부서에서 제대로 관리되고 있는지 주기적으로 확인해야 한다. 품질 보증과 관련된 문서들은 품질 매뉴얼, 제조 및 품질 관련 표준 운영 절차서, 특정 제품의 제조 공정 문서, 일반 제조 공정 문서, 품질관리 분석법 문서, 위생 표준 공정절차 문서와 우수 제조 관리 기준 문서 등이다.

2) 생산 관리 및 위생 관리 프로그램 실행

규격에 부합되는 균일한 제품을 제조하고, 전체 공정 중 각 단계마다 품질이 충분히 인정된 제품만 다음 단계로 넘겨야(release) 하며, 안정성 향상과 가공 단계 및 최종 제품에서 편차를 줄이기 위하여 적절한 생산 관리 프로그램이 개발되어 실행되어야 한다.

효과적인 생산 관리 프로그램을 개발하기 위하여 공정 자체뿐만 아니라 장비 및 공정에서 달성할 수 있는 규격에 대한 완전한 이해가 필요하다. 적절한 생산 관리 프로그램의 개발은 공정 특성과 제조된 제품의 유형에 따라 다르지만 직원 교육, 기록 문서화, 공정 및 품질관리 등을 포함한다. 그림 8-7은 생산 관리 프로그램과 그 핵심 요소들을 요약한 것이다.

특히, 공정 관리 절차를 정확하게 실행하는 인력은 생산 관리 프로그램의 성공에 중요한 요소이다. 각 직원은 지정된 생산 관리 활동을 수행할 수 있도록 교육을 받아야 한다. 대부분의 경우 생산과 관련된 공학, 통계, 분석, 도구 또는 준수해야 할 원칙 및 관행에 대한 공식 교육을 이수한다. 이러한 교육 활동에 대한 기록은 누가 지식이 풍부하여 지정된 공정 관리 활동에 대한 수행 능력이 있는지를 알 수 있도록 유지되어야 한다. 또한, 교육 활동에 장비 또는 도구가 업데이트되거나 새로운 절차가 생산에 도입될 때마다

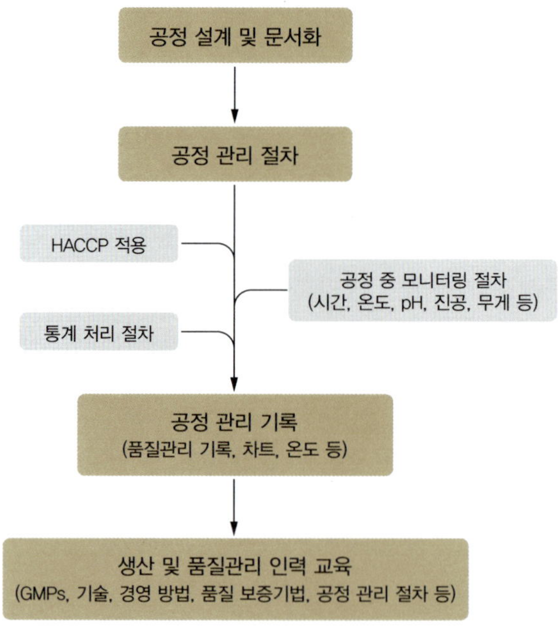

그림 8-7 생산 관리 프로그램에서의 핵심 요소들

인력 교육을 업그레이드하기 위한 조항도 포함시켜야 직원들이 기술의 진보를 따라갈 수 있다.

생산 관리와 함께 식품 안전성이 무엇보다도 중요하다는 인식하에 식품 가공 업체들은 우선적으로 위생 관리 프로그램을 확립하여 실행하고 있다. 식품 위생 관리 프로그램은 소비자의 건강을 최우선으로 보호하는 것 외에도 부패로 인한 경제적 손실을 최소화하고 식품의 오염을 방지하기 위한 모든 활동을 포함한다. 위생은 식품을 다루거나 취급하는 모든 사람이 끊임없이 이행해야 하는 책임이며, 식품 제조 공장에서는 모든 사람이 준수해야 할 의무이다. 각 식품 공장에서 위생 관리 프로그램을 효과적으로 수립, 적용, 유지하기 위하여 경영진의 노력과 책임은 필수적이다.

위생 관리는 공장 시설, 직원들의 위생, 공정 관리, 오염물 또는 불순물의 포함 여부, 그리고 해충 관리를 포함한다. 흔히 사용되는 위생 관리기법으로는 우수제조관리기준Good Manufacturing Practices, GMP, 우수농산물관리제도Good Agricultural Practices, GAP, 위생표준작업절차서Sanitation Standard Operating Procedure, SSOP, 위해요소 중점관리기준Hazard Analysis and Critical Control Point, HACCP 및 식품 안전 경영 시스템인 ISO 22000을 들 수 있다.

3) 수집된 자료의 분석 및 활용

고품질의 제품을 생산하고 품질 유지를 위한 지속적인 모니터링이 요구되는 품질관리는, 우선 양적 요소, 감각적 요소 및 영양·위생적 품질 요소들을 신뢰할 수 있는 조건에서 측정해야 하며, 얻어진 자료들은 통계적 분석 도구를 활용하여 올바르게 분석 및 해석되어야 한다. 분석된 결과를 바탕으로 품질 및 품질의 균일성을 향상시키는 것은 품질관리에서는 중요한 요건이라 할 수 있다. 통계적 분석 도구들로는 여러 가지 방법이 사용되는데, 가장 많이 사용하는 통계 품질관리도를 비롯하여 데이터 시트, 특성 요인도, 상관도표, 히스토그램, 파레토차트, 막대그래프, 원그래프, 거미줄도표 등을 들 수 있다. 각 분석 도구의 특성과 적용 사례는 다음과 같다.

(1) 데이터 시트

데이터 시트data sheet는 측정된 품질 요소의 자료 모두를 행과 열을 이용하여 기록한 가장 기본적이고도 필수적인 문서이다. 데이터들은 동일 그룹을 분류하거나 그룹들의 평균값이나 표준편차 등을 계산하는 데 편리하게 사용할 수 있고, 변화나 상관관계를 분석하기 위한 그래프 작성에 사용할 수 있는 유용한 문서이다.

과거에는 작업자들이 일일이 자료를 수기로 작성하였으나 IT 기술의 발달로 대부분의 생산 현장에서 중앙 컴퓨터에 연결되어 있는 모니터에 데이터를 입력하도록 되어 있어서 원하는 측정 변수들이 포함된 데이터 시트를 쉽게 얻을 수 있으며, 통계 분석 자료로 활용하기에도 용이하다. 그러나 데이터 시트에 있는 너무 많은 데이터의 의미를 이해하기가 어렵기 때문에 분석을 돕기 위해 데이터는 종종 차트로 변환된다.

(2) 통계 품질관리도

대부분의 가공 공정 작업은 특정 허용 오차 내에서 유지되어야 하지만, 오류는 모든 작업에서 발생할 수 있다. 오류는 사람에 의하거나 기계에 의한 오류일 수 있으며, 쉽게 관찰되기도 하지만 확인되지 않아 어려움을 겪는 경우도 종종 있다. 따라서 오류를 즉시 관찰할 수 있도록 돕기 위해 일상적인 기록 관리 절차가 필요하며, 모니터링monitoring 과정에서 작업이 정상 범위 내에 있는지, 또는 시정 조치가 필요한지를 알아내는 것은 품질관리에 있어서 필수적인 정보이다.

이를 위해 통계적 품질관리도statistical quality control chart, SQC chart가 가장 많이 사용되는데, 이는 1920년 벨연구소에서 일했던 슈와트 박사에 의해 개발되었으며 제조 공정에서 측정되는 중요한 인자들의 변화를 지속적으로 관찰하는 데 이용할 수 있다. 이 관리도는 주로 제품을 생산하는 공정 중에 제조 라인에서 제품에 따라 지정된 시간 간격으로 샘플을 채취하여 품질에 영향을 주는 반응들을 측정한 후, 그 측정값들을 그래프로 표시한 것이다. 또한, 관리도는 제품 제조 공장에서 원재료들에 대한 검사표에 제공된 분석 수치들이 대상 원재료의 규격에 부합되는지 검토하는 데 활용될 수 있고, 월별, 분기별 또는 연별로 원재료의 품질을 모니터링하는 데에도 활용할 수 있다.

그림 8-8에서 보는 바와 같이 중간선은 설정된 목표값을 표시하고, 두 개의 다른 선들로 관리 상한선upper control limit, UCL과 관리 하한선lower control limit, LCL을 표시한다. 시료를 측정한 값들이 관리 상한선과 관리 하한선 사이(관리 한계선)에 대부분 분포되어 있으면 공정이 잘 조절되는 것을 나타내므로, 특별한 시정 조치를 취할 필요가 없다. 그러나 시료들의 측정값이 관리 한계선 밖에 분포되어 있다면 공정이 제대로 조절되지 않고 있다는 것을 의미하므로, 불량 없는 제품을 생산하기 위해 문제의 근원을 찾아 시정 조치를 취해야 한다.

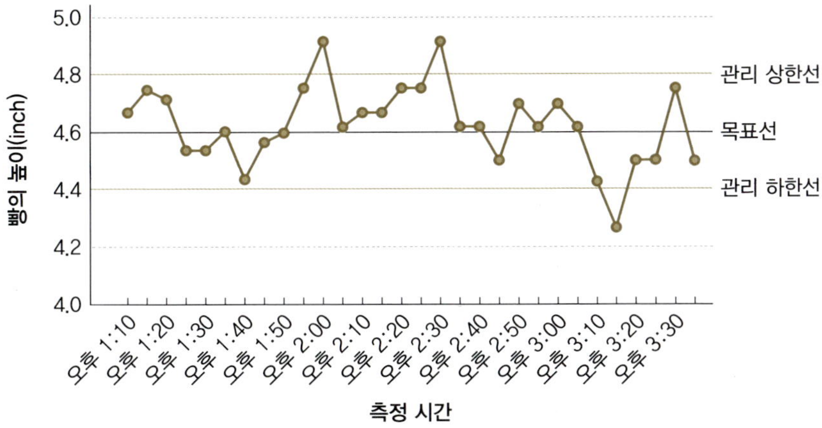

그림 8-8 관리도의 예시

관리도는 보편적으로 품질과 관련하여 측정된 데이터를 그래프로 나타내는 데 사용되며, 결과 해석에도 매우 유용하다. 특히, 불량품 생산을 방지하기 위해 사용되는 효과적인 도구로, 생산성을 증진시키는 것은 물론이고 무분별하게 또는 불필요하게 공정 절차를 바꾸는 것을 방지할 수 있다. 식품 산업에서 이용하는 관리도는 공정 중에 생산라인에서 측정되는 대부분의 양적 품질 요소들의 분석에 적용되는데, 대표적인 예로는 제품의 무게, 크기, 수분 함량, 색도 등이다.

관리도 중에서는 그림 8-9의 X-bar 차트X-bar chart(평균차트)와 그림 8-10의 범위 차트Range chart(R차트)가 가장 많이 이용되는데, 작성이 용이하고 해석도 쉽게 할 수 있어 문제점을 파악하는 데 유용하다. 특히 관리도를 이용하여 제품의 원재료 품질과 제조 공정을 잘 조절하면 버리거나 재공정해야 하는 부분을 현저히 줄일 수 있다.

이 관리도는 식품 산업에서 우수하고 균일한 제품을 생산하기 위하여 제조 공정에서 각 과정을 모니터링하고, 합격 또는 불합격 제품을 결정하거나 잘못된 기기 작동이나 조절이 제대로 되지 않은 공정을 조기에 진단하는 데 활용된다.

그림 8-9에서와 같이 X-bar 차트는 정해진 시간마다 시료를 여러 번 채취하여 측정해야 할 반응값을 측정한 후 평균값을 계산하여 표시하는데, 여러 개의 시료에서 얻은 측정값들의 오차 범위를 알기 어려운 단점이 있다. 이를 보완하기 위한 범위 차트가 개발되었다. 범위 차트는 각 소집단에서 측정된 최댓값에서 최솟값을 뺀 범위를 표시하는데, 이는 공정에서의 변화process variability가 커지거나 작아지는 것을 알 수 있다.

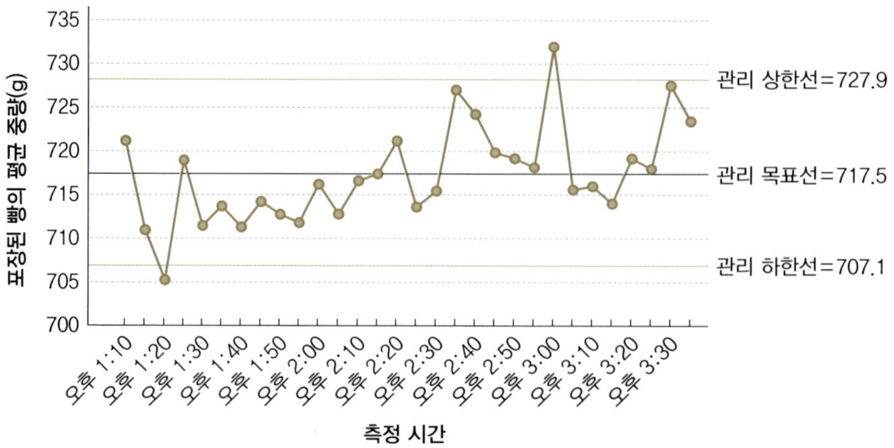

그림 8-9 X-bar 차트

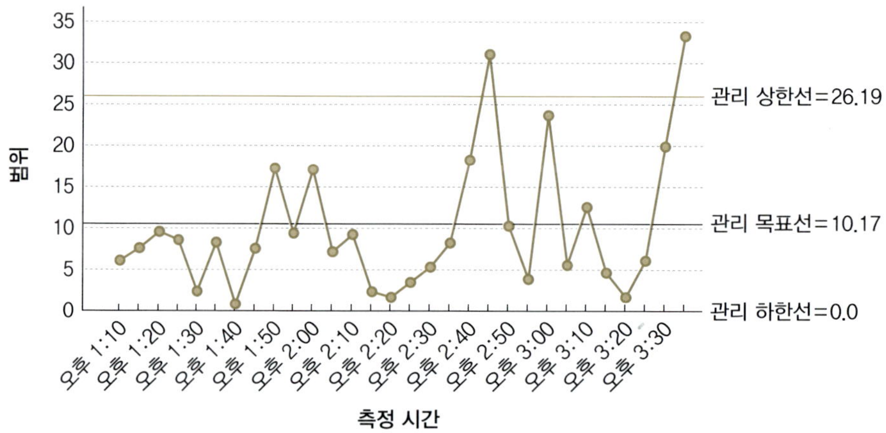

그림 8-10 범위 차트

X-bar 차트와 범위 차트 이외에도 P차트 또는 NP차트들이 결함 분석을 조절하는 데 쓰이는데, 이들은 특히 원재료나 최종 제품의 질을 조절하거나 소비자 고발 사항들을 분석하는 데 많이 활용된다.

(3) 특성 요인도

사건에 관련된 요인들을 중요도나 상세도의 정도에 따라 배열하는 방법으로, 일본의 학자 이시카와Ishikawa Kaoru가 창안한 도법이다. 제품의 개발 단계에서 중요한 요인들을 선별하는 데 사용할 수 있고, 감각평가에서도 시험할 항목들을 선택하는 데에 유용하게

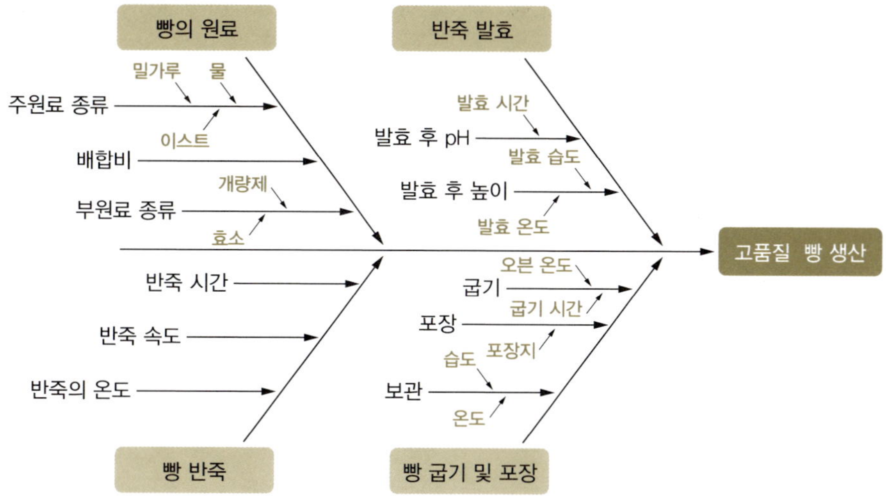

그림 8-11 특성 요인도

사용된다. 품질관리 과정에서 특히 문제가 되는 부분을 찾고 그 문제들의 상대적 중요성을 비교하여 시정 조치가 이루어질 수 있도록 하는 데 활용할 수 있으며, 대개 브레인스토밍brainstorming 과정을 통해 작성된다. 특성 요인도는 형태가 생선뼈와 비슷하다고 하여 생선뼈 다이어그램fishbone diagram이라고도 하고, 창안자의 이름을 따서 이시카와 다이어그램Ishikawa diagram이라고도 한다.

그림 8-11은 특성 요인도가 사용된 하나의 예로, 빵을 대량으로 생산하는 공장에서 균일하고 맛 좋은 고품질의 빵을 생산하기 위하여 밀가루, 이스트, 물 등의 주원료와, 개량제 및 효소 등의 부원료의 선별(종류, 원산지 등)에서 반죽 과정(반죽 속도, 반죽 시간, 반죽의 온도), 반죽의 발효(발효 온도, 습도, 시간과 관련된 발효 후 반죽의 pH 및 높이), 빵을 굽는 조건(오븐 온도, 굽기 시간), 빵의 포장과 보관(포장지, 보관 온도 및 습도) 등에 이르는 모든 인자를 분석함으로써 빵 품질에 영향을 미치는 인자들의 효과를 비교하여 가장 영향이 큰 인자를 찾아 효과적으로 품질관리가 이루어지도록 조건을 확립하는 데 매우 유용하다.

(4) 상관도표

상관도표scatter diagram 또는 산포도는 선 그래프와 유사하지만, 자료들 사이를 선으로 연결하지 않아 자료의 점들을 서로 비교하는 데 적당하다. 일반적으로 상관도표를 작성하기 위해서는 적어도 두 가지 이상의 변수를 측정해야 하며, 두 변수 사이에 어떠한 상관관계가 있는지를 살펴보는 데 유용하다.

즉, 그림 8-12에서와 같이 가로축(x축)의 변수가 변화할 때에 세로축(y축)의 다른 변수가 어떻게 영향을 받는지를 살펴볼 수 있으며, 상관도의 기울기에 따라 양 또는 음의 상관관계가 있음을 확인할 수 있다.

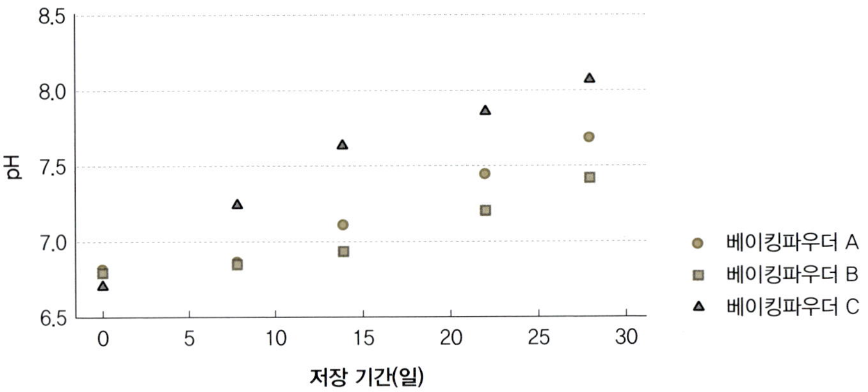

그림 8-12 상관도표

상관도표에서 도출된 두 변수 사이의 상관관계는 제품의 우수한 품질 유지에 필요한 품질관리를 위한 중요 인자들의 표준을 설정하는 데 유용하다. 특히, 원료의 질이 완성된 제품의 질에 영향을 주는 경우, 일정한 수준 이상의 제품 품질을 유지하기 위해 필요한 원료의 품질 기준을 설정하는 데 자주 사용된다.

예를 들어 저장 중이던 베이킹파우더의 품질 변화가 완성된 케이크의 부피에 부정적인 영향을 끼쳤을 때, 베이킹파우더의 품질관리를 위하여 변화를 규명하는 과학적인 데이터가 필요하다. 이를 위해 베이킹파우더를 저장(33°C, 77% RH)하는 중에 베이킹파우더의 질을 측정하는 지표로 pH를 측정하여 상관도표를 그려 보면, 저장 기간과 베이킹파우더의 pH가 양의 상관관계를 있음을 알 수 있다. 또한, 베이킹파우더의 브랜드에 따라서도 저장 중 pH 변화에 차이를 보이므로 pH 변화가 가장 느린 베이킹파우더 B가 가장 좋은 제품임을 알 수 있다. 따라서 고품질의 케이크를 제조를 위해서는 베이킹파우더 B가 선택될 수 있다. 제과 업체나 베이킹파우더를 제조하는 원료 업체들은 베이킹파우더의 pH 측정을 품질관리에 활용할 수 있다.

(5) 히스토그램

히스토그램histogram은 막대그래프와 유사한 형태이나 데이터 세트data set에서 가로축(x축)은 반응 변수를 표시하고 세로축(y축)은 빈도를 나타내어 각 그룹이 어떻게 분포되어 있는지 알 수 있다.

히스토그램에서는 어떤 반응 변수가 가장 빈도수가 많은 그룹인지, 자료 분포의 형태가 정규분포로 대칭형인지 아니면 오른쪽이나 왼쪽으로 치우친 비대칭형인지를 알 수 있고, 자료 중에 비정상적으로 크게 벗어난 값들이 없는지 등을 확인하는 데 도움이 된다. 예를 들면 제품을 생산하는 데 필요한 원재료의 질과 완성된 제품의 품질 균일성을 평가하는 데 사용할 수 있다. 또한, 일정하게 확립된 제품의 공정 조건이 일상적으로 작동되고 있는지, 또는 제대로 작동되지 않는지를 일정 기간 모니터링하면서 수집한 자료들로부터 확인하는 데도 유용하다.

그림 8-13의 히스토그램은 제빵 공장에서 제분 회사로부터 빵 제조용 밀가루를 공급받을 때, 밀가루 규격 중 중요 품질 요소인 단백질 함량을 일정 기간 동안 수집한 자료이다. 이 히스토그램을 보면 설정된 규격(11.5~12.5%)보다 단백질 함량이 낮은 시료가 여러 번 공급된 것을 확인할 수 있으며, 이러한 자료는 밀가루의 균일성 향상을 위해 제분 회사와 의사소통을 할 때 문제점의 근거로 제시할 수 있다.

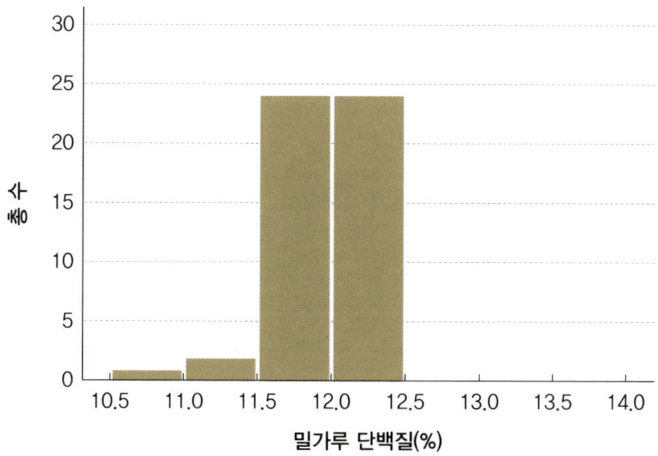

그림 8-13 히스토그램

(6) 파레토 차트

파레토 차트Pareto chart는 이탈리아의 사회학자 파레토Alfredo Pareto에 의해 개발되었다. 파레토 차트는 막대그래프와는 달리 빈도 크기frequency magnitude가 큰 것부터 작은 것까지 순서대로 표시되어, 그룹 간 자료의 차이가 상대적으로 얼마나 중요한지 알려 준다. 산업체에서 제품 개발이나 공정상의 문제점을 찾기 위해 흔히 사용하는 요인실험으로 분석된 자료를 파레토 차트로 표시하여 가장 중요한 요인들이 무엇인지 확인하는 데 활용하고 있다.

파레토 차트는 각 그룹들의 발생 빈도수를 누적하여 퍼센트를 계산한 꺾은선 그래프와 함께 나타내어 각 요인들의 중요성과 관련한 기여 정도를 판단할 수 있게 도와준다. 또한, 어떤 프로젝트나 기업 활동에서 해결해야 할 가장 큰 이슈를 쉽게 찾을 수 있게 하고, 그 이슈의 해결책을 모색하도록 방향을 제시하는 데에도 유용하다. 소비자들의 특정 제품에 대한 고발 빈도수나 각 생산 라인에서 발생하는 불량품 발생 빈도수에 대한 자료를 분석하여 그 원인을 찾고 해결책을 마련하는 데도 유용하다.

그림 8-14는 제품을 생산하는 한 제조 공장에서 생산 라인마다 일정 기간 동안 작업이나 기계의 오류로 인하여 중단된 시간을 파레토 차트로 분석한 것이다. 이 그래프를 보면 중단 시간이 가장 긴 문제의 라인을 쉽게 찾을 수 있어서 구체적인 문제점이 무엇인지 찾아 이를 해결하여 그 라인의 생산성을 향상시키는 동시에 제품의 품질 향상에도 유용하게 적용할 수 있다.

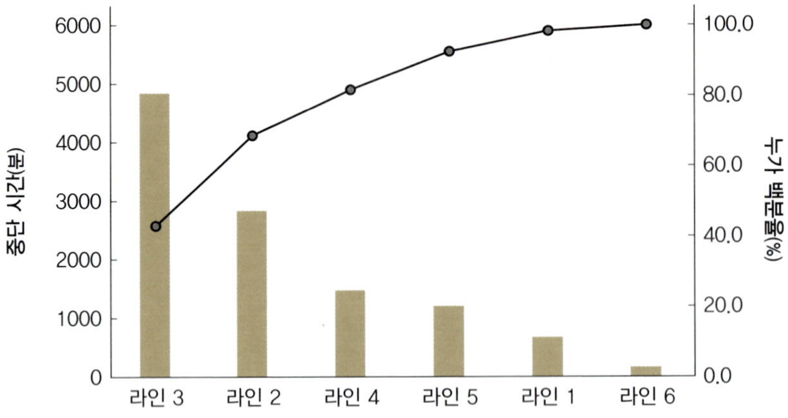

그림 8-14 파레토 차트

(7) 막대그래프

막대그래프bar chart는 데이터data 그룹들 간의 특성을 비교할 때 사용하는 그래프로 매우 흔하게 사용된다. 예를 들어 제조 공장에서 제품의 생산과 관련된 원료, 공정, 포장 및 저장까지의 각 단계에서 어떤 변경이 있을 경우 대조군과 변경된 조건에서 제조된 제품을 비교할 때에 유용하게 쓰인다. 원료는 공급 업자를 변경하거나 또는 공정 조건의 변화에 따라 제품이 어떻게 영향을 받는지를 관찰할 경우, 여러 대의 공정 기계 간 차이나 생산 라인들 사이의 차이, 또는 동일 제품을 생산하는 회사 내의 생산 공장들 간의 차이, 특정 제품에 대한 소비자 고발 빈도수를 월별, 분기별, 연별로 비교하는 경우 등에도 많이 활용한다.

그림 8-15는 제빵 공장에서 공급되는 밀가루 종류에 따라 빵의 경도가 다르다는 점이 확인되어 소비자가 선호하는 빵의 경도에 적합한 밀가루를 선택하기 위한 실험 결과를 나타낸 그래프이다. 여러 공급 업자에게 여러 종류의 밀가루를 공급받아 실험한 결과를 나타낸 그래프로 밀가루의 선택을 용이하게 한다.

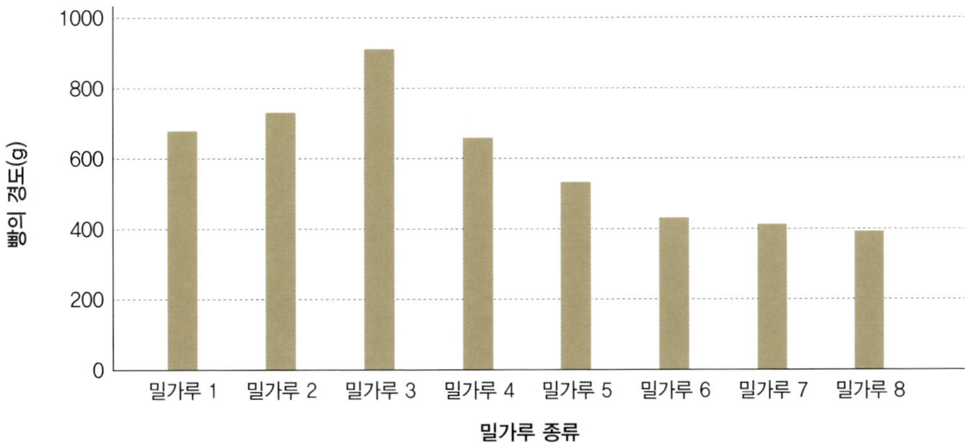

그림 8-15 막대그래프

(8) 원그래프

원그래프Pie chart는 하나의 원을 조각이나 부분으로 나누어 나타내는데, 막대그래프보다는 사용 빈도가 적으나 막대그래프 대신 사용하기도 한다.

권장하는 조각 개수에 한계가 있어 여덟 조각이 넘지 않도록 조정해야 한다. 보통 각

부분은 퍼센트로 많이 표시한다. 원그래프도 막대그래프와 같이 활용되는 목적은 비슷하며, 공급 업체에 따른 원재료의 공급량, 각 공장이나 라인에서 생산하는 제품량 또는 소비자 고발이 가장 많은 제품들을 비교하는 데 유용하다.

그림 8-16의 원그래프는 한 회사 내에서 공장 소재지가 다른 여러 공장들의 생산량을 나타낸 자료이다. A공장의 생산량이 가장 많고 E공장이 가장 적은 생산량을 나타낸다는 사실을 쉽게 알 수 있다.

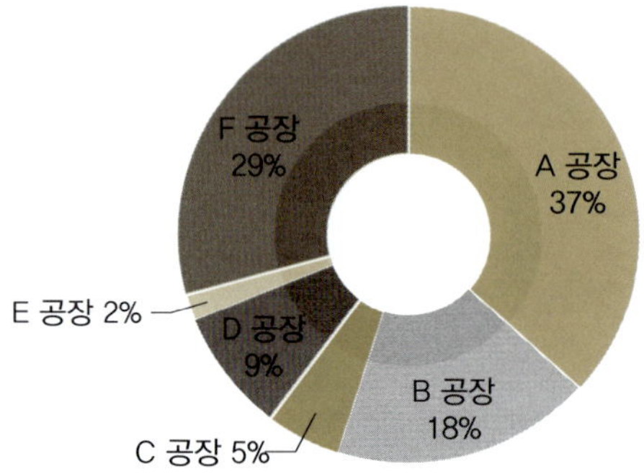

그림 8-16 원그래프

(9) 거미줄 도표

거미줄 도표spider chart는 여러 가지 변수 또는 활동들을 한눈에 쉽게 비교하여 볼 수 있

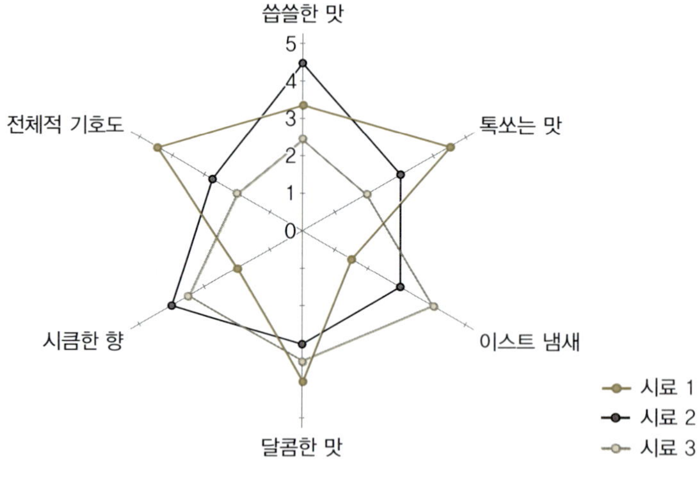

그림 8-17 거미줄 도표

도록 표시하는데, 특히 감각평가 결과를 분석하여 표시하는 데 매우 유용하다.

그림 8-17의 거미줄 도표는 발효 음료의 맛을 5점 감각평가로 실시하여 얻은 결과를 그래프로 나타낸 것이다. 씁쓸한 맛이 지나치거나 이스트냄새가 강한 것, 또는 시큼한 향이 너무 강한 경우 등은 전체적인 기호도가 낮은 것을 알 수 있으며, 세 시료 중에서 시료 1이 가장 기호도가 크다는 사실도 쉽게 식별할 수 있다.

7. 전자 코를 응용한 사례

1) 커피 향

커피 향에 대하여 단순하게 품종의 구분, 볶음 공정 방법에 따라 다른 향기가 나는 것을 구분하는 데에 그치지 않고 이러한 차별성을 수치화하고자, 전자 코 분석 결과를 훈련된 감각평가 요원들의 묘사 분석으로 얻은 헤도닉 지수Hedonic index와의 상관관계를 이용하여 1~9까지 수치화해서 표준화하였다. 이러한 방법을 활용한다면 보다 더 쉽게 수많은 종류의 커피 향의 품질관리에 활용할 수 있을 것으로 보인다.

2) 신제품 개발과 품질관리

신제품 개발 시 타깃이 되는 제품과 비교할 때에 타깃이 되는 제품이 지닌 향기 패턴과 개발하고자 하는 제품의 향기 패턴을 비교하면서 배합비를 바꾸거나 공정 조건을 변화시켜 나갈 수 있다. 제품 개발 과정에서 부딪히는 어려움 중의 하나는 과연 개발한 제품이 경쟁 제품과는 어떤 정도의 차이가 나는지, 또는 얼마나 근접해 있는지를 정확히 예측 또는 객관적으로 파악하기가 어렵다는 점이다.

맥주 신제품 개발을 예로 들면, 그림 8-18과 같은 과정을 거쳐서 내놓은 2차 시제품은 초기에 비하여 더욱 개선될 수 있었으며 몇 차례의 새로운 시도를 통해 수입맥주 품질에 근접하는 맥주를 제조하였다(그림 8-18). 이렇게 제품 개발 문제를 해결할 수 있을 뿐만 아니라 품질관리 차원에서도 품질 규격의 한계 범위 내에 포함되는지 여부를 가늠할 수 있다. 주성분 분석이나 다변량 분석으로 얻은 주성분 값(PC1) 또는 DF1 값을 토대로 품질 한계 범위를 설정하여 관리할 수가 있다.

전자 코에 의한 분석은 맥주의 향 분석이 주요한 부분을 차지한다고 볼 수도 있지만

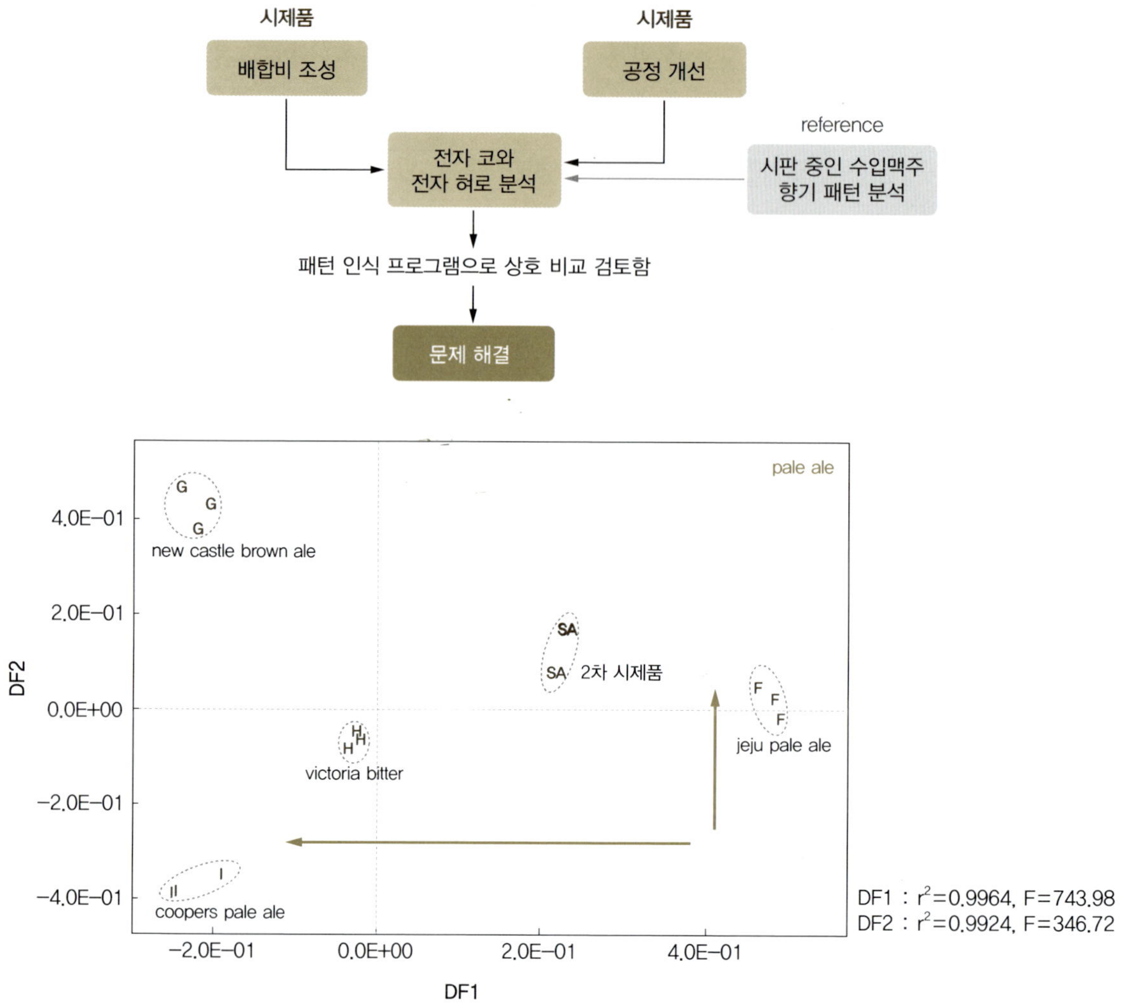

그림 8-18 신제품 개발 과정(위)과 중간 과정에서 전자 코를 이용하여 페일 에일 타입의 맥주 향기 패턴을 판별 함수 분석(Discriminant function analysis)을 실행하여 얻은 플롯(아래)

자료 : Kim KH, Park SJ, Kim JE, Dong H, Park IS, Lee JH, Hyun SY, Noh BS. Assessment of physicochemical characteristics among different types of pale ale beer. *Korean J. Food Sci. Technol.* *45*(2) : 142~147 (2013)

실제로는 맛으로 느끼는 부분도 큰 영향을 미칠 수 있으므로 전자 혀를 병행하여 사용할 수 있다.

고추장처럼 자극이 심한 제품의 개발에서 감각평가 요원들이 너무 강한 고추장의 향미를 접하고 난 뒤에는 다음 시료를 분석하는 데 어려움을 드러내는 것처럼, 비록 맥주가 비교적 알코올 도수가 낮고 실제로 마시면서 검사를 진행하는 것은 아니지만 술을 잘못하는 감각평가 요원이라면 익숙하지 않은 맥주 시료에 거부감을 가질 수도 있는 문제이다. 이렇게 불편한 사항에서는 전자 코나 전자 혀를 활용하는 분석 방법이 매우 효과적일 수 있다.

3) 건조 고추의 품질

품종이 각기 다른 고추를 건조하는 경우에 건조하는 다양한 방법(열풍 건조, 동결 건조, 원적외선, 데치기, 화학약품 처리, 원형 형태로 건조, 절단하여 건조하는 형태 등)에 따라서도 고추의 향 정도가 미세한 차이를 보인다. 이때 건조 고추의 품질을 관리함에 있어서도 전자 코는 매우 유용하게 활용될 수 있다.

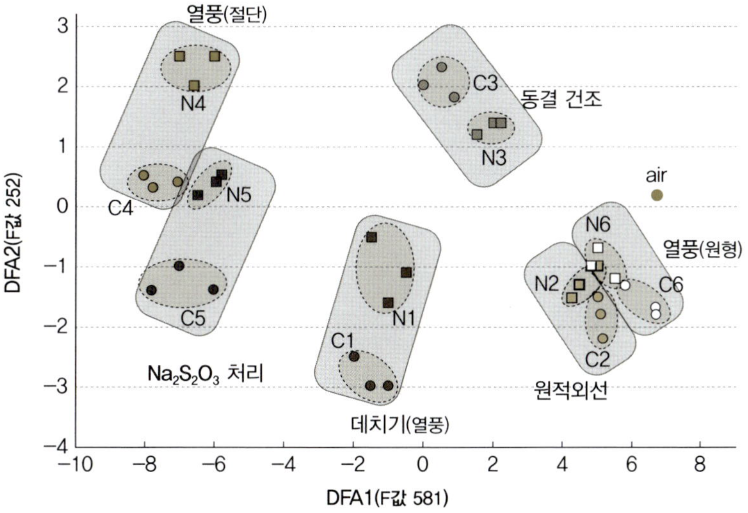

그림 8-19 고추의 건조 방법 및 품종에 따른 향기 패턴의 차이
〔(고추 품종 C : 청양, N : 녹광; 건조 처리 방법 1 : 데치기(열풍), 2 : 원적외선, 3 : 동결 건조, 4 : 열풍(절단한 상태), 5 : $Na_2S_2O_3$ 처리, 6 : 열풍(원형 그대로)〕

4) 고추의 매운 맛

고추의 매운맛을 나타내는 정도는 캡사이신의 정도에 따라 차이를 보이는데, 맛과 향은 엄연히 다르지만 향에 의해서도 매운 맛의 정도를 예측할 수가 있다. 이를 고성능 액체 크로마토그래피HPLC로 분석한 결과와 비교하여 높은 상관관계가 성립됨을 발견하여 제품의 매운 맛 정도를 알고자 할 때, 감각평가를 하거나 HPLC를 분석하지 않고 전처리

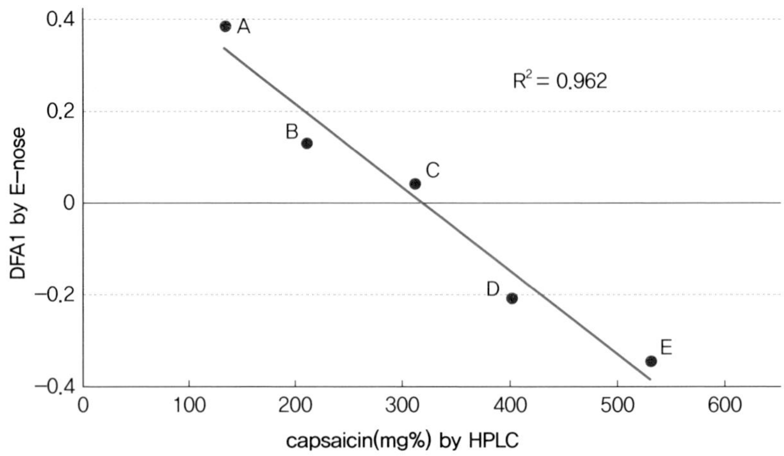

그림 8-20 전자 코를 이용하여 매운 향 분석으로 얻은 제1 판별 함수 점수(discriminant function 1st score)와 HPLC에 의해 분석한 고추의 캡사이신 양 간의 상관관계

자료 : 강진희, 손희진, 홍은정, 노봉수. 고춧가루의 매운 맛 등급화를 위한 mass spectrometer를 바탕으로 한 전자 코 분석. 산업식품공학, 14, 35-40 (2010)

없이 전자 코 분석으로도 충분히 상대적 매운 맛을 구분할 수가 있다.

5) 지방 산패의 초기 단계 추적

지방이 산패되는 과정은 초기 유도 기간을 거친 후 급격한 변화가 일어나는데, 초기 단계에서 미세한 차이는 기존의 산패 측정 방법인 카보닐가, TBA가, 과산화물가 등으로 구분되지 않는다. 공장 내에서 기름이 많이 함유된 제품, 특히 60°C 이상의 온도에서 처리하는 경우 출하 후 짧은 기간 내에 유도 기간을 벗어날 수도 있다. 식품 공장에서 기존의 분석 방법으로 검사할 때는 미세한 차이를 보인 것이 출하된 지 얼마 지나지 않아 품질 변화를 보이는 경우가 있을 수 있어 사전 예측이 매우 중요하다. 뿐만 아니라 실온에서 LED 종류를 달리하여 저장 중에 일어나는 미세한 변화를 관찰하면 기존 방법으로는 차이가 나타나지 않는다. 유통 과정 중 마트 등에서 어떤 색의 LED 등을 선택하느냐에 따라 유도 기간을 연장하는 효과를 보일 수 있을지는 전자 코로 확인할 수 있다. 이와 같은 미세한 변화는 기존 분석 방법의 전처리 과정에서도 휘발 성분이 손실될 가능성이 높다. 이처럼 극미량의 변화를 추적하는 데에는 전자 코의 활용이 매우 바람직한 방법이라 여겨진다(Kim 등, 2011; Kim 등, 2012; Dong 등, 2015; Park 등, 2013).

지방 산패뿐만이 아니라 매우 미세한 이취 정도를 판별하는 과정에서도 이취의 주성분이 지방 성분인 경우가 많아 효율적으로 문제를 찾아낼 수 있다. 품질관리를 추적하는 경우 어떤 물질인지 동정 분석이 뒤따를 필요가 없다면 효율성 높은 전자 코 시스템이 유리하리라고 본다.

6) 유사품의 구분

전자 코가 가장 많이 활용되고 있는 분야가 바로 가짜 제품(유사품)을 찾아내거나 원산지를 판정하는 분야라고 할 수 있다. 원산지를 속이는 제품의 분석이나 가짜 제품의 분석은 대부분 많은 어려움이 뒤따른다. 종species이 서로 다른 경우에는 DNA 분석을 통해서 쉽게 구분해 낼 수 있다. 그러나 같은 품종의 경우에는 열처리 공정을 비롯한 많은 가공 처리로 원료 및 모체matrix의 변화가 일어나 서로 간에 차이점을 발견하기는 매우 어렵다. 유사 제품을 이용하여 사람의 눈을 속이는 기술이 날로 발전하여 예기치 않은 상황들이 발생하고 있다.

이를테면 홍삼과 같이 9번을 증자하고 건조하는 것이 반복된 경우 많은 종류의 휘발 성분이 날아가 유전자 분석을 하여도 대부분의 인자들이 변성되어 기존의 방법으로는 어려움이 예상된다. 이러한 기술적 한계를 파악하여 홍삼 농축액의 일부를 혼합하여 판매하는 방법이 등장하였는데, 이 또한 전자 코를 사용하여 10% 수준의 혼입 정도를

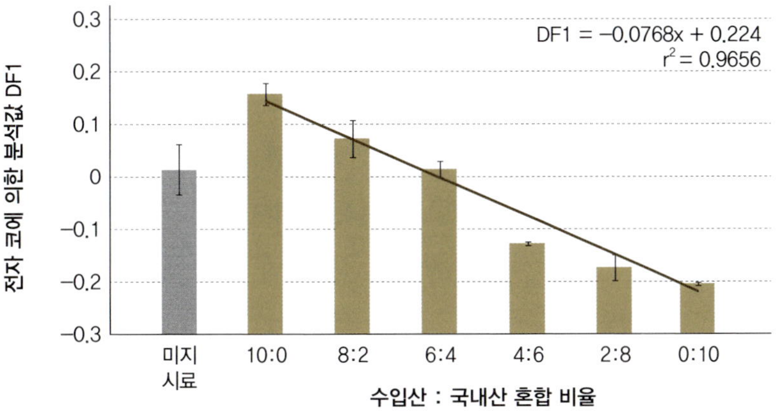

그림 8-21 홍삼 농축액의 수입산과 국내산 혼합 비율에 따른 제품의 전자 코가 분석한 값으로 얻어진 DF1 값과 미지 시료의 DF1값

자료 : 김기화, 동혜민, 한현정, 이영현, 문지영, 방경환, 노봉수. Analysis of geographical origin of red ginseng extract using mass spectrometer-based electronic nose. 한국식품과학회지. 45(5) 652-656 (2013)

예측하여 수입산 홍삼 농축액이 몇 % 수준에서 혼입되었는지를 파악할 수 있다(김 등, 2013).

이와 같은 패턴 인식 방식이 정확도가 높은 데도 불구하고 지표 물질 위주의 분석으로 식품을 관리하는 식품의약품안전처의 입장 때문에 외국과 달리 표준 분석 방법으로 자리 잡지 못하고 있다. 그럼에도 날로 지능이 높아지는 유통 업자들의 횡포를 막아 내는 일에 큰 기대감을 제공한다는 측면에서는 인공 신경망과 더불어 인공 지능을 활용하게 될 미래에 그 활용도가 높아질 것이라 예상된다.

원산지를 속이는 경우도 한층 지능화되어 한국에서 품종을 가져다가 생산한 다음 한국으로 들여와 국내산으로 속이는 경우인데, 비교적 한국과 기후나 토질이 비슷한 지역을 선택하여 차이가 크게 나지 않도록 재배하곤 한다. 쌀 품종 중 고시히카리의 경우 일본산과 국내산을 DNA 유전자 분석으로는 판별하지 못하였으나, Inside Needle Direct Extraction 방법으로 농축 효과를 높여 전자 코로 원산지를 정확히 판별하였다(Han 등, 2016). 이때 전처리 과정은 아니지만 바늘 안에 농축시키는 방법으로 분리가 가능하였다. 이와 같은 방법을 도입함으로써 극미량의 시료에 대한 추적도 가능하게 되었다고 본다.

8. 신호 탐지 이론 및 Thurstonian 모델링을 활용한 감각/기호적 품질관리 방법

최근 식품 업계에서는 식품의 전반적인 맛 품질은 유지하면서 더 건강하고 지속 가능하며 비용 효율적인 제품을 생산하기 위해서 원료 배합률을 달리하거나 가공 과정을 변경하는 데에 많은 노력을 기울이고 있다. 이러한 산업 환경의 변화와 소비자 요구 변화로 식품의 감각적 품질 연구에서 대두되는 중요한 연구 질문은, 제품을 변화시켰을 때에 표준 제품과 비교하여 감각 및 기호적 품질에서 동등성equality, matching 또는 similarity을 유지할 수 있는 제품의 감각 차이의 정도를 결정하는 것이다(Ennis 등, 2014; Ishii 등, 2014; Lawless, 2013). 기업의 품질 유지를 위한 중요한 지침으로 사용될 수 있는 최대 감각적 차이의 개념은 산업체에서 제품 품질관리의 행동 기준으로 설정된다(Jesionka 등, 2014; van Hout, 2014). 이러한 품질관리를 위한 비즈니스 행동 기준으로 삼을 수 있는 감각평가 분석 방법은 신호 탐지 이론signal detection theory 및 Thurstonian 모델링Thurstonian modeling을 활용한 감각 차이식별 분석 방법론을 적용하여 연구할 수 있다.

1) 종합적 감각 차이 측정에 의한 품질관리

산업체에서 감각 및 기호적 품질의 관리 기준으로 사용되는, 즉 제품 생산에서 허용할 수 있는 제품의 감각적 품질 차이는 '유사성 한계(Bi, 2011)', '소비자 관련성(Ishii 등, 2014)' 및 '의미 있는 차이(Ennis 등, 2014; van Hout, 2014)'라는 이름으로 불리고 있다. 제4장 1절에서 소개된 바와 같이 신호 탐지 이론 및 Thurstonian 모델링에 기초한 분석을 통하여 제품의 종합적인 감각적 품질 차이를 d′d-prime이라는 지표로, 정량적으로 분석할 수 있다. Kuesten (2001)에 의하여 산업체에서 실용적인 품질관리 기준으로 d′=1의 기준을 적용할 수 있다고 제시하였고, Bi (2011)는 식품회사의 전략에 따라 품질관리 기준을 다음과 같은 범위에서 선정할 수 있다고 제안하고 있다.

d′= 0.2 엄격한 기준

d′= 0.4 보통 기준

d′= 1.0 허용 범위가 다소 넓은 기준

즉, 예를 들어 식품회사에서 제품의 배합률을 조정하거나 원료를 대체한 경우, 종합적인 감각적 품질에 대해서는 소비자가 인지할 수 있는 차이가 일어나지 않기를 바라는 목적에서 차이식별 분석을 진행할 수 있다. 또한, 품질관리에 대한 비즈니스 판단 행동 기준을 d′=1.0으로 결정해서 품질관리 프로그램을 운영할 수 있다. 이때 차이식별 분석 결과는 예측값이기 때문에 d′ 결과값의 95% 신뢰 구간을 고려하여 결과를 해석해야 한다. 즉, 감각 차이를 나타내는 d′ 결과의 하위 신뢰 구간lower limit이 d′=1.0보다 크게 분석되었을 때는 제품의 배합률 조정이 실패한 것으로 판단하고 다시 조정해야 한다. 재조정한 결과, 기존 표준 시료와 비교하여 종합적인 감각 차이가 분석된 d′ 결과의 하위 신뢰 구간과 비교해서 d′=1.0보다 크지 않을 때에는 식품 배합률 재조정이 성공한 것으로 판단한다.

2) 종합적인 감각 차이 측정값과 소비자 기호도/선호도 연관성에 근거한 품질관리

사업적 맥락에서의 감각적 품질관리 기준, 즉 소비자 관련성을 제품의 감각적 품질에 대한 소비자의 기호성 변화로 정의할 수도 있다. 이러한 접근 방법은 실제 식품 소비자 행동은 감성/기호적인 소비자 반응에 의해 예측되기 때문에 실제적으로 타깃 소비자 반응을 산업계에서 연구하고 제품 품질관리에 반영해야 한다는 것이다. 따라서 소비자와 관련된 제품 간의 감각적 차이를 연구하기 위해서 종종 차이식별검사와 함께 제품 선호도검사 결과를 사용한다(Ishii 등, 2014). 이 경우 소비자 선호도검사에서 한 제품에 대해 60%의 선호 결과를 얻은 제품의 d′ 감각 차이를 '소비자 관련성'이 있는 감각 차이로 정의할 수 있다. 제품의 d′ 감각 차이는 훈련된 평가 요원을 활용하여 분석할 수도 있고, 타깃 소비자를 활용하여 직접적으로 측정할 수도 있다. 후자의 경우, d′ 측정값은 소비자 제품 차이 식별력으로 해석될 수 있다(Kim 등, 2015).

참고문헌

강진희, 손희진, 홍은정, 노봉수. 고춧가루의 매운 맛 등급화를 위한 mass spectrometer를 바탕으로 한 전자코 분석. **산업식품공학**, 14, 35-40 (2010)

김기화·동혜민·한현정·이영현·문지영·방경환·노봉수. Analysis of geographical origin of red ginseng extract using mass spectrometer-based electronic nose. **한국식품과학회지**. 45(5) 652-656 (2013)

류기형, 권미라, 김병기, 김병용, 박양균, 양지영, 은종방, 이승주, 이재권, 정헌상, 최원석. **실무를 위한 식품품질관리**. 수학사. pp. 12-73 (2016)

식품의약품안전처. 식품공전(제2017-102호). 최종 개정 고시 : 2017년 12월 15일

최홍식, 여경목. **식품품질관리학**. 신광출판사. pp.13-49 (2013)

황인경, 김미라, 송효남, 문보경, 이선미, 서한석. **식품품질 관리 및 관능검사**. 교문사. pp. 2-21 (2014)

Bi J. Similarity tests using forced-choice methods in terms of Thurstonian discriminal distance, d′. ***J. Sens. Stud. 26***: 151-157 (2011)

Ennis JM, Rousseau B, Ennis DM. Sensory difference tests as measurement instruments: A review of recent advances. ***J. Sens. Stud. 29***: 89-102 (2014)

Han HJ, Dong H, Noh BS. Discrimination of rice volatile compounds under different milling degrees and storage time using an electronic nose. ***Korean J. Food Sci. Technol. 48***(2): 187-191 (2016)

Han HJ, Park SW, Jung HY, Kim JS, Dong H, Noh BS. Analysis of off-flavor generated from a polyethylene terephthalate water bottles and caps by using an electronic nose. ***Korean J. Food Sci. Technol. 47***(4): 425-430 (2015)

Hubbard MR. ***Statistical Quality Control for the Food Industry***, 3rd ed, Kluwer Academic/Plenum Publishers, New York, NY, USA. pp. 49-69 (2003)

Jesionka V, Rousseau B, Ennis JM. Transitioning from proportion of discriminators to a more meaningful measure of sensory difference. ***Food Qual. Prefer. 32***: 77-82 (2014)

Ishii R, O'Mahony M, Rousseau B. Triangle and tetrad protocols: Small sensory differences, resampling and consumer relevance. ***Food Qual. Prefer. 31***: 49-55 (2014)

Kim KH, Park SJ, Kim JE, Dong H, Park IS, Lee JH, Hyun SY, Noh BS. Assessment of physicochemical characteristics among different types of pale ale beer. ***Korean J. Food Sci. Technol. 45***(2) : 142~147 (2013)

Kim MA, Sim HM, Lee HS. Affective discrimination methodology: Determination and use of a consumer-relevant sensory difference for food quality maintenance. ***Food. Res. Int. 70***: 47-54 (2015)

Lawless H. ***Quantitative sensory analysis: Psychophysics, models and intelligent design***. Wiley-Blackwell, Hoboken, NJ, USA. (2013)

Montuschi P, Mores N, Trové A, Mondino C, Barnes PJ. The Electronic nose in respiratory medicine.

Respiration 85: 72-84 (2013)

Muñoz AM, Civille GV, Carr BT. ***Sensory Evaluation in Quality Control***. Springer Science+Business Media, New York, NY, USA. pp.1-9 (1992)

Papadopoulou OS, Panagou EZ, Mohareb FR, Nychas GE. Sensory and microbiological quality assessment of beef fillets using a portable electronic nose in tandem with support vector machine analysis. ***Food Res Int. 50***: 241-249 (2013)

Park IS, Choi DJ, Youn A-R, Lee Y-J, Kim Y-K, Kim M-H, Kim KH, Dong H, Han HJ, Noh BS. Effect of light emitting diode and fluorescent light on volatile profiles of soybean oil during storage. ***Korean J. Food Sci. Technol. 45***(6): 763-769 (2013)

Ramamoorthy HV, Mohamed SN, Devi DS. E-Nose and E-Tongue: Applications and advances in sensor technology. ***J. NanoSci. NanoTech. 2***(3): 370-376 (2014)

van Hout D. Measuring meaningful differences: Sensory Testing Based Decision Making in an Industrial Context; Applications of Signal Detection Theory and Thurstonian Modelling. PhD thesis, Erasmus Research Institute of Management, Rotterdam, Netherlands (2014)

Vasconcellos JA. ***Quality Assurance for the Food Industry: A Practical Approach***, CRC Press LLC., Boca Raton, FL, USA. pp.1-35 (2005)

Wiśniewska P, Śliwińska M, Dymerski T, Wardencki W, Namieśnik J. Comparison of an electronic nose based on ultrafast gas chromatography, comprehensive two-dimensional gas chromatography, and sensory evaluation for an analysis of type of whisky. ***J. Chem.*** 2017: Article ID 2710104, 13 pages (2017)

Zou Y, Wan H, Zhang X, Ha D, Wang P. Electronic nose and electronic tongue. In ***Bioinspired Smell and Taste Sensors***. Wang P. Liu Q. Wu C. Hsia KJ. (eds), pp 19-44, Springer International Publishing AG. Dordrecht, Netherlands (2015)

http://www.foodsafetykorea.go.kr/portal/safefoodlife/food/foodRvlv/foodRvlv.do

찾아보기

ㅅ

ㅇ

ㅈ

ㅊ

ㅋ

T

U

V

W

저자 소개

권미라
서울대학교 식품영양학과 학사, 석사
서울대학교 식품영양학과 박사
Kraft/Nabisco & Campbell Soup/Pepperidge Farm 연구원
USDA-ARS 연구원
(현) 부산대학교 식품영양학과 교수

노봉수
서울대학교 식품공학과 학사, 석사
University of California, Davis 석사, 박사
동서식품기술연구원 연구원
㈜보락 기술자문 교수
한국식품과학회 회장
(현) 서울여자대학교 식품공학과 교수

이승주
이화여자대학교 식품영양학과 학사
University of California, Davis 이학박사
㈜CJ 제일제당 식품연구소 연구원
한국식품연구원 전통식품연구단 선임연구원
(현) 세종대학교 외식경영학과 교수

이영승
단국대학교 식품영양학과 학사
동국대학교 식품공학과 석사
University of Arkansas 식품학 박사
㈜농심 R&BD 과장
한국식품영양과학회지 부편집위원장
(현) 단국대학교 식품영양학과 교수

이지현
부산대학교 식품영양학과 학사
Kansas State University 석사, 박사
Kansas State University Applied Statistics Certificate
Drexel University 조교수
(현) 부산대학교 식품영양학과 교수

이혜성
이화여자대학교 식품영양학과 학사, 석사
University of California, Davis 이학박사
University of California, Davis Post-Doc
Unilever R&D, Netherland 연구원
(현) 이화여자대학교 식품공학과 교수

조인희
이화여자대학교 식품영양학과 이학석사
이화여자대학교 식품공학과 공학박사
The Pennsylvania State University Post-Doc
이화여자대학교 식품산업융합기술연구소 연구교수
(현) 원광대학교 식품생명공학과 교수

최낙언
서울대학교 식품공학과 학사, 석사
해태제과 연구소 연구원
㈜서울향료 연구원
㈜시아스 연구원
(현) ㈜편한식품정보 대표

식품의 감각평가와 기호적 품질관리

2021년 2월 25일 초판 2쇄 발행
2018년 8월 30일 초판 1쇄 발행

지은이 권미라 · 노봉수 · 이승주 · 이영승
이지현 · 이혜성 · 조인희 · 최낙언

발행인 이 영 호
발행처 **수 학 사**
10881 경기도 파주시 회동길 56 기한재 1층
출판등록 1953년 7월 23일 제2020-000143호
전화번호 031) 946-4642(代) 팩스 031) 944-1457
http://www.soohaksa.co.kr
디자인 북큐브

정가 24,000원

ISBN 978-89-7140-721-9 (93570)